日本料理 野菜調理ハンドブック：基本の下処理・切り方・味つけ

日本料理

蔬菜烹調技法大全

職人必備的蔬菜處理基本知識、刀法、調味、食譜全圖解

奥田高光——著
周雨枏——譯

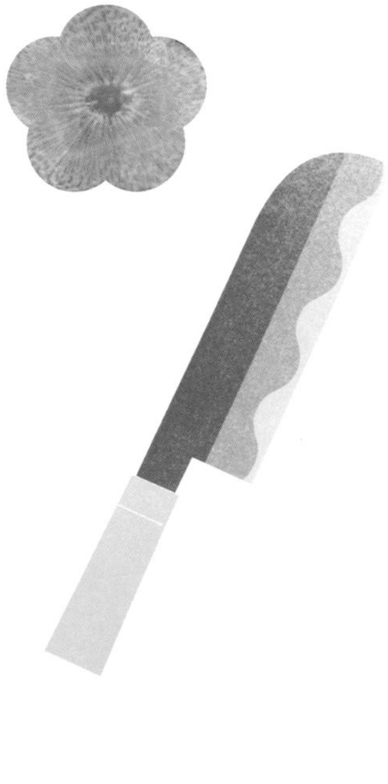

前言

自本書的前身《蔬菜料理的基礎　基本處理・刀法・調味》出版後轉眼間已經過了十六年。而在這期間世界也經歷了相當劇烈的變化。

縱使如此，處理蔬菜的「基本功」卻和當時分毫不差。所謂的「基本功」指的就是即使歷經漫長歲月仍恆久不變的常規。

日本料理十分重視食材的鮮度，而在物流網路日漸發達下，能夠使用的食材種類亦不斷增加，因此也有許多人嘗試開發新的料理。不過成功與否端看「基本功」好不好。我認為要創造出新的料理，首先必須確實習得關於食材的處理、刀功、調味等處理原料的基礎才行。

「基本功」絕非那些光鮮亮麗的技巧。當大家立志成為專業料理人時，所有人想像的無非是自己拿著柳刃或出刃菜刀解體魚類分切生魚片的畫面。但在現實中，進到廚房裡第一個要拿的卻是薄刃菜刀，要面對的食材則是蔬菜。只要身為料理人，終其一生都得和薄刃菜刀打交道，拿著薄刃菜刀的時間比例大概也是最長的。這也正說明了在料理的領域中「蔬菜」是占有十分重要地位的食材。

蔬菜和魚不一樣，沒有骨骼，所以可自由分切。根據不同的切法和調味可做出千變萬化的味道，因此更不容小覷。看似簡單卻很難處理，容易下手卻頑強深奧。雖然一直以來都被認為是不如海鮮高級的配角食材，很容易被輕忽，但我認為只要確實學好蔬菜調理技術，便可讓蔬菜這配角成為閃耀銀色光芒的存在並提升料理整體的格調。

乍看容易，其實要切得筆直或漂亮地切六方是多麼困難啊！但專業的廚師必須能迅速處理大量食材。不能用頭腦想，只能靠反覆練習來讓身體記憶住，不過單靠慣性切出的東西和全心全意切出的成果可是有天壤之別。用心切出的一片遠遠凌駕於用慣性切的一百片蔬菜。此道理也一樣適用於事先處理和調味上。

有句話說「專業即是一再重複基礎」，只要學好基本功，無論面臨何種困難的場面，都能回歸基本找到解決方法。

本書所記錄的便是我希望專業廚師必須具備的最低限度蔬菜調理基礎，同時附上應用該技術的料理做為參考。雖然方法各色各樣，本書介紹的是我從師父那裏習得的技術再加上自己長年累積下來的經驗所得出的方法。期許本書能夠成為專業廚師反覆練習的參考以及重新認識蔬菜重要性和蔬菜料理的樂趣之契機。

二〇一六年八月

奧田高光

目次

【秋】

攝影／吉澤善太
設計／山本 陽、菅井佳奈（エムティクリエイティブ）
編集／柏井久深子、佐藤順子

開始閱讀本書前
・料理的材料配方中未註明單位者則為比例。

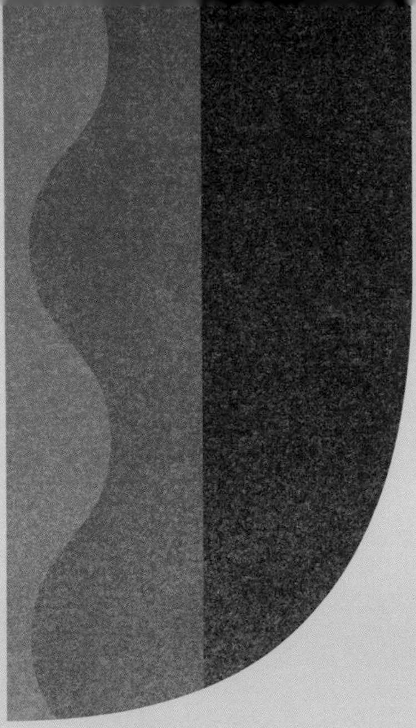

第 1 章

蔬菜調理的基礎

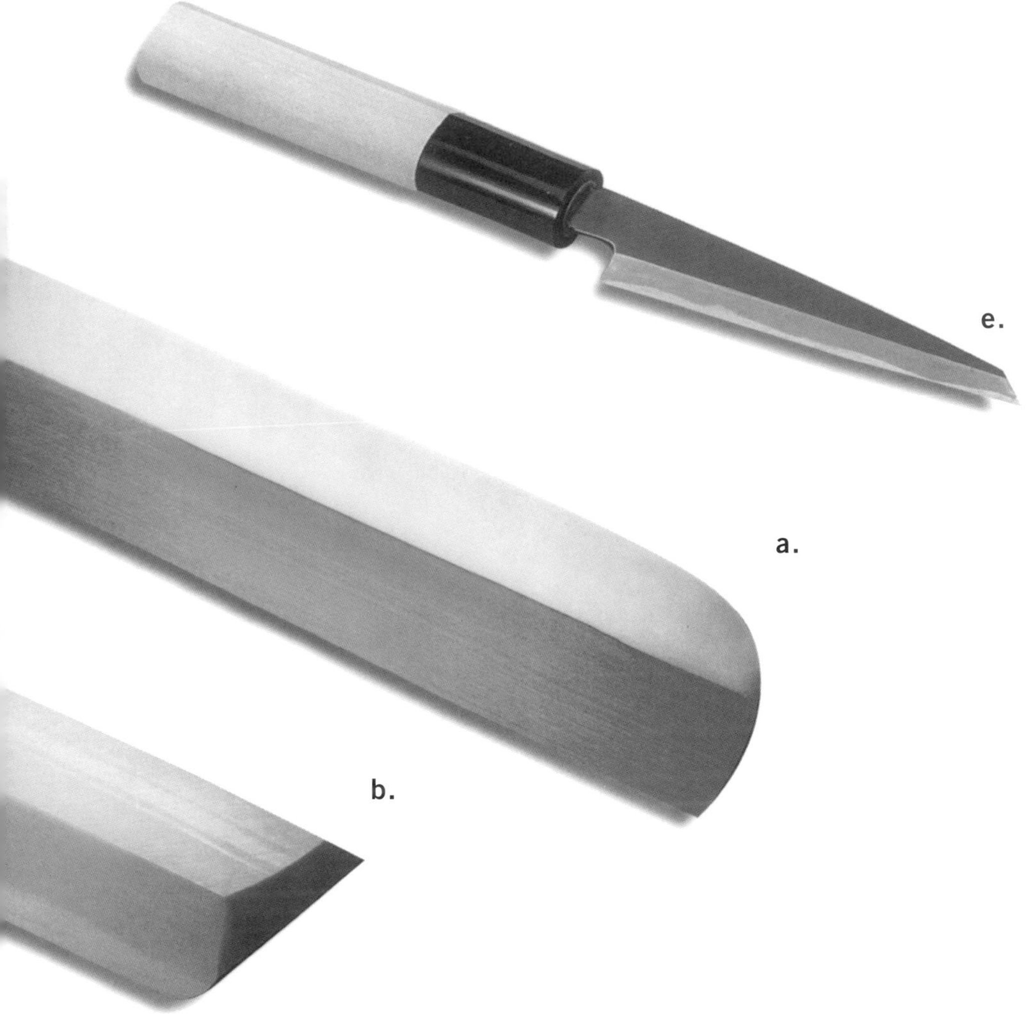

蔬菜調理器具

薄刃菜刀

關西型……a.
關東型……b.

日本料理中所使用的菜刀皆為單刃刀，包括柳刃菜刀、出刃菜刀、薄刃菜刀等……。在所有廚房裡的菜刀當中，薄刃菜刀是最常用來處理蔬菜的刀具。如其名「薄刃」所示，刃較其他菜刀更薄，且較其他菜刀更寬。

刀鋒寬且刃身薄可不破壞纖維只薄薄削去外皮，亦可細細切出細絲（纖切），適合精細的作業。刀寬亦有利於大面積去皮及切絲。

刀尖可用於刻花、剝切、削切；刃根用於蔬菜去皮、挖去芽眼；中央部分用於桂削及製作劍、妻等裝飾、面取、切絲等，依照不同用途使用不同部位來切。

傳統上分為關西型和關東型，會跟著學藝的師父傳承到不同的種類和技術。關西型的尖端像鐮刀一樣呈圓弧狀，關東型的刀背和刃道[01]平行刀尖呈四方型，用於刻花和切出裝飾稍嫌不便。

（尺寸：15～24㎝、以1.5㎝為單位）

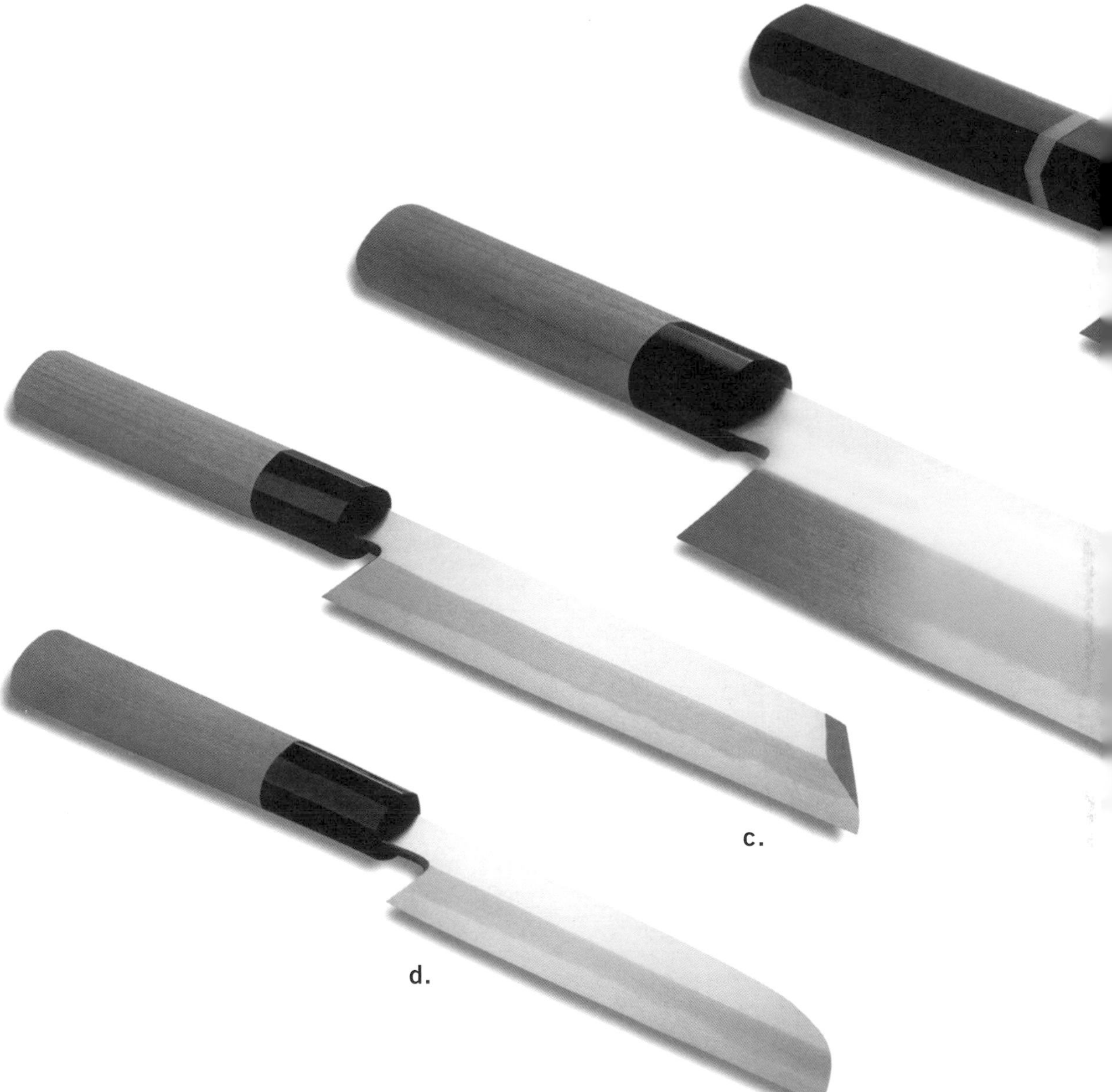

蔬菜雕刻刀……c.

刀尖呈三角菱形的關東型菜刀。用途和薄刃菜刀相同，不過較為小型，刀背也薄很多，能精確地直直切下。可用於初步切出大致形狀及刻花。因刀尖為尖頭，故用以劃出切口、挖東西時十分便利。

（尺寸：18～21cm、以3cm為單位）

面取刀……d.

為較小型的鐮刀形薄刃菜刀，使用的用途和薄刃菜刀幾乎一模一樣，但特別適合用於蔬菜去皮和刻花、面取、切絲。

（尺寸：9～12cm、以1.5cm為單位）

刻花刀……e.

刀尖為尖頭，主要用來切葉蘭的葉子。體積小因此用來雕刻或切較細的裝飾十分方便。

（尺寸：9cm）

01 指刀鋒自刃尖到刃根的整體名稱。

蔬菜裝飾雕花用器具

可活用於蔬菜雕刻和裝飾的小型刀具和器具。雖然種類繁多，然只要具備了以下所舉出的幾種便足以做出基本的雕刻。

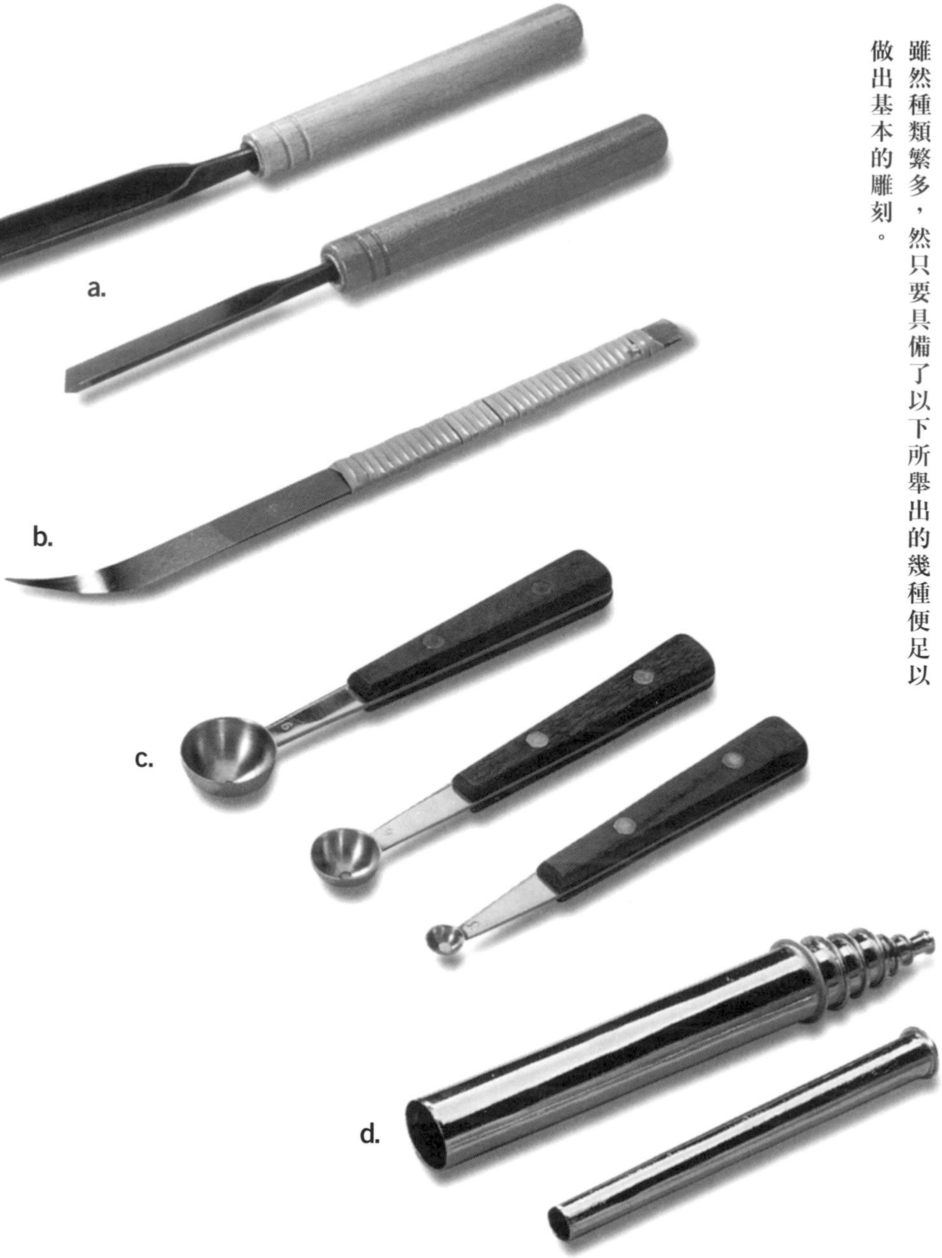

戳刀 02 …… a.

可分成方口和圓口，類似雕刻刀可將纖維切出圓形或V字等形狀，亦可用來打洞。可因應用途選用不同大小者。圓形戳刀的刀刃位於和雕刻刀等相反的面。

彎切出刀 03 …… b.

用於初步雕刻完去進一步裝飾時或者需要削、剜出較精細形狀之時。可用和拿鉛筆一樣的拿法。刀刃筆直似小刀者稱為「切出」。

挖球器 …… c.

用來將蔬菜挖成球形、挖空果肉、或者打洞。

穿心筒 04 …… d.

用來將蔬菜雕刻挖出圓柱狀。亦稱為月冠，欲將根莖類挖空填入其他食材時就可使用穿心筒。一組裡有各種尺寸。

e.

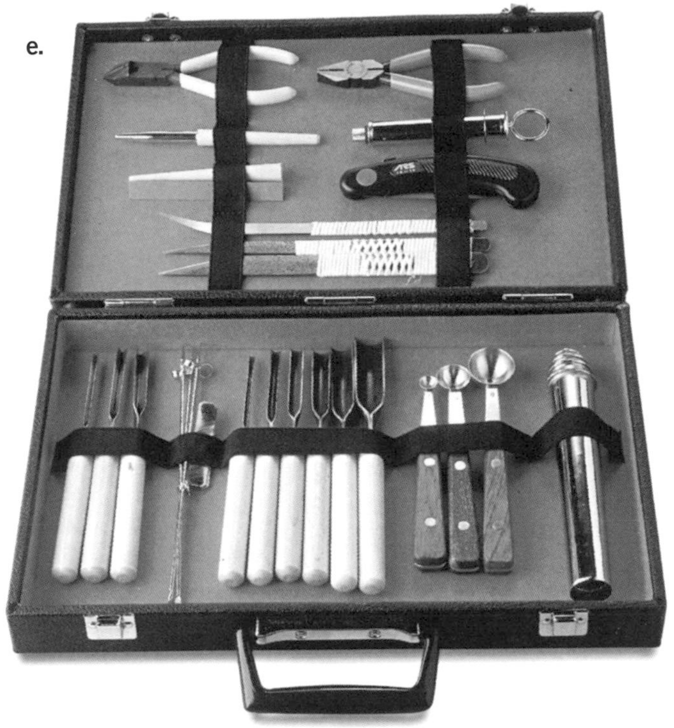

f.

g.

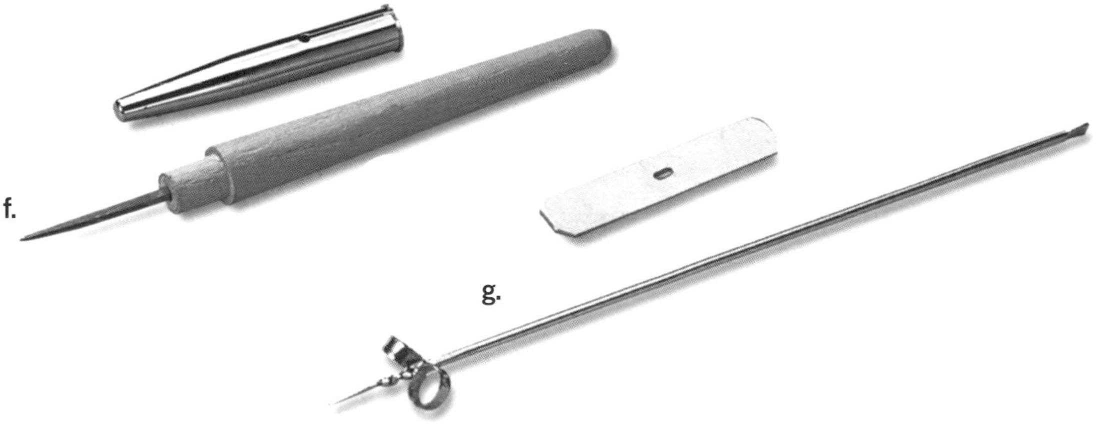

雕花用工具組……e.

裡面尚包含鑷子、鉗子、鋸子、磨刀石等的套組。

錐子……f.

用來打小洞。特別是極細錐為呈點狀的鑽孔器，例如可使用於將芝麻嵌入青蛙的眼睛裡等場合。

轤繩旋棒[05]……g.

手持處裝有鐵片（稱「羽毛」），將旋棒持續旋轉旋入食材中就可做出兩個螺旋狀。旋棒轉進去後可卸除鐵片自反方向拉出。

提供・一竿子忠綱本鋪（大阪・堺）

02 指日文漢字作「坪錐」。
03 日文原文作「曲がり」。
04 日文原文作「筒抜き」。
05 日文原文作「たづな抜き」。

基本用刀方式

姿勢與站姿

1 兩腳打開與肩同寬，面對砧板，距離約一個拳頭長，背部挺直採自然的方式站立。

2 右腳向後半步，讓身體和足尖與砧板呈四十五度角的穩定姿勢，可以維持長時間作業。常聽到人說「用腰去切」，像這樣將身體打開就可以穩定腰部，方便全身施力。

3 上半身面對砧板，拿好菜刀讓菜刀和砧板呈直角，身體輕輕前傾讓視線落在菜刀正上方。讓調理台的高度略低於肚臍的位置較容易維持此姿勢。

4 手臂不要貼著身體兩側，距離身側大約一掌厚度，肩膀放鬆讓手能夠自由移動。

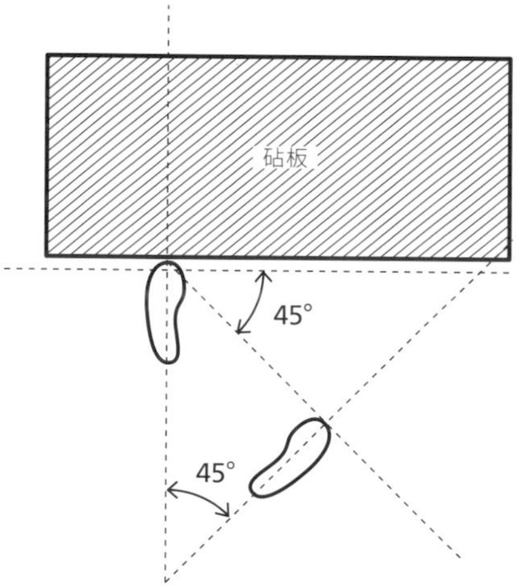

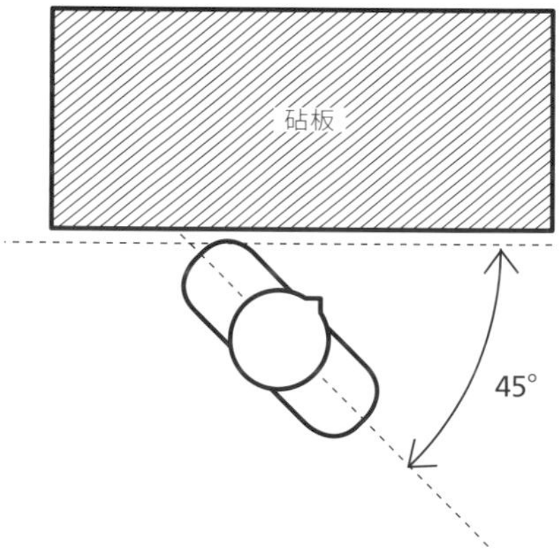

菜刀與手的基本位置

切菜時，用左手確實將食材壓在砧板上，重點是要穩住食材，讓食材不要滑掉或產生不必要的移動。同時必須是確保能隨著菜刀向左邊順暢移動的位置。

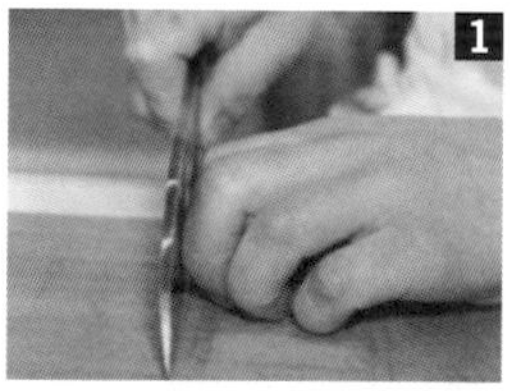

將左手手指放在食材上再輕輕向內收，像貓爪一樣。用大拇指壓住食材的側邊，食指和中指的第一關節輕輕抵在菜刀的刀面上。

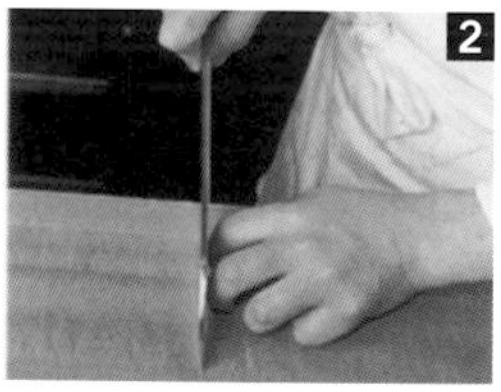

菜刀和砧板呈垂直。讓菜刀剛好抵在左手的指關節上。切菜時左手手指只向左移動出希望切出的寬度。此時要輕提起左手手腕，讓手掌離開砧板。若是手掌下垂貼著砧板則動作不會順暢。

菜刀柄維持朝向右手腕的外側。若刀柄朝內，則手腕無法施力，動作不會順暢。

薄刃菜刀的各部分名稱

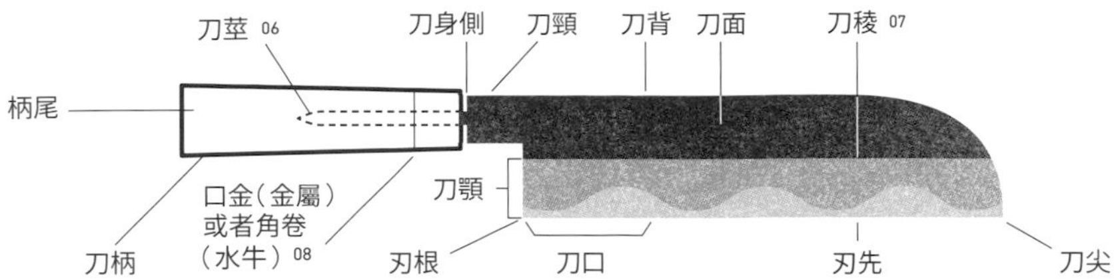

夾式

菜刀刀身穩定且可自由移動，可提升切菜速度。切蔬菜時，絕大多數的時候只要使用這種握法就可以了。

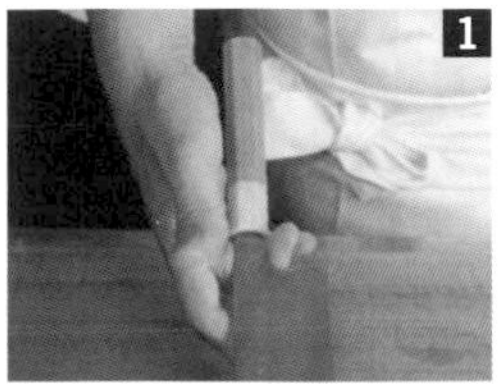

中指的第一關節置於菜刀刀柄上。

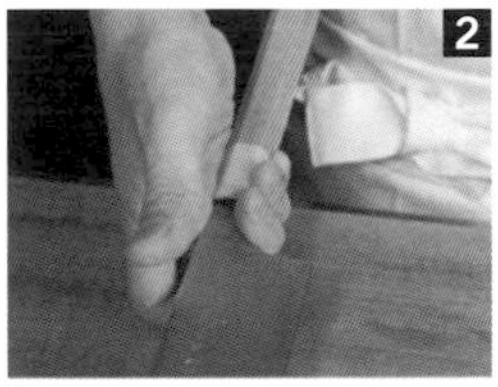

用中指、無名指、小指握住刀柄。小指用力，其他兩指只是輔助。

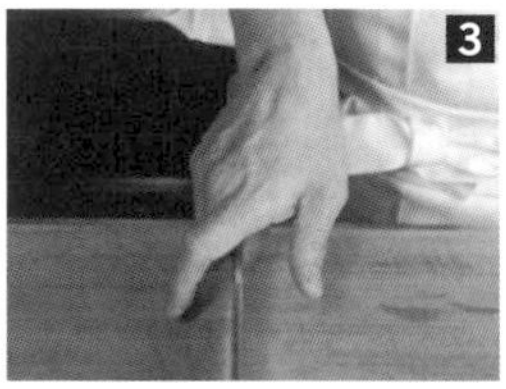

將手背翻上。

用大拇指和食指確實夾住刃根處的刀面。

另一面看起來像這樣。

錯誤拿法

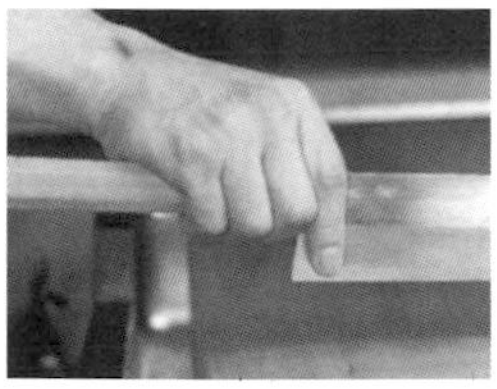
食指若掉下來，則菜刀的重心會偏掉，無法切得很直。

壓式

用食指支撐可防止菜刀晃動，但切菜速度無法加快。適合用於削薄片或者用生魚片刀切造身等需要掌握精確角度的時候。

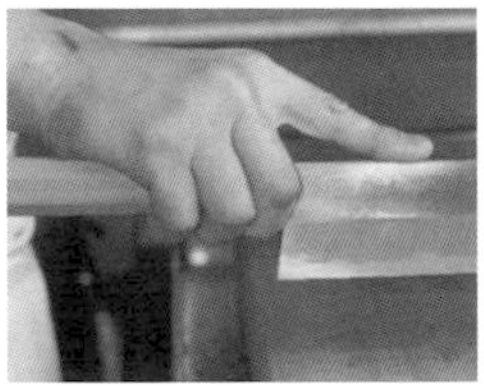
握法和夾式的方法相同，唯食指要拉直置於刀背上。

錯誤拿法

從內側看起來的樣子。大拇指的位置和夾式相同。

大拇指和食指間距離過長則菜刀不穩，且大拇指容易被刀口所傷。

握式

用全部手指確實握住刀柄，靠手腕上下施力去剁切。左手也可以壓在刀背上平衡菜刀。

06 中文亦稱刀根或刀舌。
07 日文稱鎬筋。
08 若是金屬製則稱口金，若為水牛角製則稱為角卷。

推切

切蔬菜時絕大多數都是使用推切[09]。雖然切法的名稱容易給人一種由上向下直壓的印象，實際上有時也會使用這樣的切法，然而這裡是指將菜刀朝對面的方向下壓的動作。

使用的刀刃長度（刃長）越長，則菜刀切入食材的角度越接近銳角，可切出美觀又光滑的切口。

運用在纖切（切細絲）或者切碎等場合時則要快速規律地去重覆此動作。

09 中餐裡直刀法中的推切，內文中敘述之另外一種直直壓下的切法為中餐裡講的直刀法中的直切法。

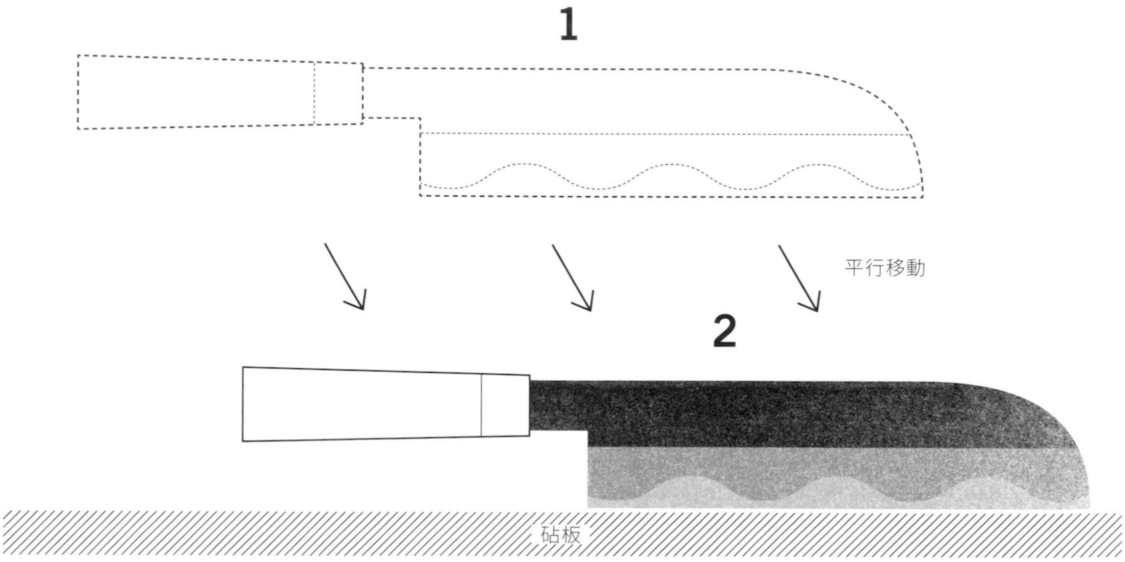

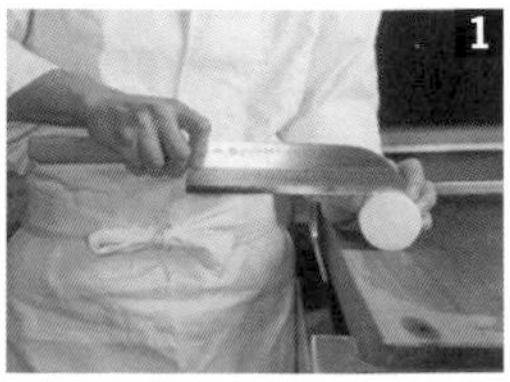

左手固定好食材。讓菜刀的尖端從食材靠近手邊這端入刀。

入刀後往前壓下菜刀（讓菜刀刀面貫穿食材至可完全切離程度）繼續切入

盡量使用刃長切入至刃根處。

斷離食材。

鋸切（推拉切）

用來切推切一次無法切斷的大型食材或者偏長型食材的切法。可運用於根莖類的縱切或者將白蘿蔔漬物縱切成兩半等場合。

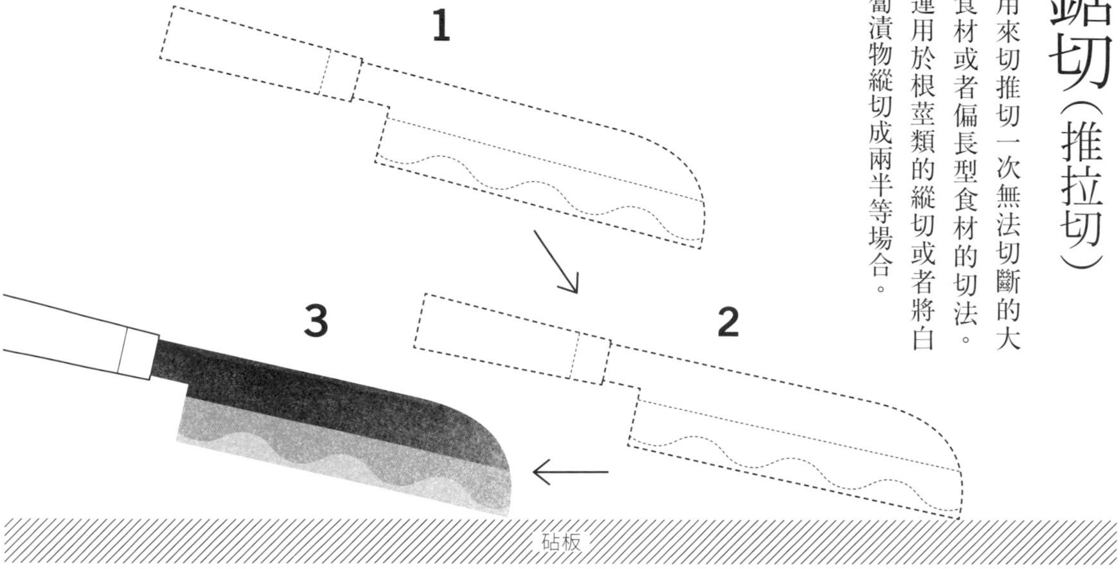

（例）切薄片：白蘿蔔

左手固定好食材，於正中間處入刃，朝向對面另一端壓下菜刀繼續推移。

待刀尖碰到砧板便轉為拉切。

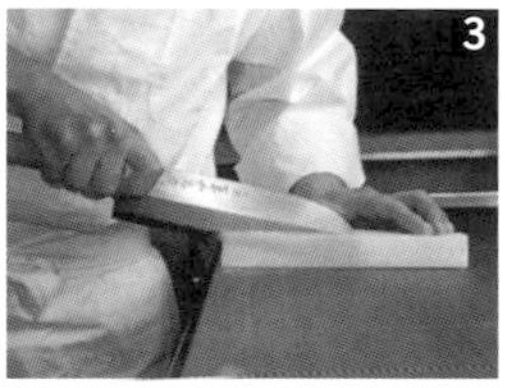

直直拉回靠近手邊這端。

斷離食材。

拉切

適合要垂直切較薄食材或切質地柔軟容易碎掉的食材等場合。

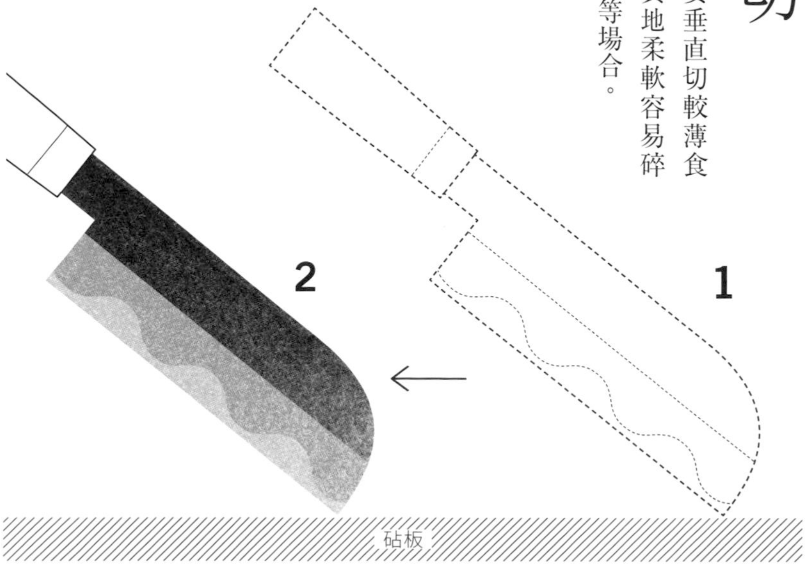

（例）拉切：青紫蘇

將刀尖斜立在砧板上，自對面那端朝向手邊這端好像要拉出一條線一樣去切。切時可用食指抵在刀背上，如此一來刀身會比較穩定。

剝切[10]

為可將食材切得極薄的切法，於無法立起食材推切時使用。或可用於在一開始切時將食材平面水平放置之場合。

「剝切」與「削切」的定義並非十分明確，此處為了方便區分，將菜刀朝左移動者稱為「剝切」，菜刀朝右移動者為「削切」。

10 剝切與削切相當於中餐的平刀法，又稱批刀。

削切

菜刀的刀口朝右，向右薄薄切削的切法。蔬菜上的運用除了細竹葉削以外幾乎用不到。

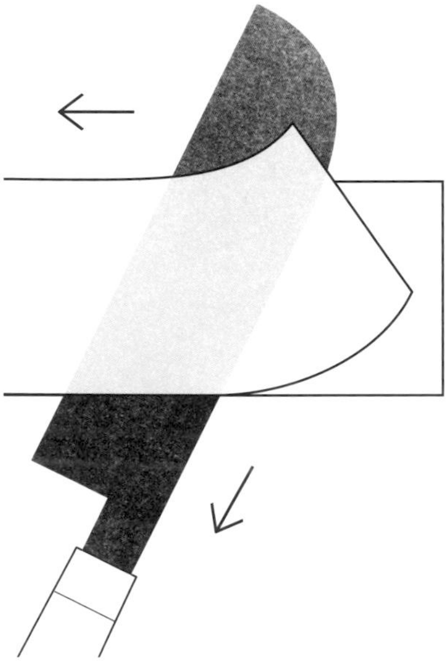

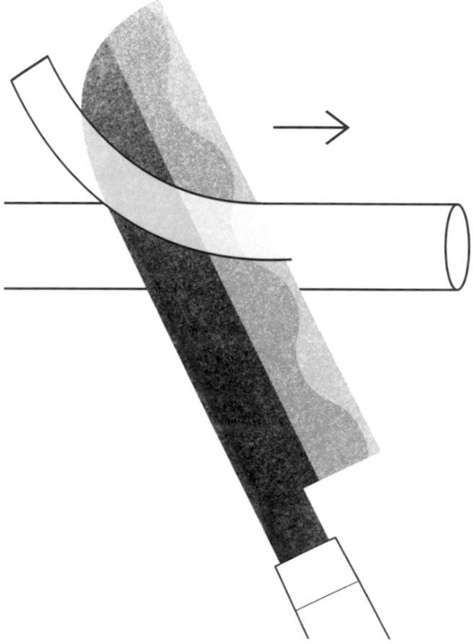

（例）剝切：山葵

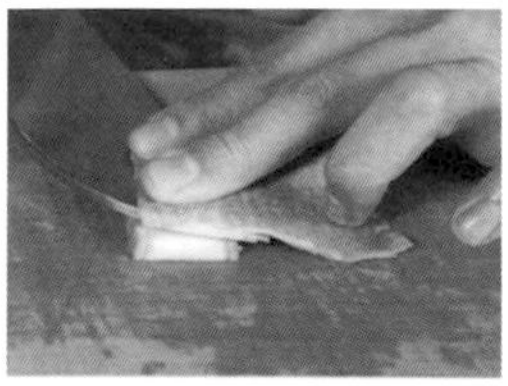

用食指和中指壓住食材。若食材偏小，可將左手攤開用大拇指壓住即可。每切一片就用大拇指的力量將食材推向食指方向，便可切出如照片所示每片不完全重疊的狀態。菜刀朝右放倒抵上食材，朝手邊方向拉切出切片。用「壓式」握法較容易控制方向。

將食材橫放用左手壓住。將菜刀朝右放倒，刀刃中央自右側的橫切面入刀。

菜刀向左手邊移動，同時朝靠自己的方向推移拉切，用靠近刀尖部分切斷食材。

（例）細竹葉削：牛蒡

將食材平行橫放於砧板上，用左手前後滾動食材。右手將菜刀傾斜像削鉛筆一樣朝右推移切成如細竹葉一樣的形狀。

剁

握住菜刀刀柄，像是敲擊砧板一般去剁切。多使用出刃菜刀。

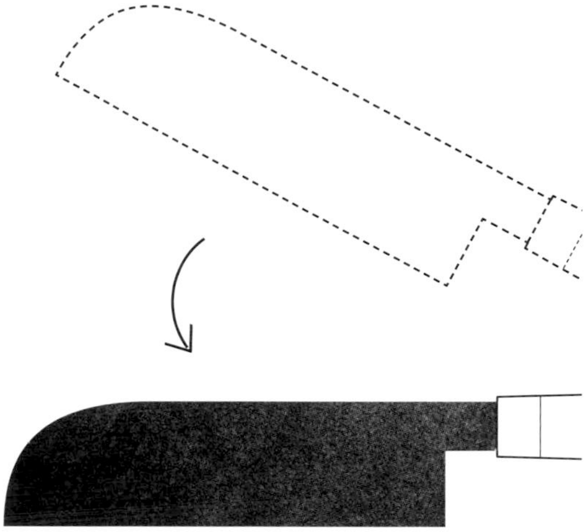

（例）剁碎：蕨菜

利用菜刀的重量由上方直接落下刀刃去切。

削

將食材薄削去一層的刀法。左手配合右手的菜刀拿著食材朝右轉動，一邊上下左右調整位置一邊朝左方推移。大致可分成削皮、桂削、轉削三種。

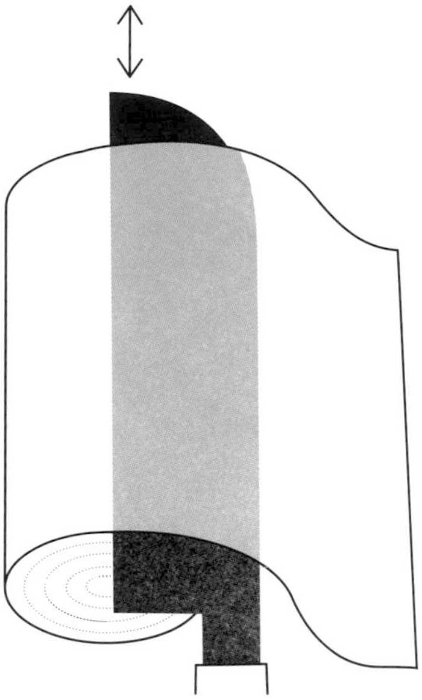

（例）轉削：食用土當歸

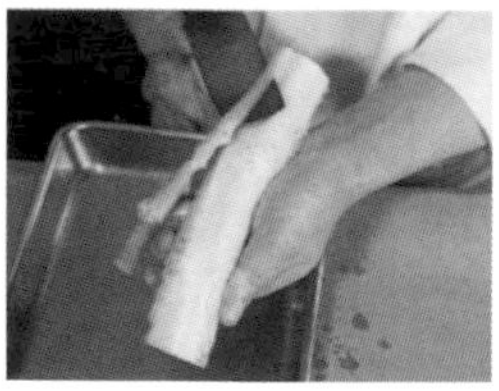

將食材朝上，一邊向左轉動，一邊由上至下推移菜刀，切成很窄的細條。因為有些許轉動的關係，食材上的切痕會呈斜向的曲線狀。用於沿著纖維方向縱向薄薄切削長型食材時。

（例）桂削：白蘿蔔

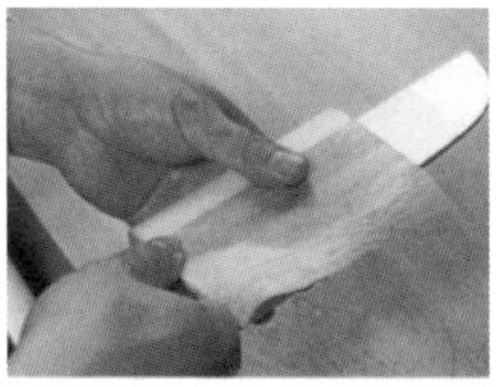

以白蘿蔔為代表，將食材切成極薄極長的刀法。（→18頁）

（例）薯芋類

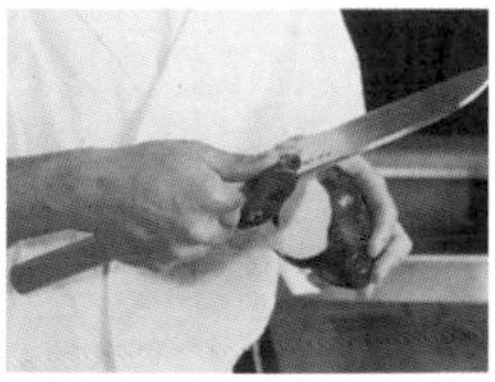

用左手拿著食材，右手的大拇指抵著菜刀刀面，用食指調整食材和菜刀接觸的角度。

基本刀工

桂削

將白蘿蔔、紅蘿蔔、食用土當歸等圓柱狀的食材削成幾乎透明的均勻薄片稱為桂削。為刀工的基礎，主要用於做為生魚片配菜的劍。

將菜刀上下移動，兩手同步一邊調整一邊推移削切，記住菜刀絕對不可以左右移動。

白蘿蔔要一直維持同樣的粗細這點十分重要。上下的粗細若變得不同，則拿時在較粗的那端用力可以讓粗細恢復平均。此外要盡量削到最大極限避免浪費。

要削成五片疊起來後還可以讀報紙上的文字，厚度均一的薄片。

桂削

1

將同樣粗細的白蘿蔔切成10～15cm長。越長難度越高，因此初學者可以從5～6cm練起。

2

立起從側邊看，薄薄削齊橫切面成一樣高度，將白蘿蔔整平。

3

要連外圍呈網狀的老筋一起削去。桂削用的是內側部分。

4

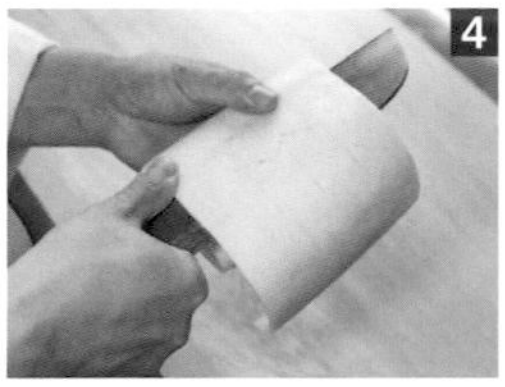

削去一層偏厚的外皮。

5

做成上下粗細均一的圓柱。現在可以開始桂削了。

6

用左手拿白蘿蔔前端稍微朝上傾斜，將大拇指置於中央處。刀刃直直抵住白蘿蔔，用左手大拇指輕輕壓住。右手大拇指置於刃根的尖端，用食指去維持刀刃的角度。

7

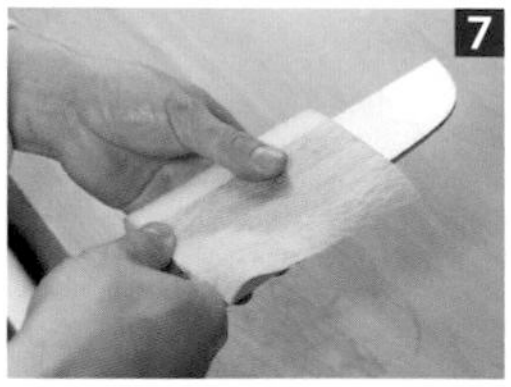

用右手剩下的三根手指去上下移動菜刀。同時用左手向右轉動白蘿蔔。

8

一邊調整施力一邊用左手大拇指慢慢向右轉動白蘿蔔。菜刀上下移動一次約可切削推移2～3mm。

9

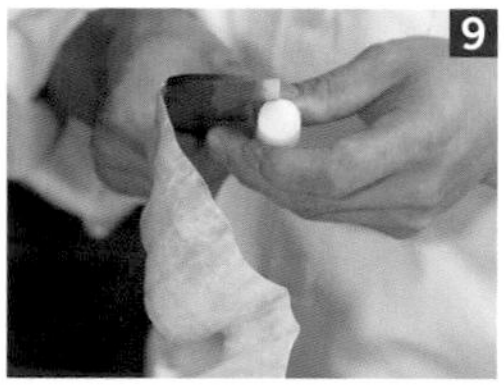

最理想的情況是不斷掉一路削完，但如果厚薄開始改變，可先斷離後再重新開始。盡量削到最後為止。

10

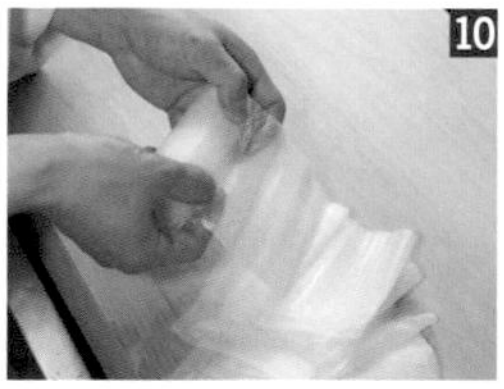

削完後輕輕捲起桂削片浸泡於水中。

劍

利用桂削來製作搭配生魚片的「劍」。劍分縱劍和橫劍，沿著纖維切者為縱劍，口感爽脆，擺盤時可直直立起；切時和纖維垂直者為橫劍，可做成蓬鬆柔軟的劍。

無論縱劍橫劍切完後都要立刻浸泡到水中。

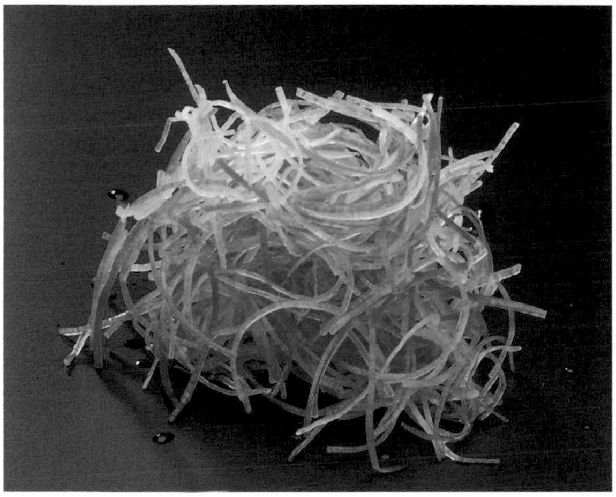

紅白劍

混合白蘿蔔和紅蘿蔔的劍搭配成紅白兩色，用於喜慶等場合。改變紅白蘿蔔絲的比例可營造出相當不同的感覺。下圖為用同樣比例混合而成者。上圖的紅蘿蔔絲為全體三分之一量。紅蘿蔔絲的比例調少看起來較自然、高雅。

縱劍

1 將桂削後的白蘿蔔水平置於砧板上切成適當長度。

2 重疊10片左右切成同樣長度。將重疊的白蘿蔔稍微攤開，盡量攤平。

3 以1～2mm左右的寬度連續推切（纖切〔切細絲〕）。切好後立刻泡到水裡。

橫劍

1 將桂削好的白蘿蔔切成5～8cm寬。重疊數片讓纖維呈水平方向放置。

2 纖切，把纖維切斷。切好後立刻泡到水裡。

3 左手拿起劍，輕輕瀝乾水分後聚成一團，右手用料理筷整理形狀。

〔照片-上〕白蘿蔔、紅蘿蔔、小黃瓜、南瓜、二十日小蘿蔔做成的捲劍。
〔照面-下〕將白蘿蔔和紅蘿蔔重疊用牙籤捲起做成的紅白捲劍。

捲劍[11]

白蘿蔔削成偏厚的桂削片後斜切，再泡水讓纖維伸縮成螺旋狀。

因為形狀有趣因此可做生魚片的妻[12]或者碗物的配菜。也可重疊紅白蘿蔔做成紅白捲劍。

除了白蘿蔔外，小黃瓜、南瓜、食用土當歸、二十日小蘿蔔[13]也可以做成捲劍。

11 日文原文作「よりけん」。
12 生魚片的配料。
13 台灣譯名未統一，或稱日本小蘿蔔，亦有業者保留日文漢字作白長二十日大根。

捲劍

1

桂削後的白蘿蔔平攤於砧板上。用菜刀尖端斜向拉切。

2

可改變角度切成寬度均一或者一頭比較細等不同感覺的劍。

3

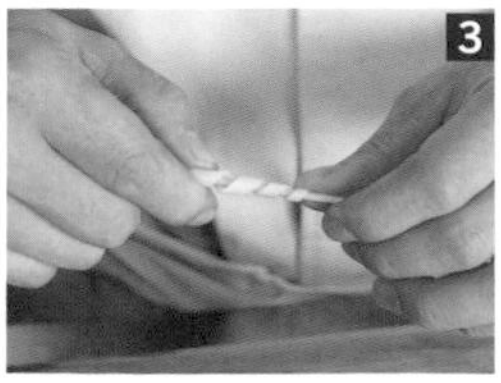

將切好的白蘿蔔用牙籤捲過增強捲度。

4

泡到水裡之後會變成螺旋狀。

網劍

製作生魚片姿盛[14]時用來做成漁網裝飾的「網劍」亦是利用桂削所做成。網劍大多使用白蘿蔔。

14 生魚片擺盤時放上魚頭魚尾做成如整尾魚一般的擺盤方式。

後桂削的做法

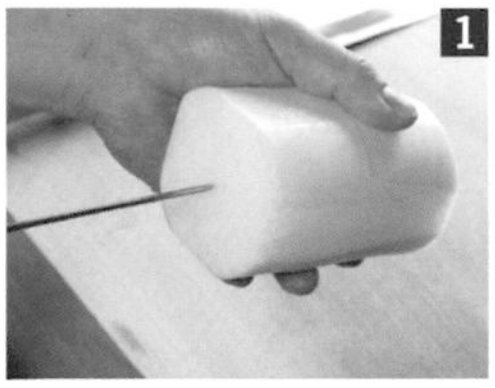

白蘿蔔切成15cm長，切去四邊做成四角為圓角的四角柱，中心用金屬串叉戳洞。

用金屬串叉容易變色因此用竹籤替換之。

垂直入刀切到竹籤上方處，以8mm為間距推切到另一端為止。

背面也於同樣位置垂直切到竹籤上方處。其餘兩面也分別用菜刀切過連接另外兩面的切口。

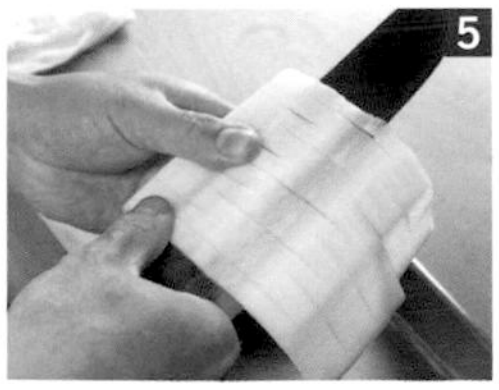

做成偏厚的桂削。

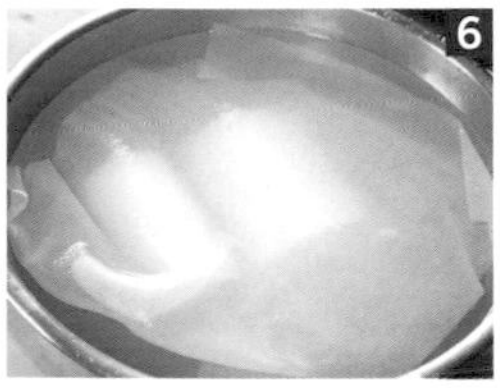

削好後直接泡入薄鹽水中。蓋上紙蓋放置一段時間後白蘿蔔會變軟網眼會張開。

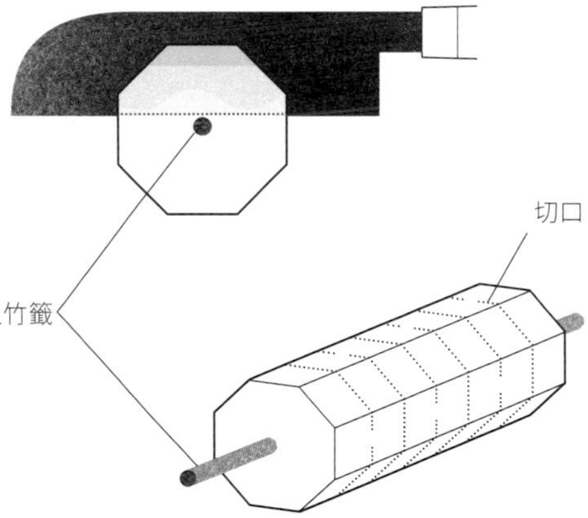

先桂削的做法

將桂削好泡在水中的白蘿蔔以5cm寬捲起。

捲成像枕頭狀的白蘿蔔。

將白蘿蔔橫向放好後用菜刀刀尖以8mm間距切出切口，切口長約到白蘿蔔中央處。

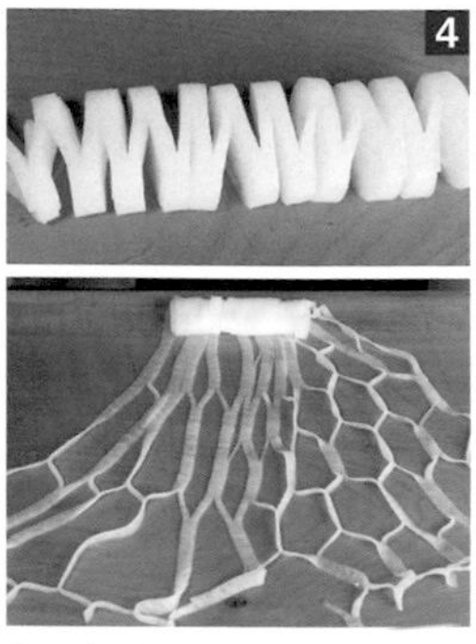

翻面將另一面也切出切口。調整切口的深度和寬度來做出網型的變化。

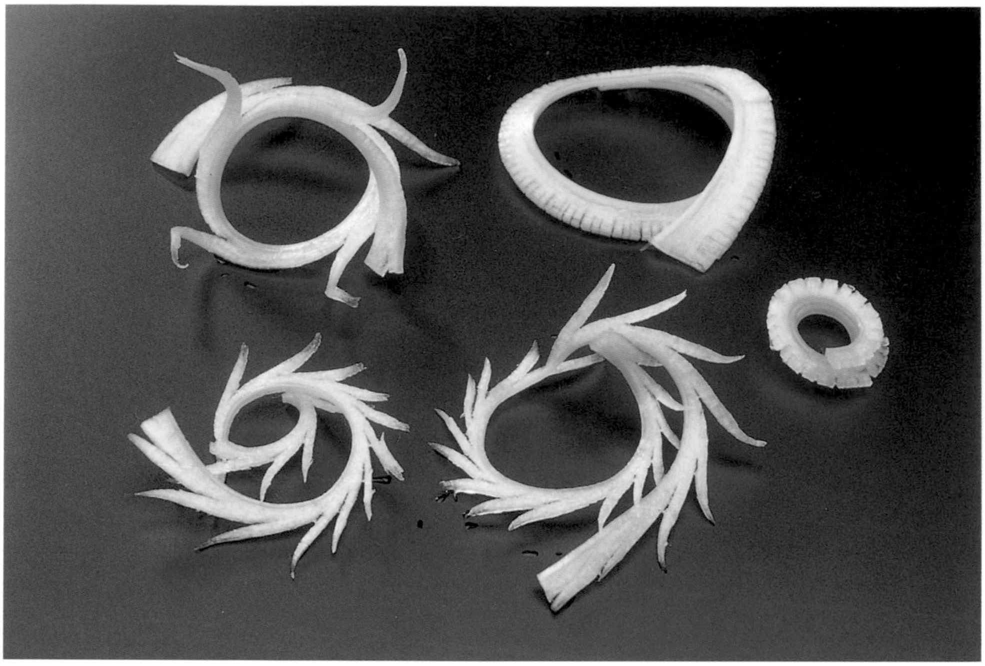

唐草蘿蔔葉

將白蘿蔔的莖切成唐草形狀。依據入刀方式不同可切成各色各樣的形狀，可用於生魚片的妻或者碗物的裝飾。

唐草蘿蔔葉

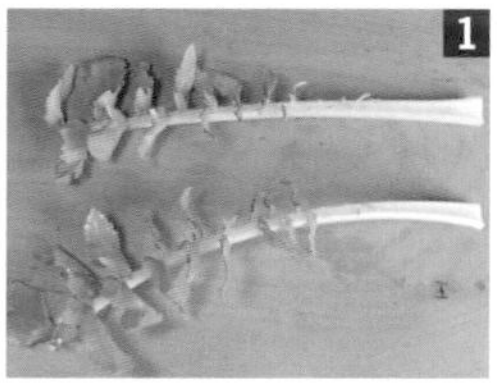

準備白蘿蔔葉。

置於砧板上，切除尖端，並用菜刀刀尖切下葉片。

將帶有葉片的莖的內側（平坦面）薄薄削去一層使葉子的基部變平。

於莖的外側（彎曲面）斜劃出深度達三分之二處的切痕。

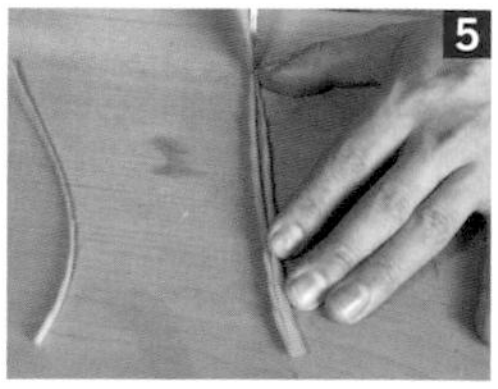

用刀尖縱切成二至三等份。因應成品的形狀來改變長度。

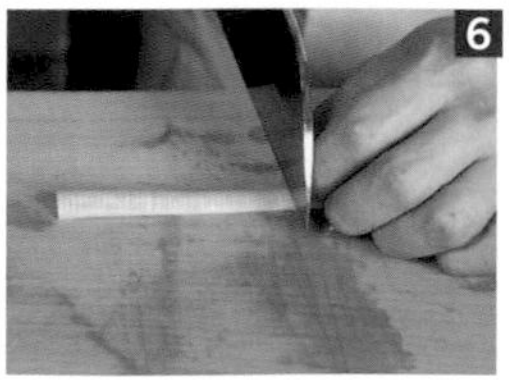

此外亦有垂直劃出深度達三分之二處切痕的做法。

視莖的粗度不同可削成二至三片。

無論是斜切還是推切都要立刻泡到水裡。經過一段時間吸飽水後會變成圈狀。

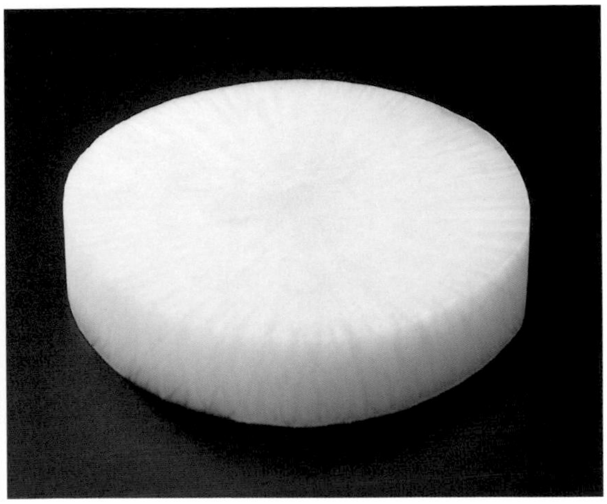

圓・輪切片

切口呈圓形，從圓柱型或者球體所切成者。厚度不一，主要用於煮物。亦被稱為「陰」。

半月片

將圓型片切成一半即成。若需要在短時間內製作大量的半月片，可以先切成半圓柱再切成所需的厚度。

可用於根莖類的煮物以及湯的配料、漬物。因為形似月亮，因此亦可用於表現秋季的料理。

圓形[15]・輪切片

切成10～15cm長後入刀至網狀纖維的內側削去厚厚的一層皮。

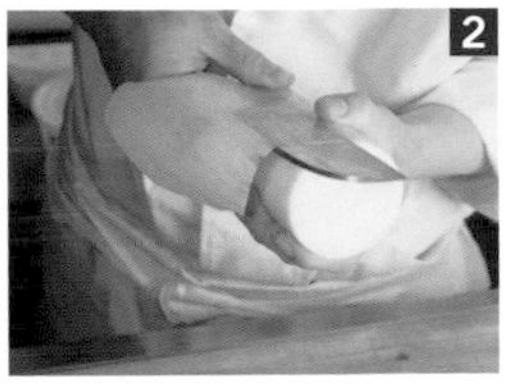

採桂削（→18頁）的要訣，薄薄削去外圈將橫切面整成漂亮的圓型。

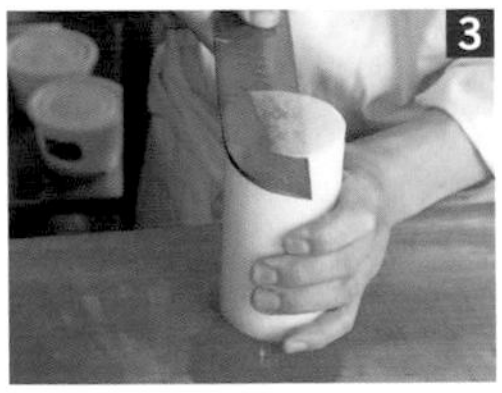

立起白蘿蔔，從側邊看將高出的部分削平，將橫切面整成平滑狀。

橫放後使用從刀尖到刃根的部位推切。

半月片

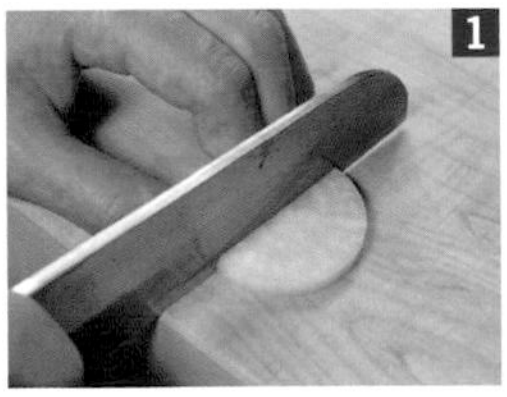

將圓形片切半。蓮藕等容易碎掉的食材要像這樣一片一片切。

白蘿蔔等食材可以在輪切的步驟3後將圓柱體縱向鋸切成兩半，做成半圓柱體。

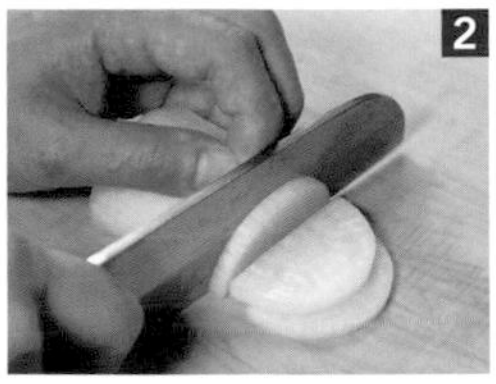

將橫切面朝下放置，再去小口切[16]（推切）成所需的厚度。

15 日文漢字作「丸」。

16 將蔥或者小黃瓜等細長形的食材從一頭開始等距平行切片。

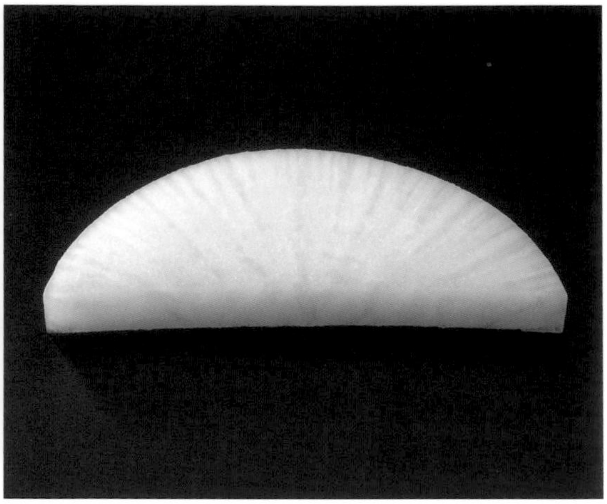

利久片

將圓形片切到劣弧大小而成。可用於汁物的配菜等。據傳是茶人利休喜好的形狀。

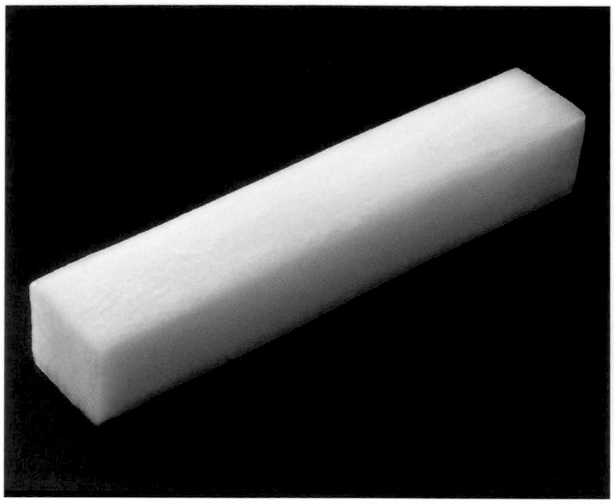

角柱

將切成長方體的食材再切成厚度和寬度相同（橫切面為正方形）的細長條狀。可用於煮物、炸物以及醋漬物。

利久片

切下圓形片的一弧。

寬度以約半徑三分之一為基準。

角柱

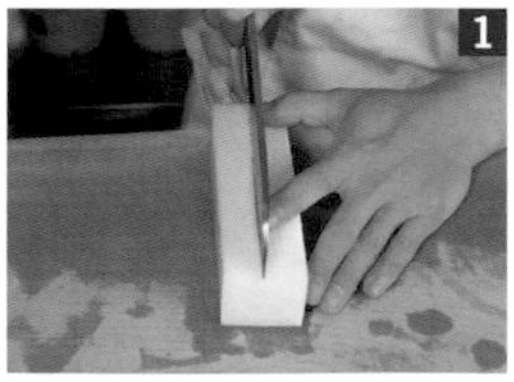

若要切成較大型的角柱時，可用到菜刀的整條刀刃去鋸切。

目測後去鋸切使橫切面呈正方形。

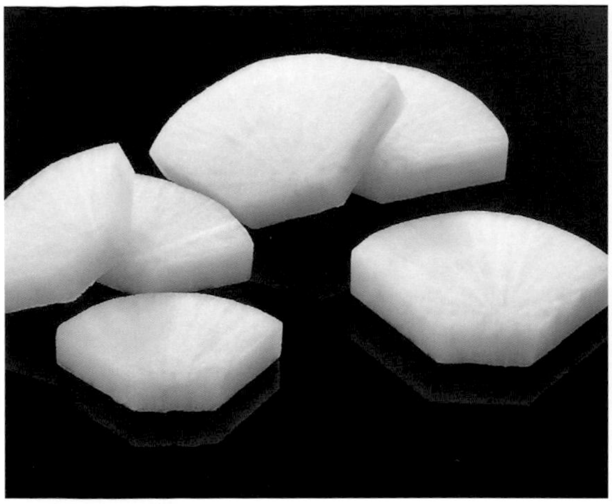

銀杏片

將半月片再切半即成。若要短時間內製作大量半月片，可將圓柱切十字形後再去小口切出所需的厚度。

可用於煮物和湯的配料、漬物等料理。

地紙片、切瓣片

將半月（半圓）片的兩端斜削去兩角似肩膀一樣的形狀。象徵貼在扇子或傘上的紙的形狀稱為地紙，被視為吉利的形狀。

切瓣片為將半月片的兩角垂直切下而成。

地紙片、切瓣片

銀杏片

做成橫切面為地紙形的柱體。

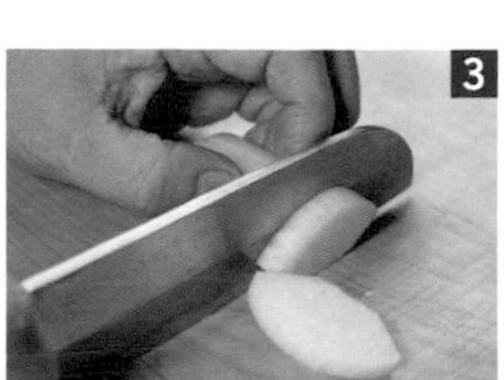

小口切成需要的厚度。

斜削去半月片的兩角做成像扇子的形狀。

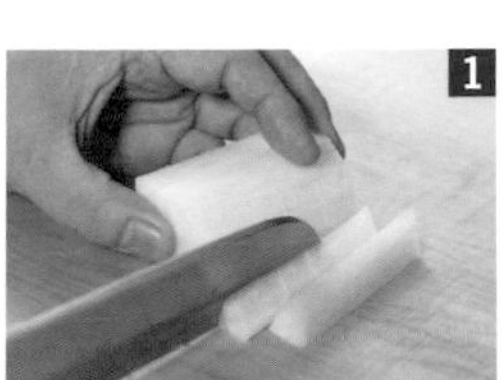

若要提高製作的效率，可先做出半圓柱體（半月片步驟2）再斜削去兩角。

要提高製作的效率，可以從半月片步驟2的半圓柱體再縱向推切成一半。

將橫切面朝下放置，再小口切成需要的厚度。

將圓形片（輪切片）切成十字形。

四方片[17]

橫切面為正方形的長方體。可用於煮物等料理。相對於前面圓形片的「陰」，四方片被稱為「陽」，這兩者為切片的基本形。有將輪切片切成四方形的做法和由立方體切成的做法。

17 日文漢字作「角」或「四角」。

六角形片・龜甲片

六角形用來象徵龜殼因此稱為龜甲。製作圓形片，將圓周六等分後切去邊緣即成。

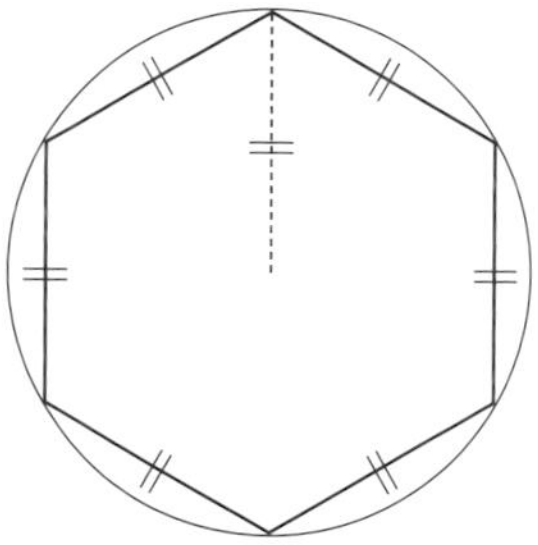

四方片

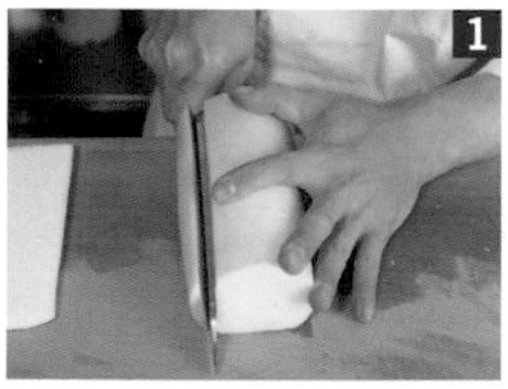

將白蘿蔔切成適當長度，切下四邊讓橫切面呈正方形。

圓周分為四等分，好像要將四個點連接起來一樣切下。

將橫切面修整成正方形。

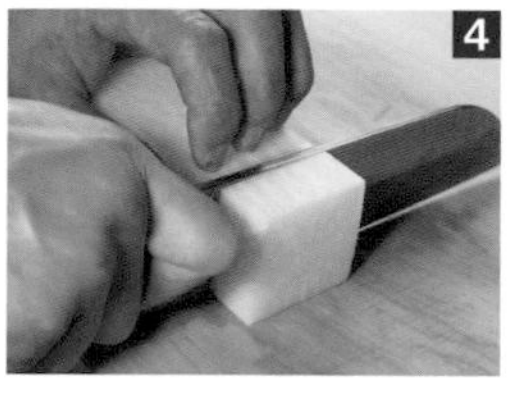

切成1～2cm左右的厚度。

六角形・龜甲

標記出圓形片的直徑，將半圓周三等分後切去一弧。對面另一側也依樣切下。

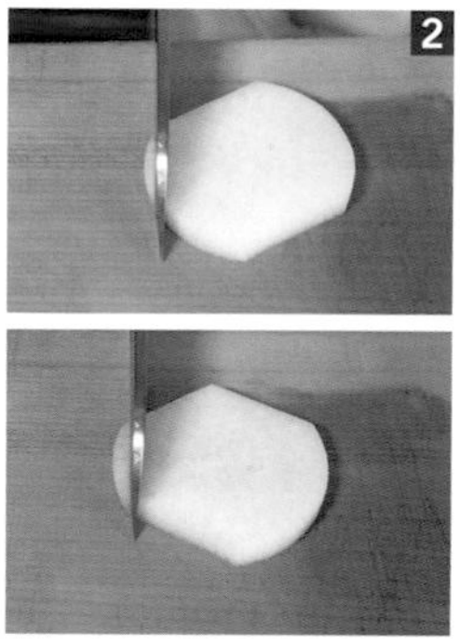

標記出剩下的圓弧的中央處並切去兩端的弧。

對面另一側也依樣切下。切時要目測讓每邊平行於相對的另一邊。

五角形片

切出圓形片，目測用半徑去等分圓周，切下五邊，做出大概的五邊形。若要做出正五邊形，可用和圓半徑一樣寬的色紙做出千代結，再以千代結中央的五邊形為模型去切。

八角形片

將輪切片切成正方形，再切除等長的正方形四角即成。

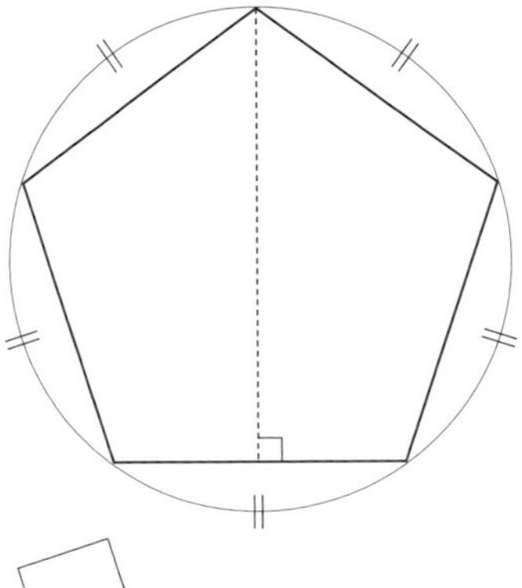

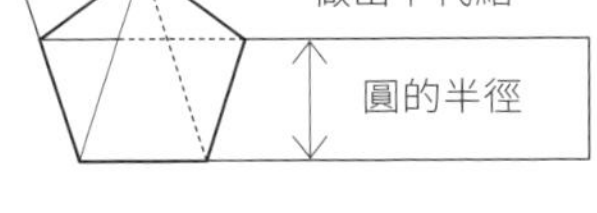

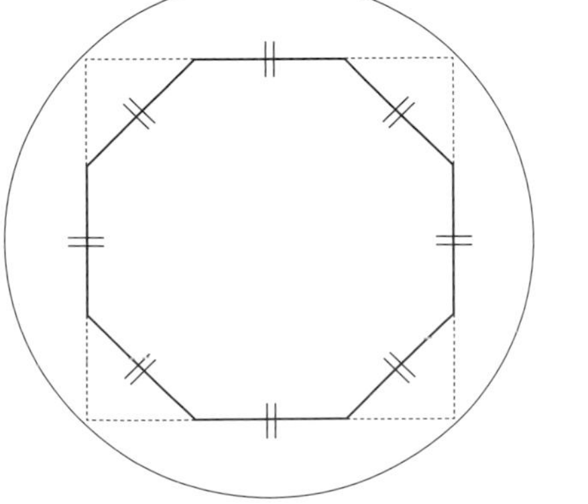

色紙片

將食材切成如色紙般的正方形薄片者。

可用於碗物的配料等。例如喜慶宴席的碗物等料理可使用白蘿蔔和紅蘿蔔的色紙片疊成紅白片。

修整成偏小的正方形，再削切成厚度約1～2mm的色紙片。抑或可以將四角柱切成薄片。

魚鱗片

色紙片沿對角線切成的等邊三角形。象徵魚鱗。

自色紙片切半而成的等邊三角形的頂點垂直切下還可再切出兩片更小的等邊三角形。

面取

長時間烹煮南瓜或薯芋類等質地柔軟的食材時，常常會從菜刀切出的邊角開始碎裂破壞掉形狀。

為了防止這種情形發生，事先切去邊角讓角度變鈍的刀工就稱為「面取」。此外面取亦可讓食材的造型看起來更加柔和，因此也有時只是為了美觀需求才面取。

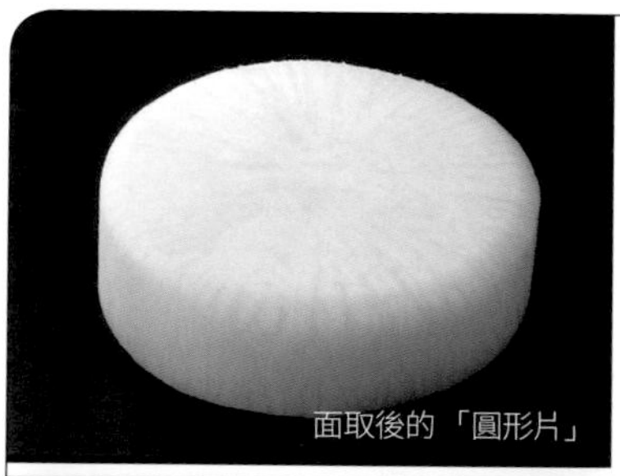

面取後的「圓形片」

面取後的「四方片」

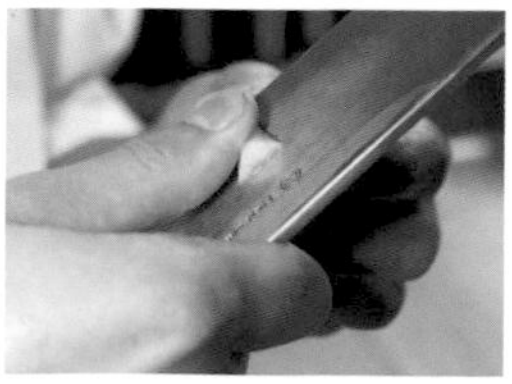

將菜刀抵住切出的角，讓刀刃以四十五度角推移切下邊角。

小爪片

頂角較「魚鱗片」更為尖銳的等邊三角形切法。模擬指甲的形狀。

可用於碗物的配菜或醋漬物等料理。

可由薄的長方體或者色紙片用菜刀左右交互斜切而成。

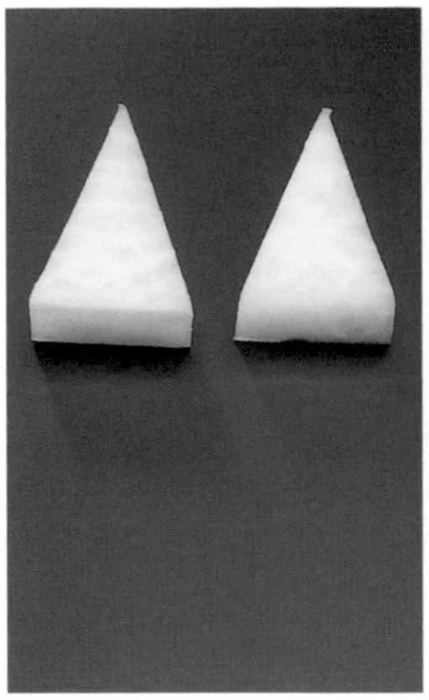

撥片

象徵彈三味線用的「撥片」。可由色紙片或者薄的長方體切成。

可用於煮物或鍋物的配菜。

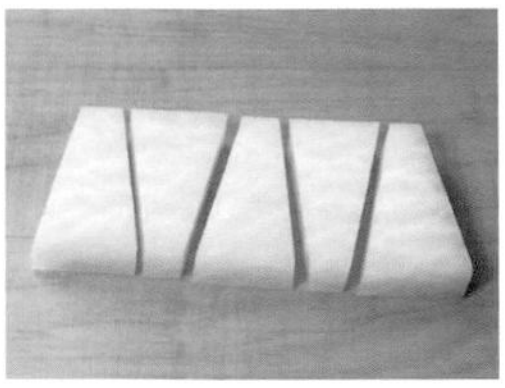

形狀為細長的梯形，切時平行的上下底的長度比例約為二比一。

菱形片

切成四邊等長且對角大小亦同的四角形片。

可用於煮物或碗物的配菜，拿來象徵雛祭（女兒節）的菱餅亦很適合。

由薄的長方體切成。平行移動菜刀，斜切成四邊等長即成。

短籤片

切成如七夕時裝飾的短籤般的長方形薄片。可以沿著蔬菜的纖維切亦有將纖維切斷的作法。根據用途不同可切成不同厚度。

可用於碗物、醋漬物、涼拌菜等料理。

將偏厚的長方體小口切成1～3mm左右的厚度。

拍子木片

切成如拍子木般的四角柱。

長度約5～6cm。橫切面為邊長約8mm～10mm的正方形。

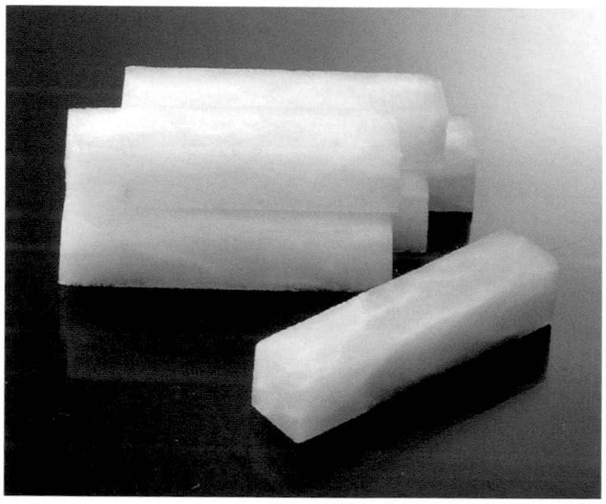

粗纖

較細纖稍粗，橫切面為正方形。保留爽脆的口感，白蘿蔔的千六本就是指粗纖。

可用來做味噌湯的種物、沙拉、醋漬物。切的寬度更細者稱纖切（切絲）。

將長方體的食材以約3mm間隔切片。亦可採剝切法。

重疊4～5片，以約3mm的寬度連續推切。

首先最重要的就是要能正確切出立方體。瞄準中心點去分切，一直切到最後都要保持立方體不歪掉。

丁·霰[18]·粒

仿照骰子和點心的烤霰[19]（欠餅）製作長寬高皆同的立方體。依照大小順序分別稱為丁（$1cm^3$）、霰（$5mm^3$）、粒（$3mm^3$）。美觀的秘訣就在於每顆大小需相同且都要切成直角。不過如果將粒切成更細的末，則不會再呈立方體。

此外，若欲大量切丁時可以從1cm左右的角柱以1cm間隔去小口切即可。

18 大致為中餐裡的小丁。
19 小粒的欠餅稱霰。欠餅的原料為糯米粉，是將年糕切成小塊後乾燥再將表面烤成金黃色的一種米菓。

丁·霰·粒

若使用圓白蘿蔔，首先要切除帶有葉子的部分。

自側面將根的部分垂直切除，做成接近立方體的形狀。

完成的立方體。亦可用長的白蘿蔔切成（→26頁）。

於長寬高各邊的中央處下刀切下。重覆步驟直到切出目標大小為止。

切粒時，將立方體先剝切成約3mm厚的色紙片。

用刀尖以3mm間隔拉切。轉九十度再垂直劃刀。

生薑末（碎）

生薑末可以從桂削切成亦可先削成薄片後再切。用較小塊的生薑時後者為比較方便的方法。

先削薄片的做法

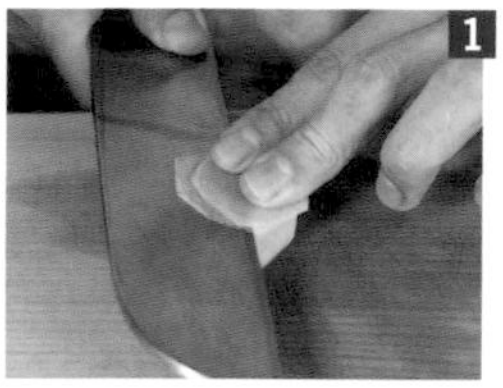

去皮後將頭尾切齊成平行狀，連續削成1mm左右的薄片。

將削好的生薑片稍微攤開排好。

從邊邊開始切成極細的細絲。之後的步驟和先桂削的做法相同。

先桂削的做法

將生薑塊一一分切。

薄薄切去長端的頭尾。

去皮。

桂削處理（→18頁）。

將7～8片桂削好的生薑片重疊。

切成極細的細絲。這稱為針打，可用於生魚片、碗物、煮物的配料。

將細絲平行置於砧板上。

自邊邊開始細細推切成末。切好後泡至水裡。

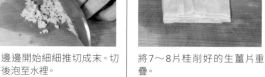

洋蔥末（碎）

利用洋蔥鱗莖重疊為球狀的狀態來切末。

雖然日本料理中很少用到洋蔥碎，但日常生活中的利用價值十分廣泛，因此必須要熟練這個切法。

洋蔥切末

1 切除一點葉側。為了不讓鱗莖散掉，根部要保留到最後都不切。

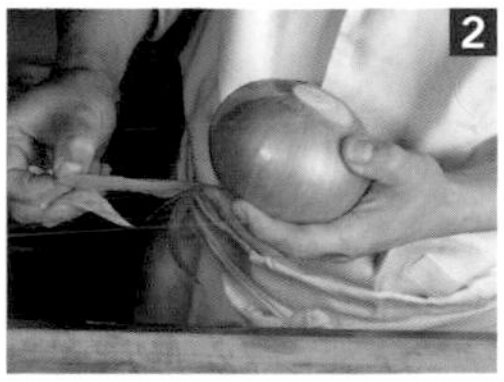

2 剝皮。

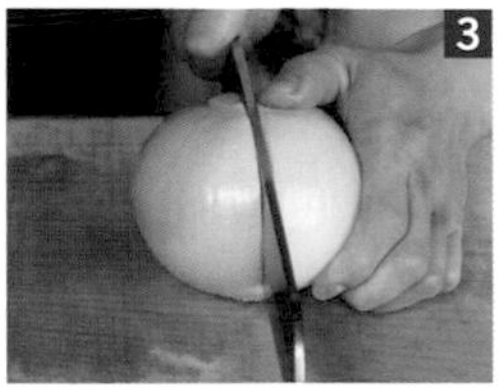

3 用菜刀縱切成兩半。

4 將切口朝下，根部朝左放置。上下移動菜刀以5mm間隔切入。

5 洋蔥轉九十度將頂部置於靠自己這端。自邊邊開始用刀尖以5mm間隔切入。

6 再度將根部朝左放置，自邊邊開始連續推切成碎末。

7 將切剩的根部朝上，橫切面朝左放置，用刀尖以5mm間隔切入。

8 自邊邊開始連續切成碎末。

裝飾刀工圖鑑

蔬菜的雕花和裝飾為讓料理錦上添花和表現季節感的重要元素。此節可一覽本書所介紹的蔬菜裝飾。

錨防風 →103頁

唐草蘿蔔葉 →22頁

網劍 →21頁

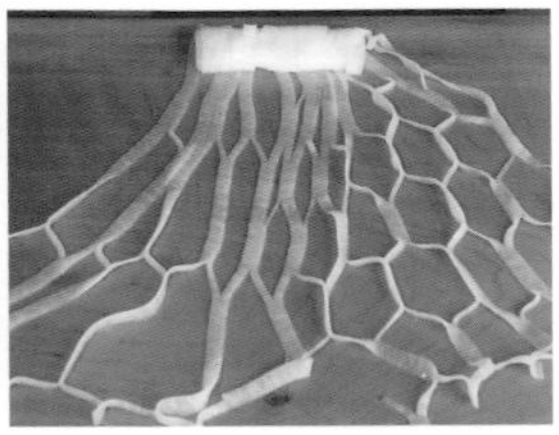

花南瓜 →82頁

葉子南瓜 →80頁

菖蒲土當歸 →50頁

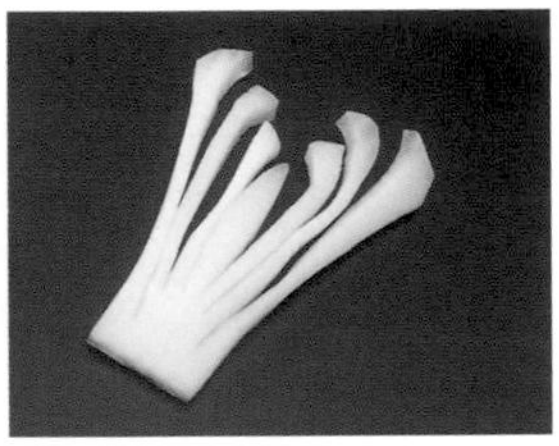

交互切／交錯切（小黃瓜）→87頁

蛇腹小黃瓜 →87頁

水滴小黃瓜 →86頁

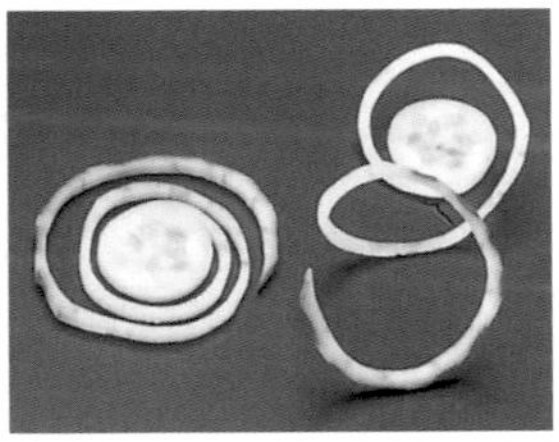

松毬銀杏 →129頁

末廣蘘荷 →107頁

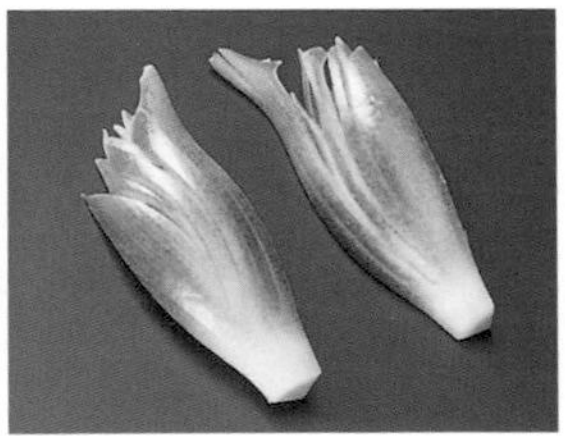

纏蘘荷 →106頁

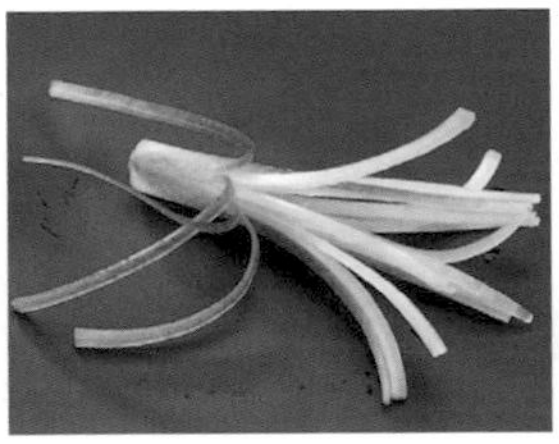

松（小黃瓜）→87頁

雪輪蓮藕 →125頁

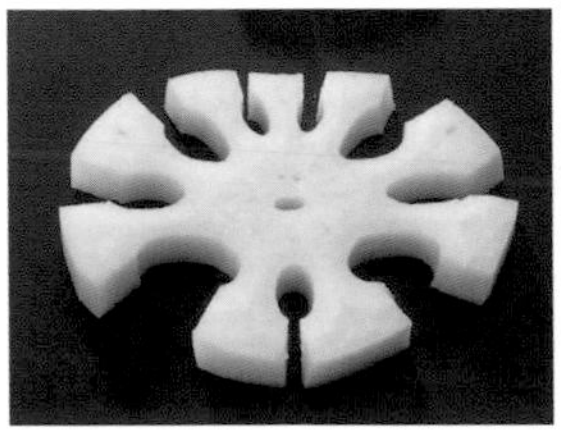

矢車蓮藕 →125頁

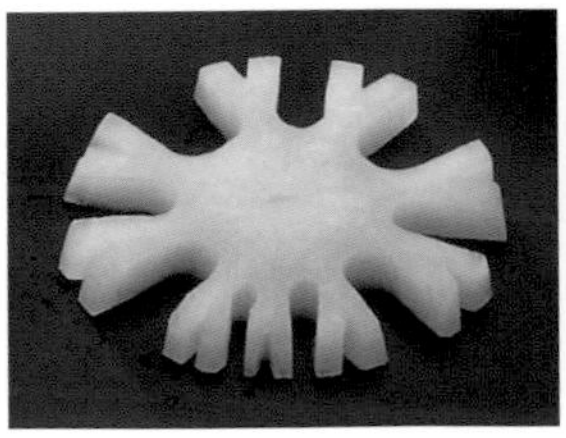

箭翎蓮藕 →126頁

花蓮藕 →125頁

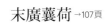

鶴之子(海老芋)→139頁

牡丹百合根→148頁

花瓣百合根→148頁

蛇籠蓮藕→125頁

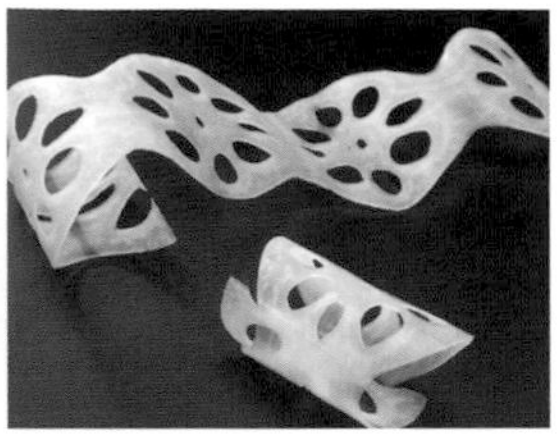

松毬慈姑→152頁

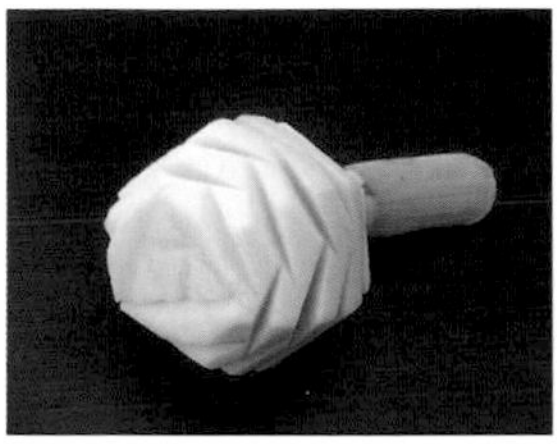

六方慈姑→152頁

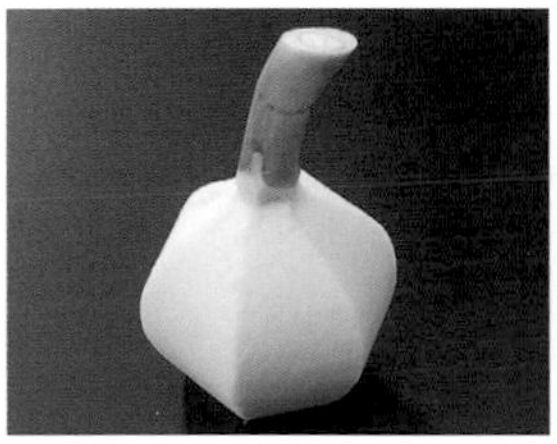

菊花蕪菁→142頁、143頁

紅白千代結→156頁

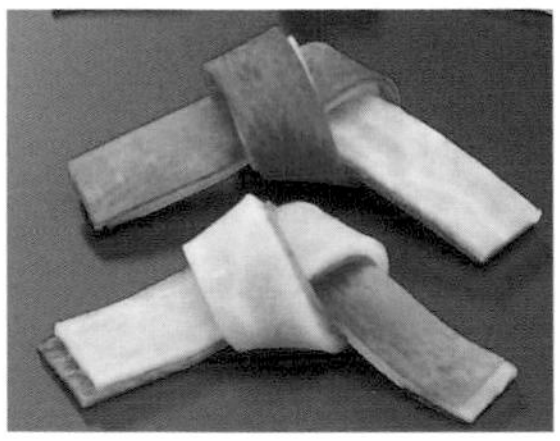

小槌慈姑→154頁

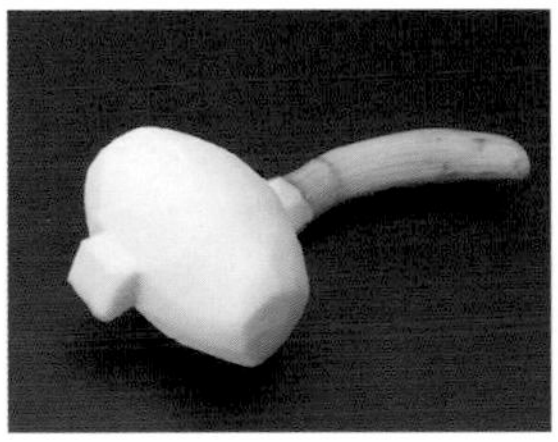

鈴慈姑→154頁

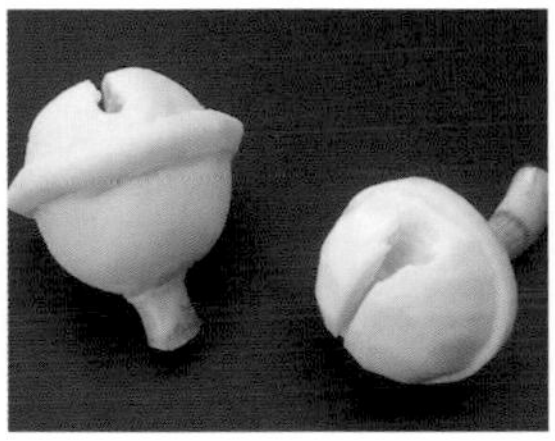

繪馬慈姑→152頁

轤繩→157頁

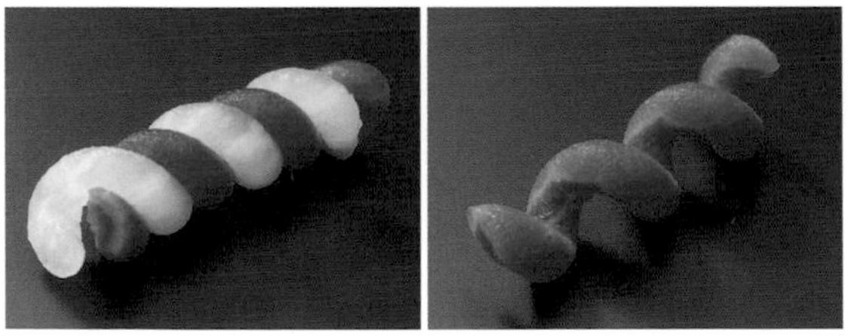

紅白相生結→157頁

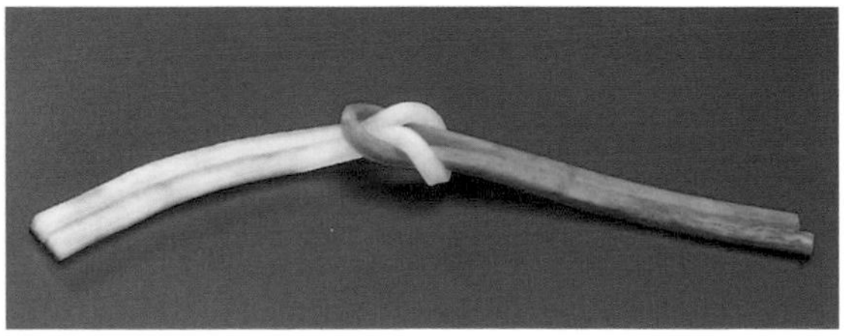

鏤空扇面(柚子)→175頁

白扇(山藥)→164頁

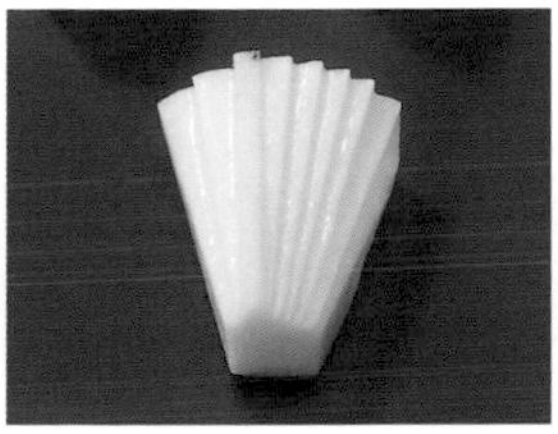

扭結梅花(紅蘿蔔)→156頁

梅花紅蘿蔔→156頁

松葉（柚子）→175頁

紅葉（柚子）→175頁

梅（柚子）

扇面（柚子）→175頁

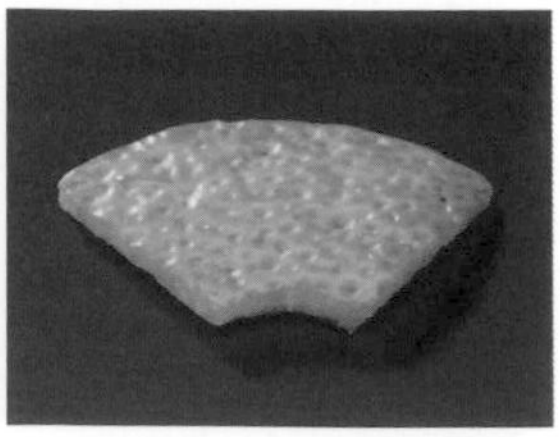

松葉變折（柚子）→175頁

短籤片（柚子）→175頁

撥片（柚子）→175頁

剝切片（柚子）→175頁

一文字（柚子）→175頁

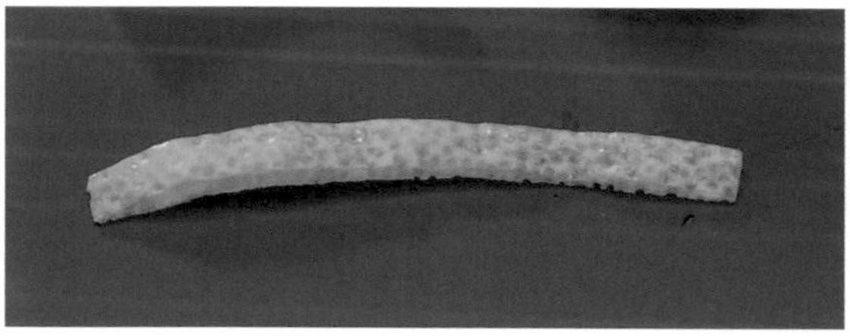

絲（柚子）→174頁

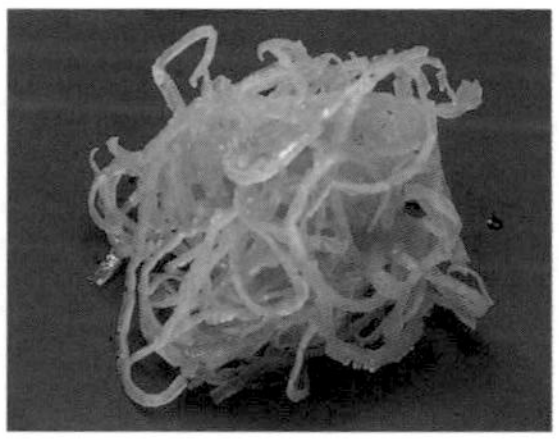

松葉折（柚子）→175頁

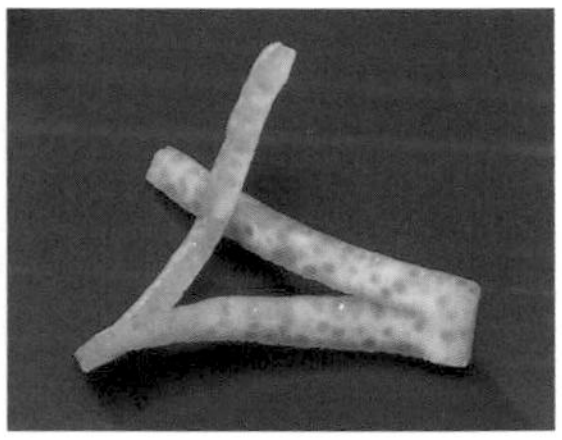

德島酸橘釜→85頁

德島酸橘釜→85頁

德島酸橘釜→85頁

結（柚子）→174頁

德島酸橘釜→85頁

德島酸橘釜→85頁

德島酸橘釜→85頁

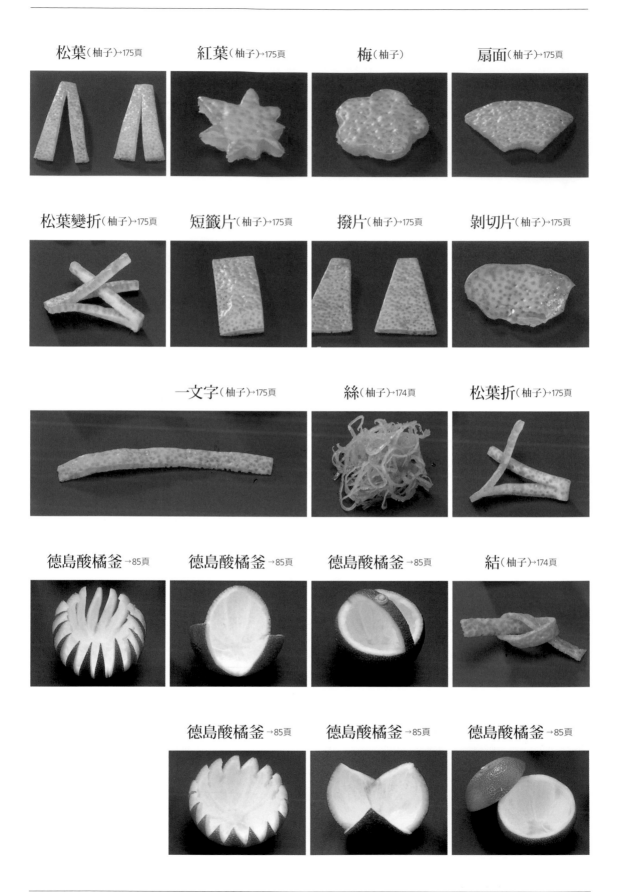

蔬菜的基本調理

【水煮】

蔬菜除了生食或者直接拿去煮以外，幾乎都必須先水煮過。因為是先於調味的處理又被稱為「預先水煮」。

水煮的目的可分成軟化蔬菜使其容易食用、去除苦味、使發色鮮豔幾種。依照目的去把握水煮程度的要點。

大量鹽水

使用大量的水或鹽水去煮。若水的量太少則放入蔬菜後溫度上升會太花時間。此外也會造成食材碰撞破壞形狀。

雖然用水也可以，但為了要使顏色鮮豔和保留味道，最好使用鹽水。加入鹽後沸點會提高，若使用大量的水就算放入材料溫度的變化也不會太大，可維持高溫快速煮成。鹽水的作法為在大鍋中加入一把鹽，調成較立鹽（海水的濃度）稍淡的鹽水。

不可能每次都去測量鹽量，因此比例拿捏要靠經驗來掌握。

綠色蔬菜要大火快煮

煮綠色蔬菜時要用大火讓鹽水沸騰後一口氣煮好。維持溫度恆定，盡量在最短時間內煮成是不變色的秘訣。

不過煮的時候不可一次全部丟下，要先下較堅硬的部分例如莖部或者根部，過一段時間再下葉子的部分。

看準葉菜浮上水面，綠色變得更深且鮮明時就是要撈起來的時候。起鍋後立刻泡至冷水中。

切得較大塊要花較長時間去煮的根莖類等食材在沸騰後就轉成中火繼續煮。不要用大火煮到滾，如此蔬菜塊會在鍋內互相碰撞煮碎。用竹籤去刺食材確認軟硬度。

容易煮碎的薯芋類、南瓜、蕪菁等煮之前一定要先面取。

壓下鍋蓋去煮

煮時用鍋蓋壓下浮上水面的蔬菜，可讓熱的利用效率更高。

此外葉菜等容易散亂的食材可以事先束起一端綁好，如此煮好後更好處理外觀也較漂亮。

水煮葉菜類

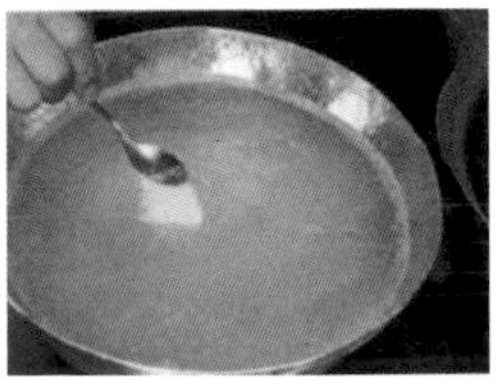

沸騰的一大鍋水裡加入鹽。

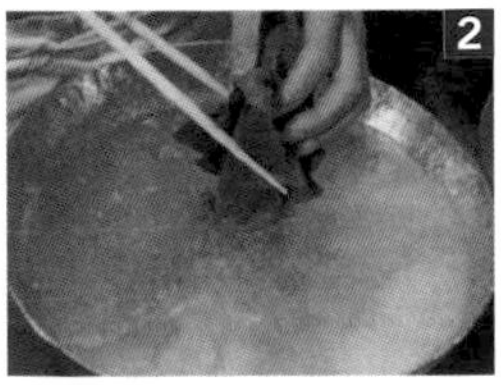

先下根部和莖部。

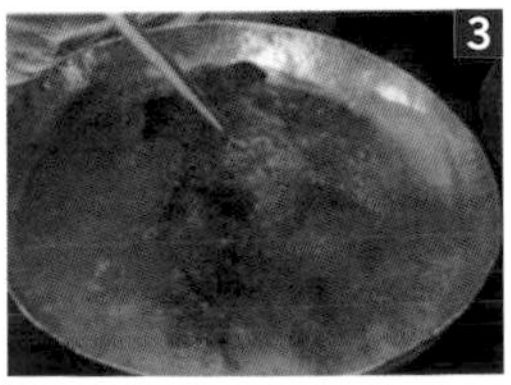

經過一段時間後再下葉子用筷子撥散。

水煮根莖類

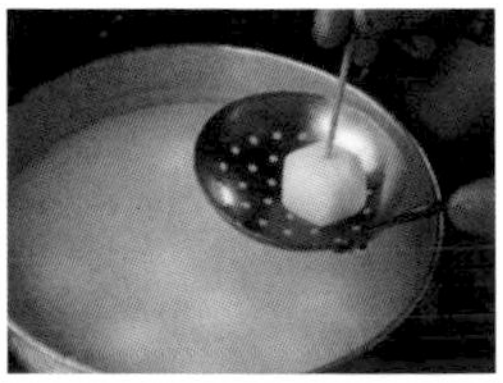

面取後用不會煮碎的火候去煮。煮到竹籤一戳就輕鬆穿透即成。

壓下鍋蓋去煮

壓下鍋蓋讓全體都浸在熱水中。

綠色蔬菜用沸騰的熱水，難煮熟的食材則從冷水開始煮

依照食材的狀態分為一開始就放入水中開始煮的和水沸騰後才放入的兩種。

希望維持綠色的葉菜、切成小塊、切成薄片容易煮熟的食材使用沸騰的水去煮。

相反地，切得較大較厚、較難煮熟的食材則一開始就和水一起煮，讓表面和內部都能均一受熱為佳。例如馬鈴薯等薯芋類若用大火長時間加熱則會被煮碎，但若從冷水開始煮起，可以緩慢受熱，表面和內部的溫度差較小，可煮成均勻柔軟的狀態。

泡至冷水中或者上陸

希望維持色澤鮮豔的黃綠色蔬菜在煮好後要立刻泡至冷水中，使蔬菜瞬間冷卻，避免餘熱讓蔬菜褪色。

為了不要讓煮過蔬菜的餘熱提升水溫，要準備大量的水並放入冰塊。蔬菜若泡水太久會含有太多水分，因此冷卻後就撈起瀝乾水分。

不用太在意顏色的食材煮好後可用篩網撈起放涼，稱為「上陸」。

若既要維持色彩鮮豔又不想讓食材含有太多水分時，可以上陸後用團扇搧讓其迅速降溫。例如製作「醋味噌拌分蔥」等料理時，不事先調味而直接用醋味噌去拌過，故採讓分蔥不會含水的這個作法。蠶豆和毛豆等也最好在上陸後用團扇搧涼。

泡至冰水中

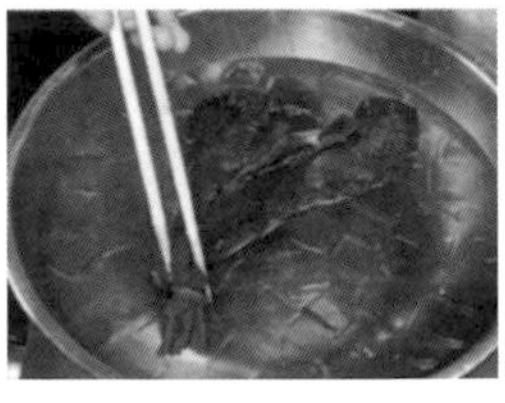

葉菜類預先水煮後為了維持顏色鮮豔要泡至冰水中。冷卻後迅速瀝乾水分。

上陸

不希望讓它含有太多水分的芋莖採上陸處理。煮好撈起後攤開在調理盤上。

【去苦味】

苦味及澀味強烈的山菜及竹筍可以於水中加入鹼水、小蘇打、米糠或者洗米水去煮。

例如纖維很粗苦味很重的蕨菜、紫萁、款冬等可加入鹼水或小蘇打去加熱。如此煮汁會變成鹼性，纖維會很快變軟，可在短時間內煮好，亦可讓綠色變得鮮豔。

煮竹筍和牛蒡時要加入水量約二至三成的米糠，如此可用米糠煮汁溶出澀味的成分來源——草酸，同時也有軟化的功用。

維持白色

醋具有漂白效果。可將切好的蔬菜浸泡在醋水中使其不褐變保持潔白。亦可在水煮時將醋加入熱水中，可讓煮好的蔬菜變白。

例如煮食用土當歸、蓮藕、薯芋

類等食材時可以加少許醋去煮。

【調味】

將預先處理過的蔬菜調味的步驟也須隨食材不同而改變作法。

【鹼水[20]製作方法】

於水中加入大量的草木灰。以植物燃燒的灰燼為佳。亦可使用炭火的灰燼。

用打蛋器攪拌均勻。

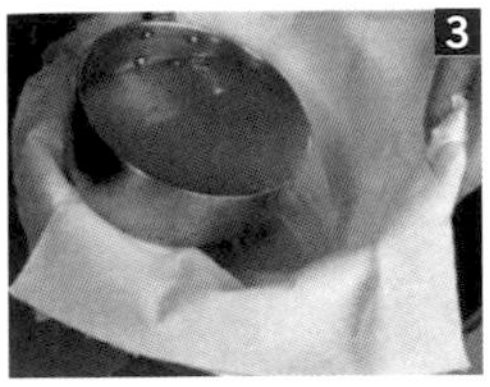

用布或者廚房紙巾過濾。

靜置過濾後的水等待灰燼沉澱。取上澄液（上方清澈部分）使用，此液體即為鹼水。

依照需求分別使用不同做法，例如：以顏色為重點的做法、比起顏色味道更為優先時花時間慢慢含煮入味的做法、不要煮碎破壞形狀去調味的方法等。

直接放涼使味道滲透入味

使用不在乎顏色的蔬菜時，將預先水煮過變得柔軟的食材用高湯和調味料（鹽、淡口醬油、砂糖、味醂等）去煮。

冷卻的過程中食材才會開始滲透入味，因此關火後直接慢慢放涼讓味道滲透進去，這也被稱為鍋止。

採用此做法的多為薯芋類、蕪菁、白蘿蔔等根莖類。

和底分開放涼再浸泡

將預先煮過的蔬菜用高湯和調味料去煮二至五分鐘。若直接放置則會因為餘熱變色，故先將蔬菜撈起。將煮汁和蔬菜分別冷卻後再將蔬菜泡回煮汁中使其滲透入味。亦有將煮過的蔬菜直接浸泡於冷的底中的做法。

浸泡一段時間後蔬菜會出水稀釋煮汁，因此最好撈起蔬菜浸泡到新的底（和煮汁一樣比例煮成冷卻而成者）中。雖然比較麻煩，但為了不要讓蔬菜太水，盡可能要浸泡兩次。

維持白色的白煮

希望發揮食用土當歸、蓮藕、百合根、蕪菁、山藥等食材本身潔白的色彩時所採用的煮法稱白煮。以一番高湯為基底，加入味醂和砂糖、鹽去調味，醬油只用少許淡口醬油或者白醬油。為了彌補較少的醬油鮮味，有時也會追加柴魚片。

20 亦稱灰水。

直接煮可做出簡樸風味

非野生的栽培蔬菜一般來說較無苦味，有些蔬菜可不經預先水煮直接調味下去煮成。這種做法亦稱為田舍煮，一般家庭料理亦常用此手法，可直接發揮食材本身所具有的風味，做出簡單樸實的美味。

就連一般澀味較重的竹筍，若是剛掘出新鮮時還不會苦，也可以直接煮。

長時間含煮入味

用高湯和調味料將蔬菜長時間小火慢燉含煮入味的方法。

適用食材如竹筍：將高湯、味醂、鹽混合後煮滾放入竹筍，煮到一定程度後追加一點鹽。繼續用小火慢慢燉煮，用醬油去調味，如此一邊加入調味料一邊花時間燉煮約一小時含煮入味。

維持形狀完整 不煮碎的蒸煮法

用直火去煮蔬菜容易煮碎。

將蔬菜放到調理盤中加入煮汁，高度不要完全淹過蔬菜，將整盤蔬菜放入蒸具中去蒸。使用保持一定溫度的蒸氣去加熱可防止蔬菜滾動因此不會煮碎。煮汁亦不太會蒸發因此不會收乾變濃稠（NITSUME），可確保滲透進去的味道濃淡穩定。為避免底被蒸發，並盡可能地使用間接加熱，可以覆蓋上保鮮膜和鋁箔紙。

【用篩網磨細】

製作蔬菜的摺流和翡翠豆腐、筍真薯這類料理時，要將煮好的蔬菜用篩網磨至口感滑順，也可加入黏著劑蒸成固體。

用左手手掌壓著橫倒的木杓，將食材擠壓過網目即為用篩網磨細的作業。網目的方向要和木杓移動方向呈四十五度角（看起來呈×字形）放置。

用篩網磨細時所使用的篩網網目方向

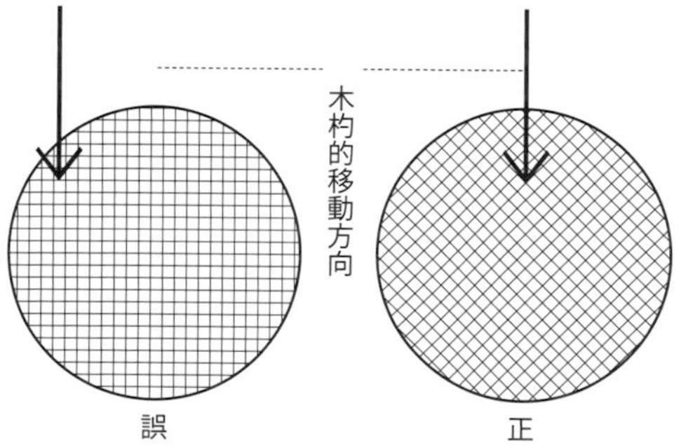

讓木杓倒下用左手壓著。

用左手將木杓朝向自己手邊的方向往內拉。

錯誤示範

錯誤示範。木杓的角度過大、施力過重。

高湯・混合調味料

【高湯】

日本料理調味的基礎為昆布和柴魚萃取出的「高湯」，特別是蔬菜本身味道比較清淡，必須經常活用高湯去調味。高湯依照萃取方式可分為一番高湯和二番高湯（其他尚有昆布高湯和精進高湯等）。

調理蔬菜時推薦使用香氣和鮮味均很紮實的「一番高湯」。

一番高湯

水	10L
昆布	80～120g
柴魚片	150～200g

將昆布放入水中用中火慢慢加熱至40～50℃後轉小火，等待昆布膨脹。

表面開始起泡後快速撈起浮出的雜質。快要沸騰前加入柴魚片，讓柴魚片沉到水面下，等待約深呼吸三次的時間之後關火。此時仍為尚未沸騰的狀態。撈除雜質後用三層棉布或其他布過濾之。注意不可擠過濾的布。

用於吸物底，特別是煮物碗的吸物底時，只要先萃取昆布高湯，要用之前再加入柴魚去萃取。

二番高湯

將萃取完一番高湯後的昆布和柴魚放入鍋中，追加新的柴魚片，量約相當於之前的一成，再加入水稍微淹過這些材料，用中火慢慢去煮，煮好後用布過濾。

【醃漬用醬汁（漬汁底）】

用於浸泡水煮過的蔬菜使其滲透入味的底。一番高湯加入鹽和淡口醬油調成吸物底的二至三倍濃的味道。根據食材不同，有時也會加入砂糖或味醂中和一下鹽味。用於菊菜或是菠菜時醬油的比例要稍高，若是用於款冬這類味道較強烈的蔬菜，則要浸泡於鹽分比例較高的底中。

【八方高湯】

一番高湯	8
淡口醬油	1
味醂	1

事先調製好可立刻使用的多功能高湯，視食材或用途加入鹽、砂糖、味醂微調味道。

【二杯醋】

醋 1
淡口·濃口醬油 1

此處為混合淡口醬油和濃口醬油的作法，亦有加入鹽的版本。通常會煮滾後冷卻再使用，但夏季等希望強調酸味的時候也可以不煮過直接拌勻使用。

【三杯醋】

醋 1
淡口·濃口醬油 1
砂糖·味醂 1

煮滾後放涼。若不煮過直接拌勻使用，則要先煮去味醂的酒精成分。亦有加入高湯的版本。

【土佐醋】

二杯醋中加入一番高湯或者柴魚片後過濾即成。多加入味醂或砂糖、鹽去調味拌勻後使用。此外，加入昆布的版本稱為松前醋。

【加減醋】

醋 1
一番高湯 3～8
淡口醬油 1
柴魚片 適量

依照個人喜好加入砂糖、味醂、鹽之後煮至沸騰，過濾後冷卻。亦可用柑橘類的果汁來代替醋。

【玉味噌】

白味噌 1kg
蛋黃 1～2個
味醂 50cc
砂糖 110g
酒 180cc

田樂味噌等味噌的基底。混合材料後用小火慢慢拌煮。

【田樂味噌】

玉味噌加入醋、煮去酒精的味醂，有時會加入蛋白或其他材料稀釋後使用。

【燒烤醬汁】

濃口醬油 4
味醂 5
冰糖 1.2
溜醬油 1
酒 1

混合材料後煮至濃稠（NITSUME）收乾一成左右。

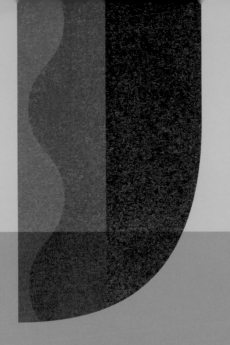

第2章

春夏秋冬蔬菜便覽

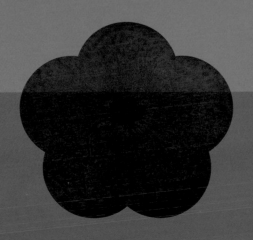

【春】

豌豆莢

豌豆／豆科豌豆屬

一種可帶莢食用的豌豆品種。小型的稱絹豌豆[21]，荷蘭豆則較為大型。關東偏好小莢，關西偏好大莢。產季為四～五月，但因栽培技術的進步，自十月起到六月左右皆可購得。

調理要點

◎選擇鮮綠色且蒂頭部分飽滿有彈性者。

◎原本連著花的部分殘留下的細細莢筋象徵鮮度也可增加擺盤的美觀效果，因此要注意不要動作太粗魯損傷到此部分。

◎很容易煮熟，因此控制加熱時間不要太長，才可發揮美麗的綠色色澤和口感。

【預先水煮】大型的荷蘭豆必須先去掉筋絲，但最近常見的絹豌豆幾乎沒有筋，因此只需要切除蒂頭，可切成箭翎

【預先水煮】

拿著豌豆莢，蒂頭朝上。

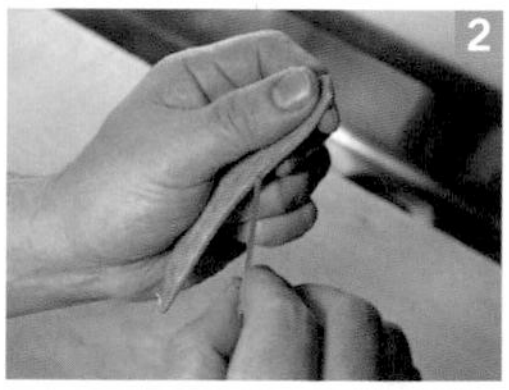

折去蒂頭，沿著豆莢剝去筋絲。

若使用無筋絲的豌豆莢，則用刀尖於蒂頭處劃刀。

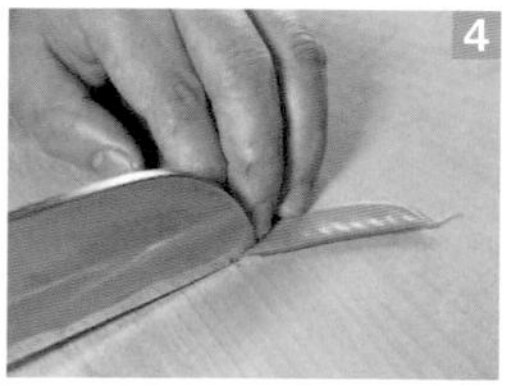

切出V字形去掉蒂頭。

於沸騰的熱水中加入少許鹽，放下豌豆莢水煮。

待豆莢轉成翠綠色就立刻撈起。

立刻泡至冷水中。步驟5～7稱為發色。

【纖切】

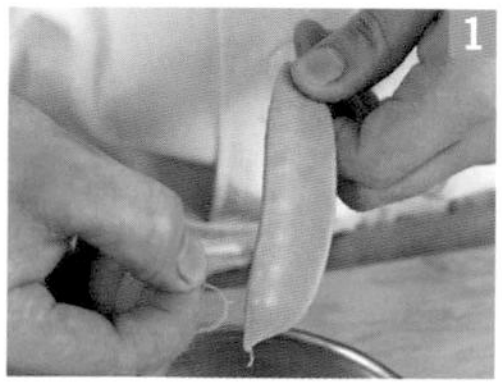

去筋絲。仔細去除所有老硬的筋。可從尖端莢筋側開始剝。

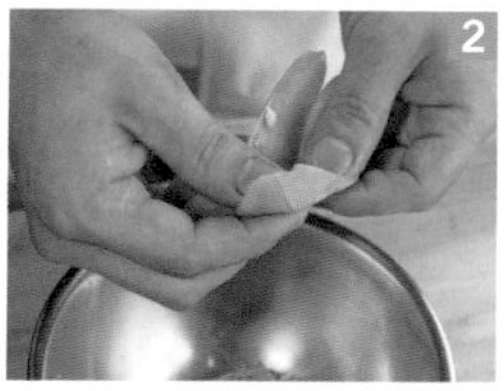

自帶著豆仁的背側剖開成兩半，去除豆仁。

去除豆仁和筋絲。

的形狀則外觀更佳。

【纖切（切細絲）】有些人會在去除筋絲後直接切，但若將豆莢打開去除豆仁後再切可以切出細又美觀的細絲。

【調味】調味的同時必須維持鮮豔的綠色。切成細絲的豌豆莢一下就會煮熟，因此動作要快，事先裹上鹽讓它發色。未切纖切的豌豆莢的調味方法同步驟7～9。

4 重疊數片豌豆莢切成寬1～2mm的細絲。

【調味】

1 將豌豆莢細絲放入碗中灑鹽。

2 輕輕拌讓鹽全面裹上豌豆莢細絲。

3 放入沸騰的熱水中用筷子攪散煮約1～2分鐘。

4 用漏勺快速撈起。

5 泡至冷水中冷卻。

6 冷卻後用篩網撈起並擠乾水分。

7 將底煮滾，加入6。目的並非要煮熟豌豆莢，而是要去除水分，讓底入味。

8 立刻用篩網撈起用團扇搧涼。

9 底也要一併冷卻，讓豌豆莢不會再繼續受熱。將豌豆莢浸回冷卻後的底中使其滲透入味。

21 小型的日本豌豆莢品種。無中文名稱，此處直譯以利和後面大莢的荷蘭豆品種區分。

雞肉鍾馗煮

豌豆莢

用金時紅蘿蔔泥煮成的雞肉料理。料理看起來就像鍾馗的紅臉一樣。用鮮綠的豌豆莢的尾端莢筋來畫龍點睛。

雞胸肉、金時紅蘿蔔
高湯、酒、淡口醬油、味醂
豌豆莢

1 將雞胸肉切成一口大小，用熱水將表面煮熟（霜降）。
2 高湯中加入酒、淡口醬油少許、非常微量提味程度的味醂調味後煮滾，放入1去煮。
3 金時紅蘿蔔去皮後磨成泥並擠乾水分。若紅蘿蔔味道太重亦可以洗過後再用。
4 將3加入煮1的鍋中煮一段時間。
5 將4盛盤，搭配上浸底[22]已經入味的豌豆莢。

鯛魚子拌豌豆莢

纖切拌入當季鯛魚子的涼拌菜。切細絲可讓味道更加入味。

豌豆莢
鯛魚子
高湯、酒、淡口醬油、味醂、鹽

1 將浸在底中入味的豌豆莢絲取出瀝乾。
2 鯛魚魚卵（卵巢）用熱水川燙後用篩網撈起放涼（上陸）。將鯛魚魚卵去皮後弄散。
3 高湯中加入一成酒、味醂、鹽、淡口醬油少許去煮鯛魚子。
4 待湯汁差不多收乾後改成隔水加熱，用茶筅炒成鬆散狀。
5 將4炒過的鯛魚子裹上豌豆莢絲。

22 見本書179頁用語解說。

豌豆

豌豆／豆科豌豆屬

豌豆可大致分成軟莢種和硬莢種。此為硬莢豆，俗稱青豆，亦稱碓井豌豆。產季為晚春至初夏。

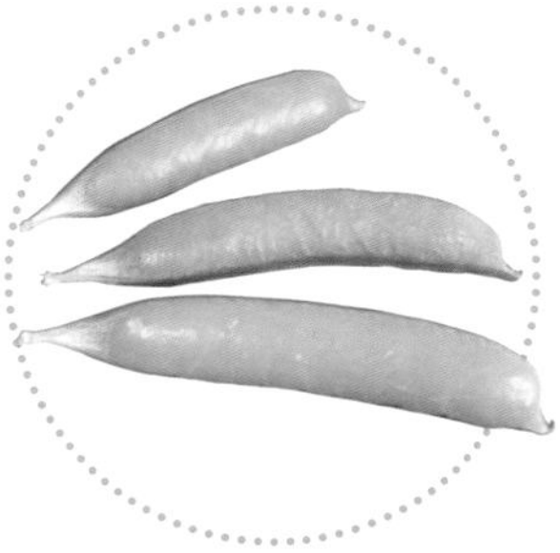

調理要點

◎選擇豆莢膨脹飽滿有彈性且色澤鮮綠者。

◎自豆莢中取出後立刻泡水則水煮後的色澤較鮮豔。水煮時覆蓋上一層紙或壓上鍋蓋去煮。

◎一般來說會用鹽水將豌豆仁煮軟，若要做成摺流等料理必須去除薄皮，可放入壺中蒸成偏硬的狀態較容易剝皮。

【鹽水煮】將豌豆仁煮至柔軟並保留豌豆的特色——其美麗的綠色色澤。關鍵在於將豌豆仁和薄皮煮成一樣柔軟的時間管理。

【壺蒸】一般會用鹽水將豌豆仁煮軟，但如此一來薄皮會變得太軟不容易剝除。若用壺蒸，豆仁會變軟但外皮還保留些許硬度，因此較容易剝除，適合用於做摺流等料理時使用。

【鹽水煮】

1 輕壓豆莢的接縫處打開豆莢，用大拇指挖出豌豆仁。

2 立刻泡水不要讓豌豆仁接觸到空氣。撈除浮起的豆仁與筋後洗淨豌豆仁。

3 煮沸熱水後加鹽，加入2的豌豆仁。

4 壓上鍋蓋，不要讓豌豆仁跳出水面接觸到空氣，用小火煮約5～6分鐘。

5 中途開蓋撈去雜質。豌豆仁會先浮上水面，待豌豆仁開始沉入鍋底就停火。

6 用漏勺撈起豌豆仁，並泡入冷水中，不要讓餘熱繼續煮熟豌豆仁。

【壺蒸】

1 為了在短時間內煮熟豌豆仁，加入一把鹽和少許小蘇打。

2 輕輕裹上豌豆仁全體。小蘇打具有增豔和軟化的效果，但要注意用量。

3 將豌豆仁放入具有保溼效果的壺中，倒入大量熱水。

4 蓋上蓋子密閉。

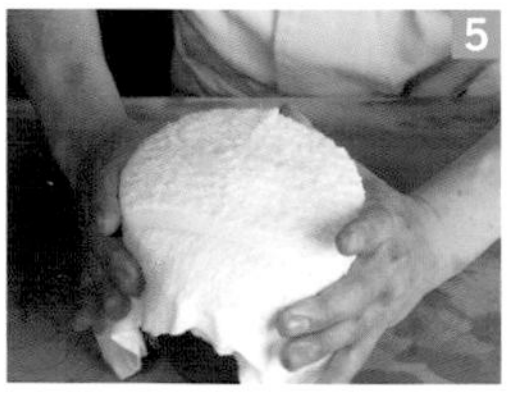

5 為了增強保溼效果，用溼毛巾包住壺子放置30分鐘。

6 倒入水中洗去鹽和小蘇打。

豌豆翡翠煮

花柚子

彷彿是瑰麗翡翠般的一道料理。
冷卻後和底一起上菜。

豌豆
高湯、鹽、淡口醬油、味醂
花柚子

1 將鹽水煮過的豌豆瀝乾。
2 高湯中加入鹽、淡口醬油、味醂少許後煮至沸騰，放涼備用。
3 將1的豌豆浸泡至2的底中（預先浸泡）。
4 因水分很多，故要再換一次新的底浸泡（正式浸泡）。

浸泡在熱的底中容易褪色，一定要浸泡在冷卻後的底中。

豌豆摺流

筍真砂[23] 真薯 山椒嫩葉

豌豆去除薄薄的外皮再用篩網磨細，加入吸物底煮至融化做成綠色的底，再加入葛粉增加黏稠度。濃度調整後亦可當作拌醬使用。

筍真砂真薯（↓63頁）
豌豆摺流、山椒嫩葉

1 筍真砂真薯切成正方形，用蒸具加熱。
2 將1盛至碗中倒入豌豆摺流。
3 搭上散發香氣的山椒嫩葉。

【摺流】

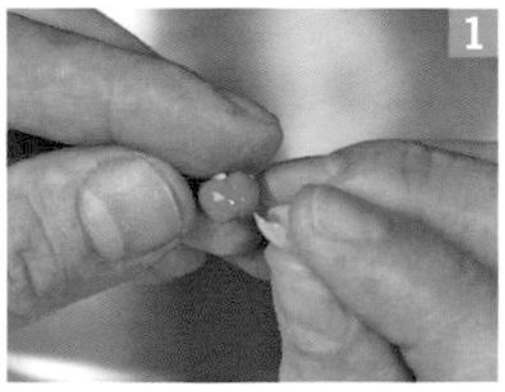

一顆一顆剝去用壺蒸過的豌豆薄皮。

趁熱用細篩網將豌豆磨細。

用篩網磨細的豌豆。

一番高湯中加入鹽少許、淡口醬油調味做成吸物底。

將用篩網磨細的豌豆加入4的吸物底中加熱。

撈起雜質，繞圈加入勾了薄薄葛粉的葛粉高湯。用打蛋器攪拌均勻。

23 用以稱呼好似海灘細沙一樣的細碎顆粒。

食用土當歸

食用土當歸／五加科

原產於日本的蔬菜，除了初春時節的野生土當歸外，幾乎都是採溫室軟白栽培，因此一年四季皆可供應。初春的野生土當歸生長時莖部有一半埋在土裡，因此特徵是白色的莖部會帶點紅色且葉尖為綠色。其特色為香氣和口感，並不具備太高的營養價值。

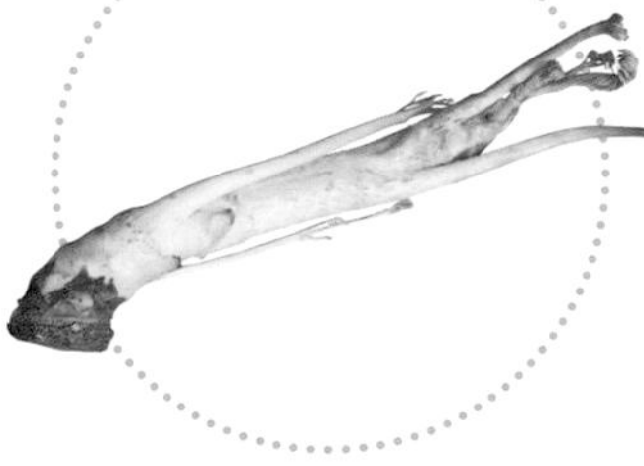

24

調理要點

◎皮上覆有厚實細毛甚至有點刮手者為新鮮的象徵，以此基準來選擇。

◎容易變色，因此要從切口端浸泡醋水防止變色。

◎原則上每次一定要使用完畢。若是沒有用完，冷藏會變色，應用紙包起放在陰涼處。

【預先處理・防止變色】較細的分支可以用於涼拌菜、沙拉或者金平[25]。粗的部分可用來做成白煮等料理。雖然可以一開始就切成所需的長度，但先切長一點可讓作業更順利。通常白煮可整顆去皮或者縱切剖開使用，做涼拌菜時可以切成短籤片或細絲。

【菖蒲土當歸】表現初夏季節感的裝飾刀工。可用於碗物的裝飾或者生魚片的配菜。

【預先處理・防止變色】

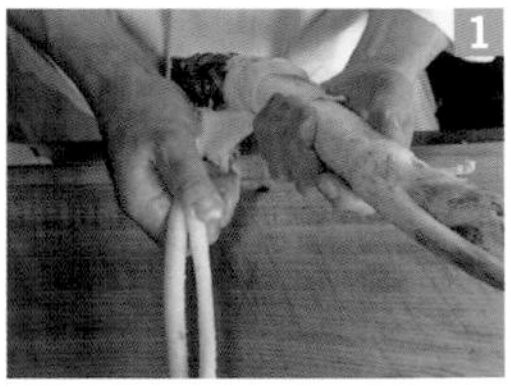

1 分離較細的莖部分支。

2 洗去泥土並切除變色的基部。

3 切除葉尖，根據用途分切成剛好的長度。

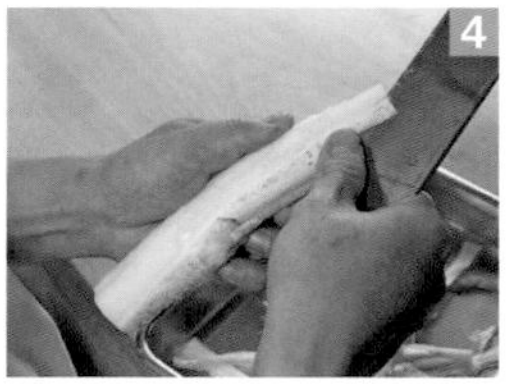

4 去皮。若土當歸本身較短則可整顆去皮使用，若長度較長則如照片由上而下轉削。

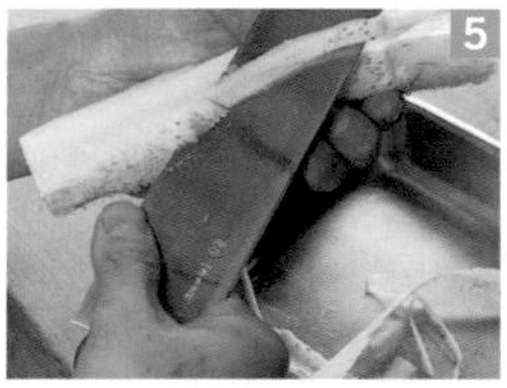

5 削厚一點確保變色的部分都去除乾淨。

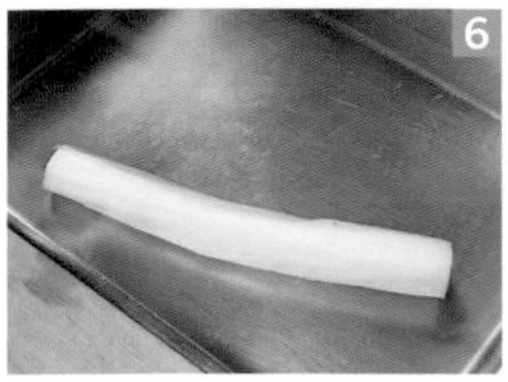

6 浸泡於醋水中。

【菖蒲土當歸】

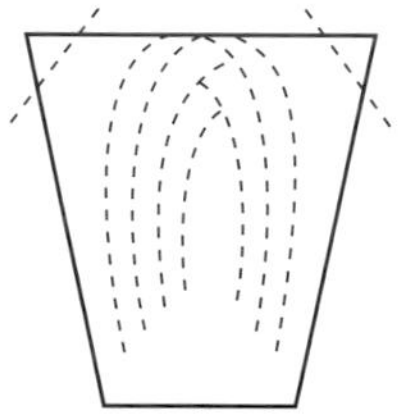

沿著虛線部分入刀。

1 切成5～6cm、厚5mm的細長梯形片，切去較長底邊的兩角。

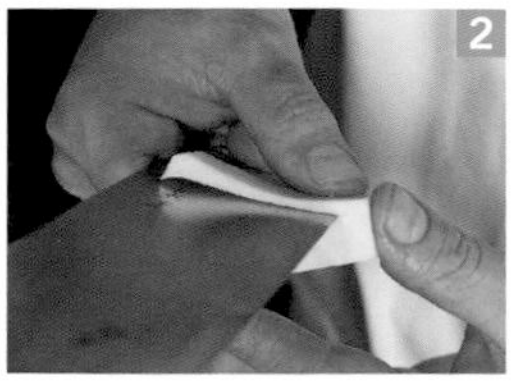

2 從正中央開始切出左右對稱的花瓣曲線，底部保留1cm不要切斷。

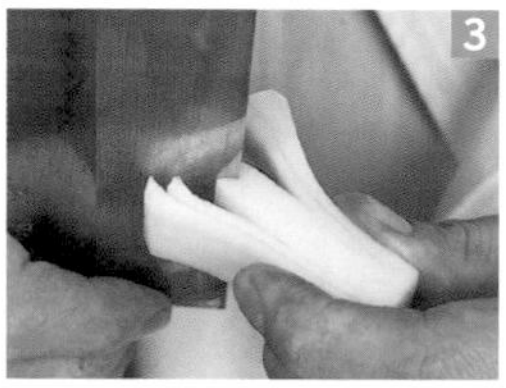

3 再切出和2的切口平行的淺淺切口。最後切出中央的花芯部分。

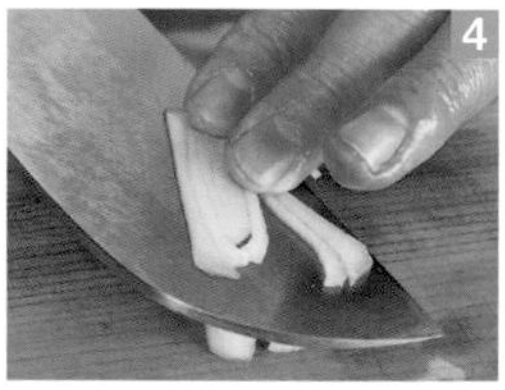

4 薄薄地水平剝切。

5 泡到醋水後切口處會散開。浸泡一段時間去除苦味。

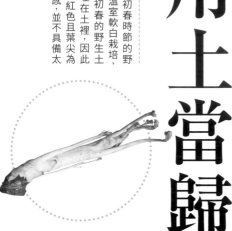

【白煮的預先處理】為了要粗細長短齊一，切時盡量切長，將數條綁好再一起調理。

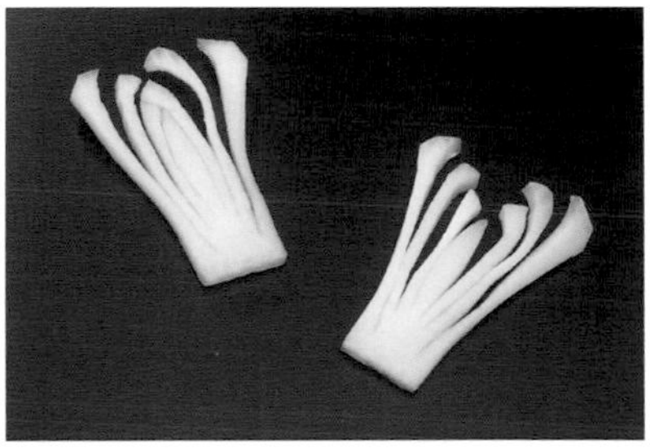

菖蒲土當歸

白煮吉原土當歸

豌豆翡翠煮 葛粉芡

春日綠意正美。
土當歸清新的白邂逅了春天的綠，
更加熠熠生輝。

食用土當歸
豌豆（鹽煮→47頁）
高湯、酒、淡口醬油、味醂
葛粉

1 鹽煮過的土當歸放入鍋中，倒入高湯去煮。加入鹽、極少量的淡口醬油、味醂來調味。

2 關火將整個鍋直接放至冰水中冷卻（白煮）。

3 混合高湯、淡口醬油、鹽、味醂少許，煮滾後冷卻備用。

4 將3分成兩份，先將鹽煮過的豌豆浸泡三十分鐘（預先浸泡）後再換新的底繼續浸泡三十分鐘（正式浸泡）。

5 白煮好的土當歸盛盤，灑上4的豌豆。

6 將土當歸的煮汁煮至濃稠（NITSUME），加入用水化開的葛粉做成芡糊，冷卻後淋上5。

24 獨活。
25 將切成細絲的食材用砂糖、醬油炒成甜甜鹹鹹的料理。

【白煮的預先處理】

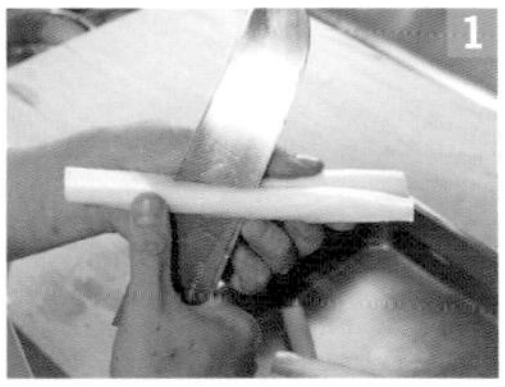

用菜刀刀根於上橫切面處入刀，用拇指壓著土當歸將土當歸削開。

重覆步驟1反覆縱切，直到切成適當的粗細為止。

浸泡在加了少許醋的立鹽水中約十五分鐘。必須保留咬勁時則不要浸泡。

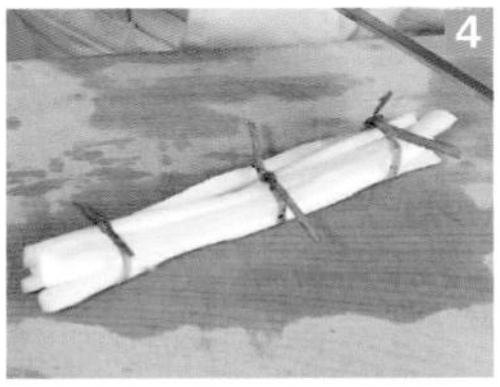

擦乾水分，用竹皮綁成5～6條為一束後白煮。

款冬花莖

款冬花莖／菊科款冬屬

為款冬的生殖器官——花苞。早春時會先於莖和葉從地下莖抽出。象徵著春天的到來，是一項富有季節感的食材。要趁鱗片狀的苞片未展開前食用。產季為晚冬至初春。

調理要點

◎採收後經過時間越久苦味會越強。盡量趁新鮮時使用完畢。

◎帶有很重的苦味，因此要去除掉多少苦味並適度保留多少苦味便相當重要，關鍵為小蘇打的使用方式。

【天婦羅】款冬花莖的苦味雖強，但也就是好吃在它的苦味。若用水煮可加入小蘇打去除苦味，若直接油炸苦味會消失，可直接食用。

【天婦羅】

1 沖洗掉泥土等髒汙，除去變成褐色的苞片。

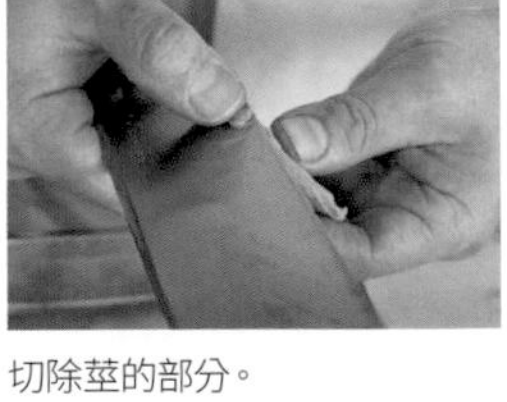

2 切除莖的部分。

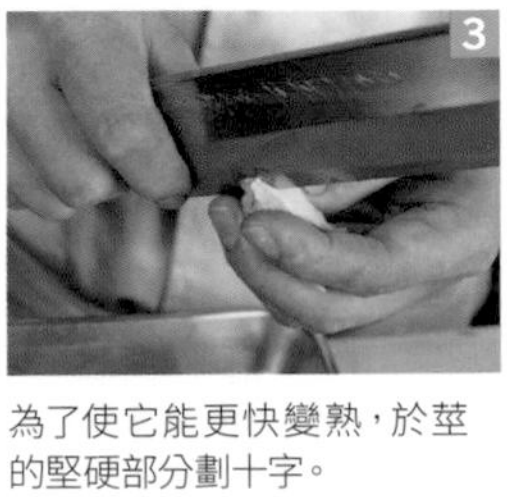

3 為了使它能更快變熟，於莖的堅硬部分劃十字。

4 用刷子刷上麵粉。

5 裹上太白粉加水做成的麵衣，

6 放入約165°C的油中快速炸過。

辛煮款冬花莖

用醬油將款冬花莖煮至入味，可當作常備菜或小菜。

款冬花莖
小蘇打
酒、淡口醬油
罌粟籽

1 清潔款冬花莖。
2 煮一鍋熱水，沸騰後加入少許小蘇打預煮款冬花莖。
3 泡在流水中去除苦味。
4 於鍋中加入酒和淡口醬油，煮滾後加入擠乾水分的3款冬花莖，煮至湯汁濃稠（NITSUME）裹在款冬花莖上即成。
5 盛盤，灑上罌粟籽。

款冬

款冬花莖／菊科款冬屬

原產於日本的蔬菜。雖於全國的山林中均可看到野生的款冬，但人為栽培的歷史很長，據說早至平安時代就開始。特色在於獨特的香氣和微苦的味道，為春季蔬菜的代表。

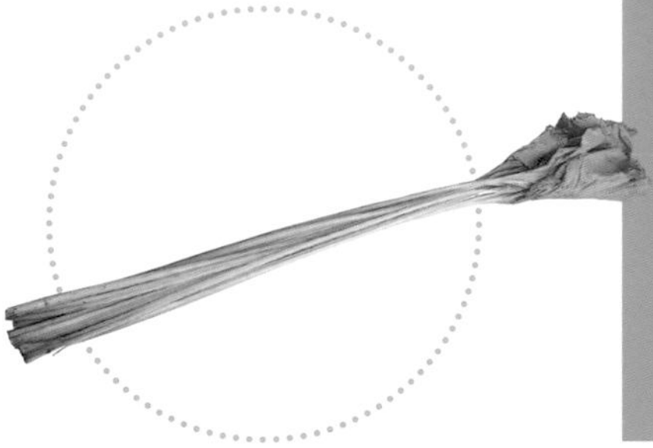

調理要點

◎太粗的款冬有時會有空洞，但也不可選太細的，會缺乏鮮味。直徑1～2 cm左右者最好用。

◎葉柄苦味重且硬，故要先灑鹽在砧板上滾過後再水煮。

◎若想要做出爽脆的口感，要小心控制火候。

◎皮可以生的時候剝也可以水煮之後剝。不過要從上下兩方仔細地剝除所有的皮不要有任何殘留。

【預先水煮】剛採收者也可以不預先水煮就先去皮，但水煮後再去皮會比較容易去除老筋。預先水煮前先灑鹽在砧板上滾過，鹽分會滲入款冬裡，之後皮會變得比較好剝，同時綠色也會更加鮮豔。看是要保留爽脆的口感抑或要煮到柔軟，可視需求去調整水煮時間，不過若之後還要青煮，則預煮時間不可太長。

【青煮1】煮時要注意火候，以維持款冬的形狀並煮成漂

【預先水煮】

於葉柄開始分支的臨界點下刀。葉子可用於辛煮等料理。

配合鍋的大小分切成方便水煮的長度。

置於砧板上灑上大量的鹽。

用兩手輕輕滾動款冬裹上鹽。

置於有瀝水架的調理盤上數分鐘讓鹽滲透。注意若放過久則會變得太鹹。

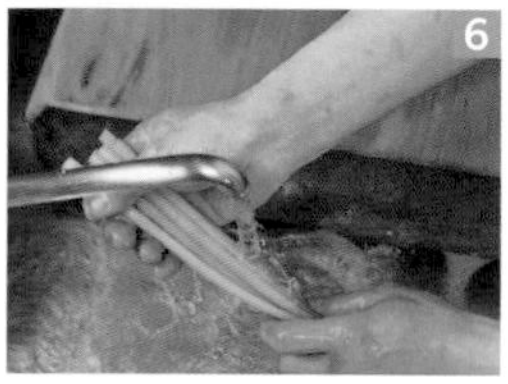

沖洗去鹽分。

在沸騰的熱水中加入鹽。

先放入根部較硬的部分去煮。

根部煮一段時間後再放下全部去煮。

煮到用筷子夾起會呈稍微彎曲狀時便可撈起泡入冷水中。

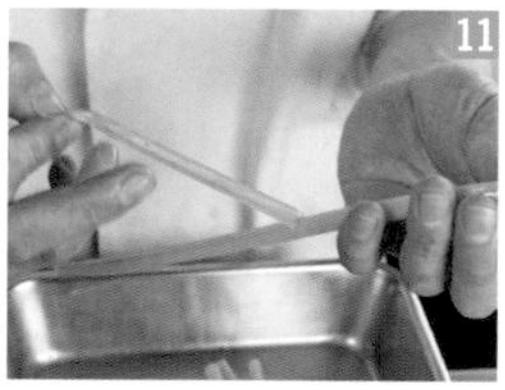

去皮。自切口端用指甲剝除外皮的一端，繼續向下拉，剝去整條纖維。

改由另一端開始剝除外皮，剝好後立刻泡至冰水中定色。

亮的綠色。這裡介紹的是切細後再煮的做法，亦可不切細直接下去煮。

※底為高湯加上淡口醬油和鹽煮滾後冷卻而成。預先浸泡和正式浸泡皆使用一樣的底。

【青2】將款冬切成薄薄的斜片再煮出漂亮的色澤。此處為了保留爽脆的口感水煮時間較短。

【青煮1】

將預先水煮過的款冬縱切。較粗者可切成2～4份。

將數條款冬排列好後切齊。

將一端對齊後用竹皮綁好。

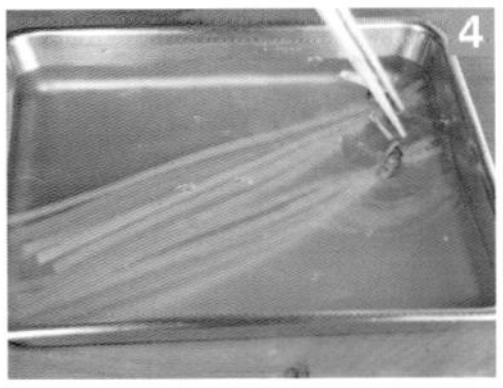

準備好底，預先浸泡三十分鐘後正式浸泡三小時去除水分。

【青煮2】

將灑鹽在砧板上滾過的款冬（→54頁步驟6）去皮後直放，切成大面積的斜片。

將切好的1立刻泡至水中定色。

水沸騰後加入鹽。

將2的款冬放在漏勺上放入熱水中涮一下加熱。時間約三十秒。

涮過後立刻泡至冷水中，之後浸底的處理同青煮①。

星鰻八幡捲

青煮款冬
醋漬嫩薑芽

星鰻
青煮款冬1
醬汁＊（濃口醬油、溜醬油、酒、味醂、砂糖）
醋漬嫩薑芽

＊醬汁做法為將所有材料混合後加熱，收乾（NITSUME）一成左右湯汁後即成。

1 用剖好的星鰻捲起青煮過的款冬，一邊淋醬一邊烤。

2 燒烤好後切成方便食用的大小，再搭配上醋漬嫩薑芽。

【八幡卷】

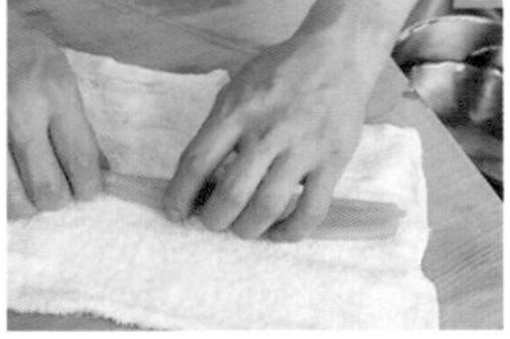

1 款冬不要縱切直接去青煮含煮入味，擦乾水分後備用。

2 星鰻水洗處理後剖開縱切成兩半。底端保留3cm不要切斷，拉開呈一條繩子狀。

3 將三條左右的款冬和星鰻對齊一端，用竹皮綁在一起。

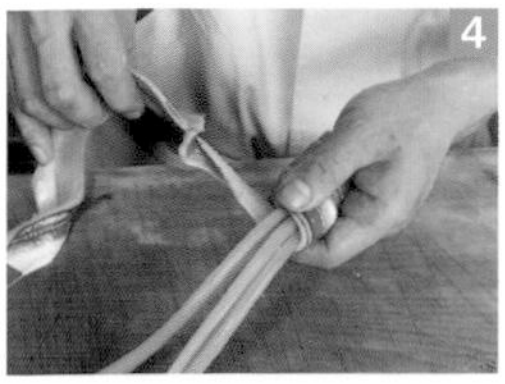

4 左手一邊旋轉款冬的同時右手將星鰻捲上款冬。

5 將星鰻的另一端用竹皮固定在款冬上。

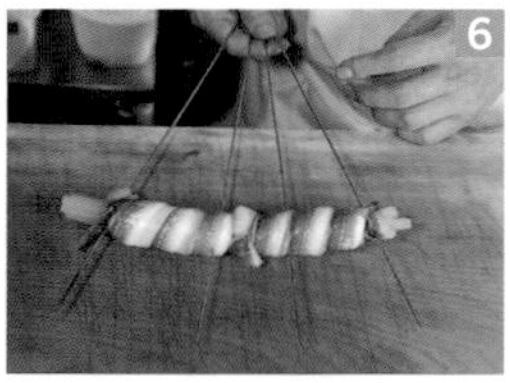

6 插成單手可拿的扇形串。

7 用烤箱烤。要讓烤串平均受熱，因此中途要拔掉串叉，旋轉九十度後再重新插串。

8 烤到約八分熟有烤痕時開始淋醬去烤。重覆二至三次。

生節[26] 款冬田舍煮

白髮葱

鰹魚生節、款冬
高湯、濃口醬油、淡口醬油、酒、白髮蔥

用大量的高湯煮成。

1 高湯加入濃口醬油、淡口醬油少許、酒混合後煮滾，放入生節用小火慢煮。

2 將預先煮過的款冬切成5 cm長放入1的鍋中，煮到還保留一點點口感後關火整鍋冷卻。這裡不考量款冬的色澤而以口感為優先。

3 擺盤後於頂端放上白髮蔥（天盛）。

26 指將生的鰹魚（或鮪魚、鯖魚）解體後進行一道加工程序（或蒸或煮）後製成的食品。

狼牙鱔子滑蛋

青煮款冬

狼牙鱔子、高湯、淡口醬油、味醂
鹽、蛋、葛粉、青煮款冬1

1 去除狼牙鱔卵巢的皮，魚卵先用熱水煮過。

2 高湯加入濃口醬油、淡口醬油、味醂、鹽後煮滾，加入1的狼牙鱔子去煮。

3 冷卻後加入蛋液做成半熟蛋。

4 倒入模具中用蒸具蒸熟。

5 加熱高湯、鹽、淡口醬油混合成的底，加入葛粉水增加稠度。

6 蒸蛋切塊後加熱，搭配上切齊的青煮款冬，淋上5的醬。

炊合

鯛魚白子
醋拌款冬斜片
梅肉

鯛魚白子、青煮款冬2
高湯、鹽、淡口醬油、醋、味醂
生薑汁、梅肉

1 將鯛魚白子切成一口大小用鹽搓去黏液，霜降後備用。

2 準備混合高湯、醋、鹽、味醂、淡口醬油少許再滴上一點生薑汁做成的加減醋。

3 將發色完成的款冬用2的加減醋拌過。

4 盛入白子，於頂端放上梅肉（天盛）。在旁邊搭配上款冬。

筍

竹筍／禾本科剛竹屬

用來入菜的竹筍幾乎都是稱為孟宗竹的大型竹筍。春天自地下莖的節開始抽芽，挖時選擇尚未冒出地面者香，則香氣佳且澀味少。

產季為三至五月。

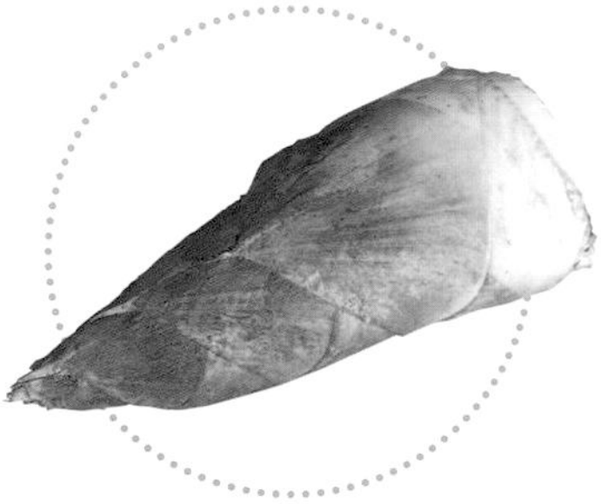

調理要點

◎剛挖出還帶有溼泥土為最佳。選擇拿起來沉甸甸紮實者。

◎隨著時間經過鮮度會越來越低，味道也會越來越苦，因此一拿到就要立刻水煮。

◎同一支筍的各部位纖維狀態皆不同，應區分出適當的使用方式。

◎若一次用不完，可以水煮後冷藏保存。

【去苦味】為了讓竹筍更容易煮熟，切除筍尖，並在筍殼上劃刀。加入米糠和鷹爪辣椒可發揮去除苦澀味的效果。

【去苦味】

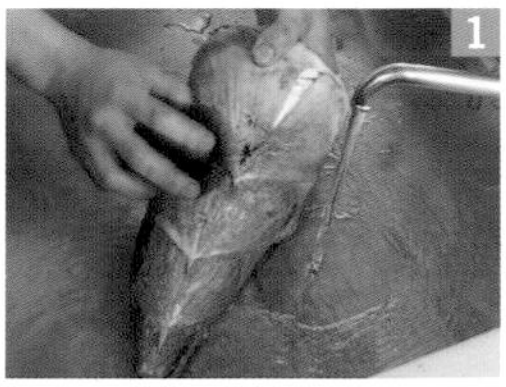

1 用鬃刷刷洗去沾附的泥土。

2 沿著曲線切除無法食用的彎曲筍尖，讓竹筍更容易煮熟。

3 將斜切面朝上，用菜刀縱切出一個切口。只要劃在筍殼上不要損傷到筍身。

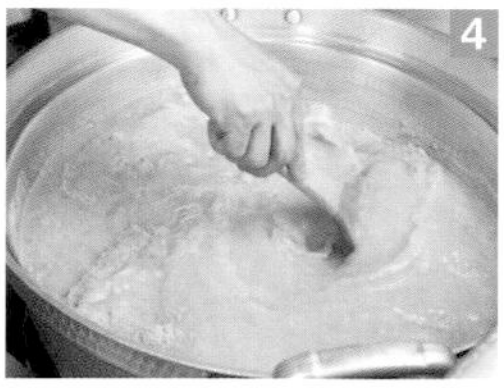

4 將水倒入偏大的鍋中，放入大量米糠用飯勺仔細拌勻。

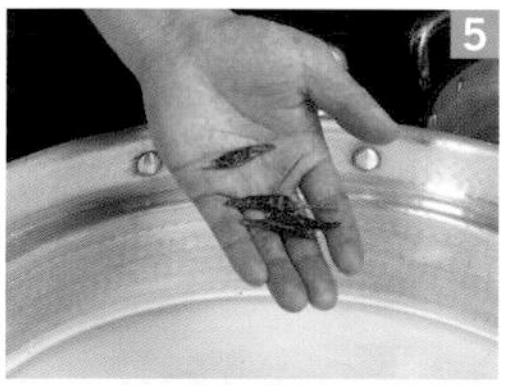

5 加入2～3根鷹爪辣椒。

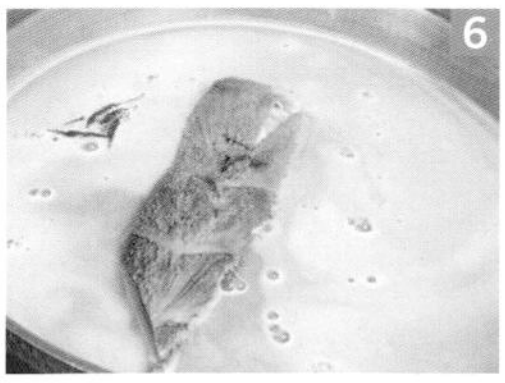

6 放入3的竹筍用中火煮。

7 壓下鍋蓋確保筍子在煮的過程中全部浸在水裡。

8 煮約四十分鐘到一小時左右，待用竹籤可輕易刺穿堅硬的部分即成。

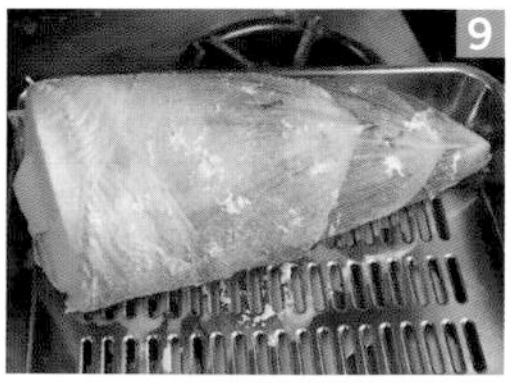

9 水不燙後就可取出筍子。若一直浸泡在裡面放涼會有米糠的臭味。

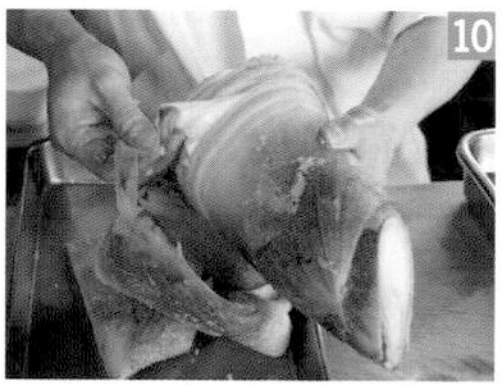

10 冷卻後去皮。

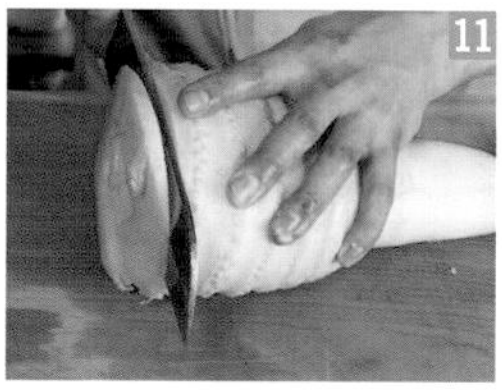

11 切除筍頭堅硬的部分。

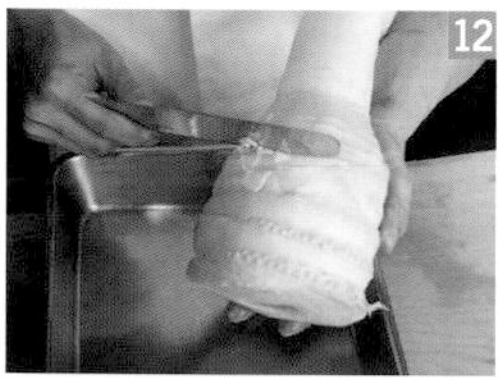

12 用刀背或者竹籤等工具刮除殘餘的筍殼或其他不要的部分。

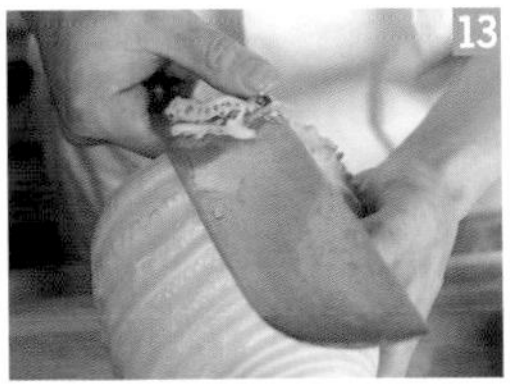

用菜刀薄薄削去下方的紅黑色突起物。

用流水洗去米糠。亦可以再水煮二至三分鐘去除米糠味。

各部位的基本切法

a. 筍茸[27]纖切
b. 筍尾切四瓣
c. 筍頭桂削
d. 竹筍中段輪切
e. 竹筍中段銀杏切
f. 竹筍中段切丁
g. 筍頭纖切

a. 將尖端柔軟的筍茸纖切，可用來涼拌或做筍子飯。

b. 靠近筍尖的筍尾部位十分柔軟，基本上用來做什麼料理都可以。可切成四至八瓣做成炸天婦羅。也可切成短籤片或者切丁做成涼拌菜。

c.、g. 基部堅硬的部分可以將纖維切斷後使用，因此可採薄桂削、纖切或者切成偏小的丁。

d.、e.、f. 中段部位的軟硬適中，富有口感和鮮味，可切成短籤片生食。又或者可切成輪切片、短籤片、滾刀塊後廣泛運用於煮物、燒烤、涼拌菜等各式料理。

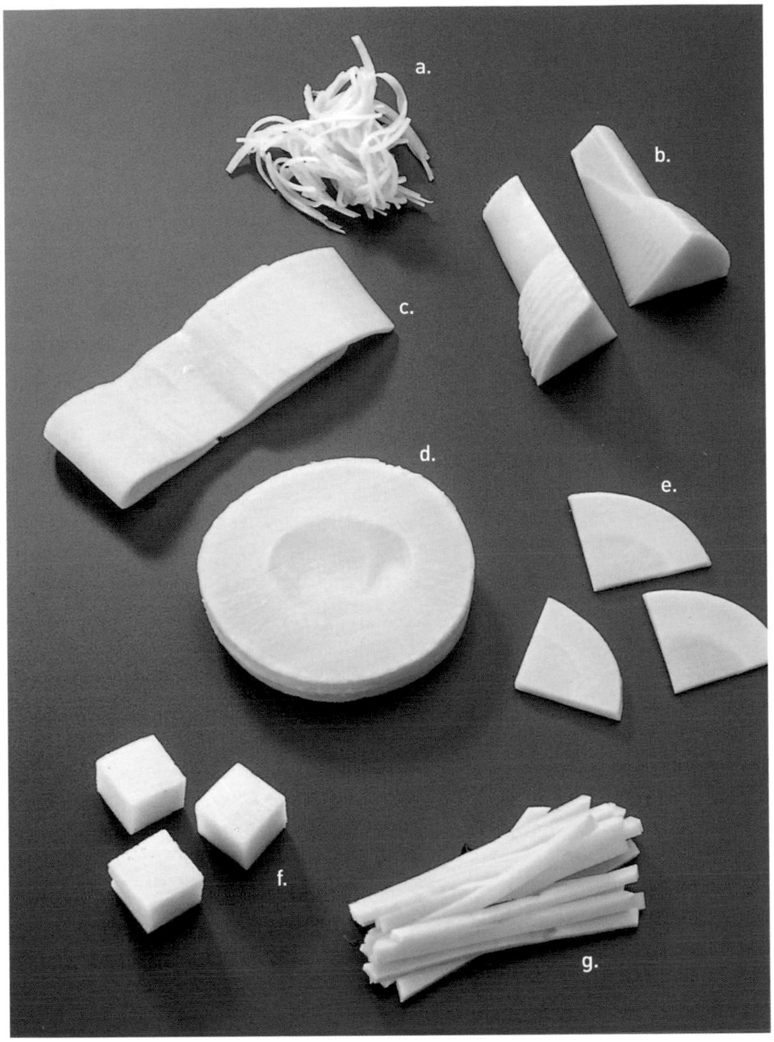

27 日文漢字為絹皮。

若竹煮

山椒嫩葉

當季的竹筍和海帶芽做成炊合的一道代表性料理。

若竹煮有最後將竹筍和海帶芽一起煮的做法以及分別煮好後合在一起擺盤讓海帶芽稍微染上竹筍風味的做法。

此處介紹的是後者。

為搭配海帶芽柔軟的口感因而選用筍尾的柔軟部分入菜。

筍尾（已去除苦味）
一番高湯、淡口醬油、鹽、味醂、追加柴魚片*
海帶芽**、山椒嫩葉

*用紗布包起柴魚片像壓下鍋蓋一樣覆蓋在鍋上，亦稱為柴魚蓋。
**使用生海帶芽時，先仔細清洗清潔，霜降後再去含煮。

使用竹筍柔軟的筍尖至中段處，切成一口大小。

燒一鍋水，放入1的竹筍快速煮過。

將竹筍泡流水去除米糠味。

一番高湯中加入3後開火。用淡口醬油、鹽、味醂調成偏淡的味道去含煮。

於竹筍上蓋上柴魚蓋煮一段時間，輕輕擰絞後撈起。

將海帶芽泡開，去除堅硬部分後霜降。用高湯、淡口醬油、鹽混合成的底去煮。

※若要做成若竹湯，則將竹筍切成偏小的薄片後含煮入味，和煮過的海帶芽一起放至碗中，再倒入煮好時滴了少許酒的吸物底。

梅肉拌竹筍

竹筍中段（已去除苦味）
高湯、鹽、淡口醬油
梅肉*

*梅干用篩網磨細後，用高湯或者煮去酒精成分的酒去稀釋，再加入煮去酒精成分的味醂使味道變得溫和即成。

1 將去除苦味的竹筍切成邊長1cm的丁。

2 高湯中加入鹽、淡口醬油調味，加入1含煮入味。

3 竹筍瀝乾湯底後拌入梅肉。

竹筍土佐煮

山椒嫩葉

竹筍切大塊更顯大氣。
將確實含煮入味的竹筍裹上柴魚粉。
於大片的竹筍輪切片上劃刀，
如此不僅容易入味、較易煮軟，也方便食用。
柴魚和竹筍是非常合的食材。

竹筍（已去除苦味）
一番高湯、鹽、味醂、酒、淡口醬油
柴魚粉
山椒嫩葉

1 竹筍輪切後為了方便食用及使底容易入味，切成鹿之子。

2 一番高湯中加入竹筍後開火，用鹽、味醂、酒、淡口醬油去調味。

3 壓下鍋蓋用中火去含煮。

4 一邊撈除雜質一邊用小火慢慢含煮入味。

5 待底煮到變少，就用湯勺撈起煮汁淋上竹筍繼續煮至收乾（NITSUME）。

6 底全部收乾後，最後灑上柴魚盛盤。搭配山椒嫩葉。

筍茸凍

木芽味噌

將筍茸用吉利丁做成凍再淋上十分對味的木芽味噌。

涼拌木芽味噌的設計搭配上Q彈的口感和透明感，讓人耳目一新。

筍茸（已去除苦味）

一番高湯、鹽

淡口醬油

吉利丁塊（每100cc煮汁需要3g）

木芽味噌（山椒嫩葉、白味噌、砂糖、味醂、蛋黃）

1 準備筍茸凍。

2 製作木芽味噌。首先混合白味噌、砂糖、味醂、蛋黃攪拌後開火煮成玉味噌。接下來用菜刀將山椒嫩葉切細後剁碎，取適量和玉味噌攪拌均勻。

3 切出筍茸凍，淋上木芽味噌。

【筍茸凍】

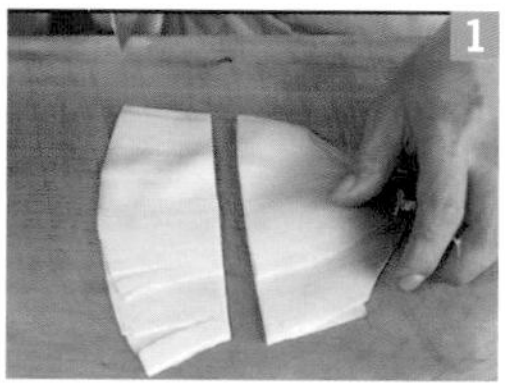

1 去除筍茸尖端堅硬的部分。

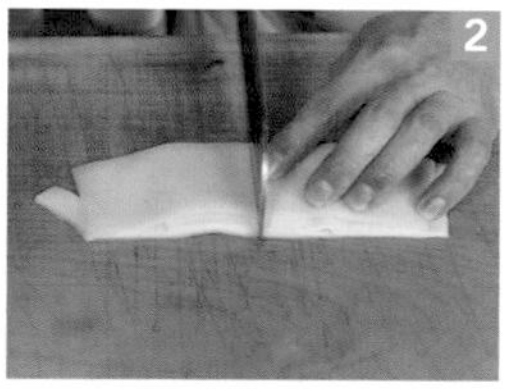

2 為了保留竹筍的口感，將5～6片筍茸重疊在一起，纖維呈縱向方向排列。

3 沿著纖維走向纖切。

4 一番高湯中加入鹽、淡口醬油調成偏淡的味道去煮3的筍茸。

5 稍微放涼後用篩網撈起筍茸。

6 於5的煮汁中加入用水化開的吉利丁塊。

7 用篩網濾除結塊的吉利丁。

8 將筍茸放回7中，攪散筍茸讓全體充分混合。放涼至筍茸不再下沉開始凝固。

9 倒入模具中用筷子將筍茸平均打散，再放入冰水中使其冷卻凝固。

豌豆摺流風味筍真砂真薯

山椒嫩葉

筍頭部位較硬，煮過之後仍保留顆粒分明的口感，因此利用磨泥來保留竹筍的風味同時做出柔軟的口感。這個部位若不新鮮則容易殘留苦味，因此要使用新鮮的竹筍。

筍頭
一番高湯、鹽、淡口醬油、砂糖、魚漿
豌豆摺流（↓49頁）、山椒嫩葉

1 切出筍真砂真薯用吸物底熱過後盛至碗中。

2 倒入溫熱的豌豆摺流，再搭配上山椒嫩葉。

【筍真砂真薯】

1 取新鮮竹筍的筍頭堅硬處使用。

2 去皮。

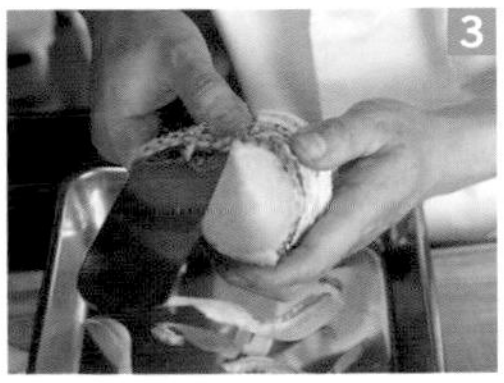

3 用菜刀削去殘流的皮和突起物。

4 用細網眼的磨泥器將竹筍磨成泥。

5 一番高湯加入鹽、淡口醬油、砂糖少許調味做成煮汁。

6 磨成泥的竹筍加入煮汁中去煮。

7 因為竹筍沒有預先煮過，因此會煮出大量雜質，仔細將這些雜質撈除。

8 過篩網充分濾除湯汁。

9 擠壓筍子徹底濾除底。亦可用布包起擰絞。

10 將瀝乾水分的筍子和等量的魚漿混合攪拌後倒入模具中。

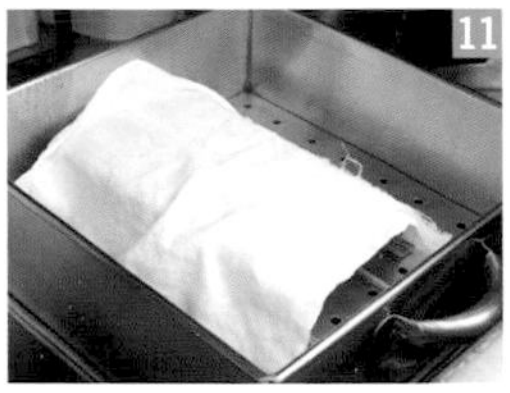

11 敲擊模具擠出中間的空氣，包上保鮮膜和布放入蒸具中蒸十五分鐘。

蒲公英

蒲公英／菊科蒲公英屬

野地裡長的蒲公英經品種改良變成了食用蔬菜。花和莖皆可食用，特別是嫩葉幾乎不具苦味可直接生食。產季為三至四月。

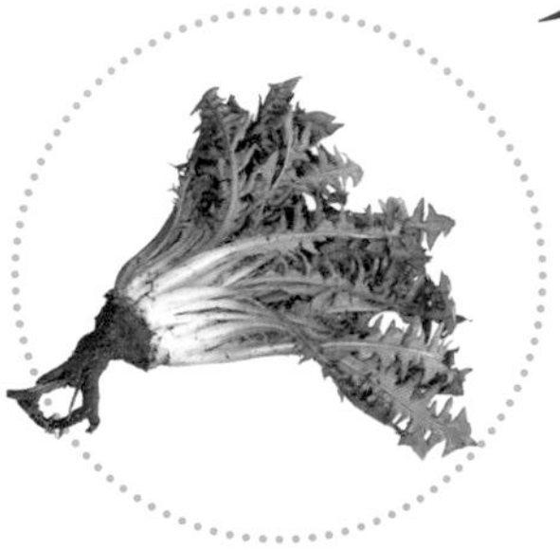

調理要點

◎選擇葉片大且綠色深濃者。

◎很容易煮熟，只要快速燙一下即可。若煮過頭或泡水泡過頭便會流失本身獨特的風味。

【預先水煮】帶有泥土時為了要完全清除乾淨，各部位分開採用最有效率的方式去清洗。水煮時堅硬的部分和柔軟的部分下水的時間不同。

【根部預先處理】蒲公英的根可以做成金平、含煮、或者和葉子一起做成涼拌菜等料理。

【預先水煮】

1 根部的利用價值很高，因此要從葉基的最底端切除根部以發揮根部最大價值。

2 靠近根部的部分因為帶有泥土，要一根一根仔細沖淨。

3 用接好的盆水清洗葉子前端，在水中輕輕晃動[28] 用水清洗菜葉。

4 水中加入草木灰（→39頁）煮沸後先放入葉子基部較硬的部分下去煮。

5 煮一分鐘後再將葉子全部放下去用筷子撥散煮一至二分鐘。

6 撈起來泡在冰水裡冷卻定色。

7 用流水沖去殘留的雜質等髒汙。

【根部預先處理】

1 用鬃刷刷去泥土，用流水沖淨。

2 分切成適當的長度。和牛蒡一樣外皮帶有香氣因此不去皮。

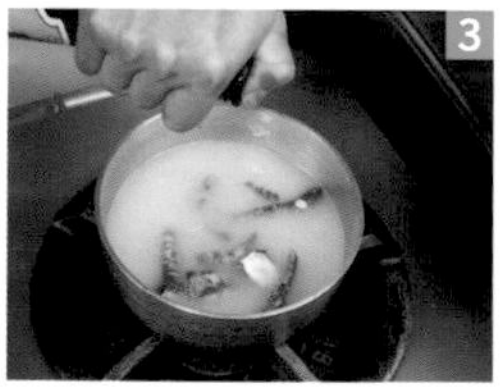

3 在洗米水裡滴入醋去煮根。有去除苦味和漂白的效果。

4 壓下鍋蓋去煮。煮到柔軟後泡至水裡洗去米糠味，再去調味。

白和蒲公英

炒蛋鬆

發揮蒲公英微苦滋味做成白和。
亦可做成白和醋拌菜（白和拌醬加上醋）。

蒲公英（已預先水煮過）
一番高湯、淡口醬油、鹽
白和拌醬*（豆腐、芝麻碎、砂糖、鹽、淡口醬油、高湯）
炒蛋鬆（蛋黃、鹽）

*擠乾豆腐的水分，加入芝麻碎、砂糖、鹽、淡口醬油、高湯混合後確實磨碎拌勻。

1 製作白和拌菜盛盤。

2 製作炒蛋鬆。蛋黃加入鹽少許攪拌後用鍋乾煎。待炒成鬆鬆軟軟狀後用篩網磨細，再用平底鍋乾煎。重覆上述步驟做出細緻的蛋鬆。

3 於頂端放上蛋鬆做成像蒲公英花一樣。

28 振り洗い時，會用手輕輕拿著食材調整清洗角度，讓髒汙掉下，基本上不會用手去搓洗食材表面，除非菜中有蟲或難以去除的髒汙。

【白和】

確實瀝乾預先水煮過的蒲公英再全部切成3cm長。

浸泡於一番高湯用淡口醬油、鹽去調味後冷卻的底中十五分鐘。

將底的湯汁擠乾加入白和拌醬拌過。

蕨菜

蕨菜／碗蕨科蕨屬

生長於日照良好原野的一種蕨類。最近也可看到栽培的蕨菜，亦可看到提早栽植的情況。為表現早春風情的最佳食材。產季為三至五月。

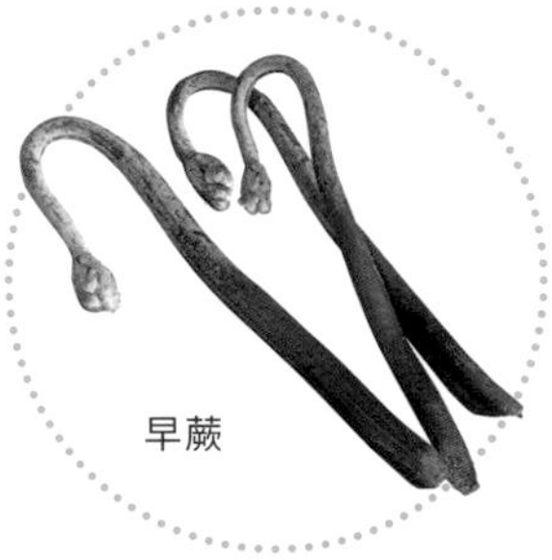

早蕨

調理要點

◎經過時間越久苦味就越強因此鮮度最為重要。一拿到後就要立刻進行預先處理。

◎蕨菜的苦味十分強烈。若使用鹼水去除苦味，因鹼水亦有軟化效果，找到去苦味和口感的平衡點便十分重要。

【早蕨去苦味】栽培的早蕨的苦味並沒有很強，只要灑上草木灰淋上熱水冷卻後就可去除苦味並軟化質地。

【蕨菜去苦味】成熟後的蕨菜苦味亦會增強，根的基部相當堅硬，要去除下半部後再去苦味。

【蕨菜碎[29]】帶出蕨菜所具有黏性的做法，可當做醬汁澆淋或者像山藥泥一樣運用。

29 日文原文為「叩き」，指將蕨菜細細剁切到出現黏性。

【早蕨去苦味】

1 用鹽一根一根搓去所帶的細毛。尖端很容易折到或者損傷，處理時小心。

2 水洗後放入碗中將全體灑上草木灰。

3 繞圈澆淋上大量沸騰的熱水。

4 為了保溫封上保鮮膜後置於常溫中放涼。

5 冷卻後可見熱水因雜質釋出變成褐色。此階段蕨菜已經變軟。

6 為清除草木灰和雜質，用流水持續沖洗到水變清澈為止。

7 切除根部堅硬處，再根據用途切成一樣長度。

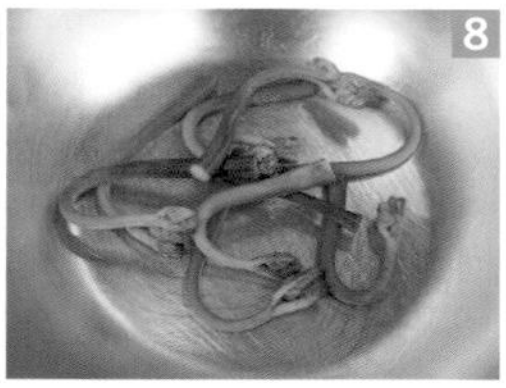

8 去除雜質後為了防止變色，使用前先泡在水裡。

【蕨菜去苦味】

1 兩手拿起蕨菜輕輕彎曲於最脆處折斷。去除下半部。

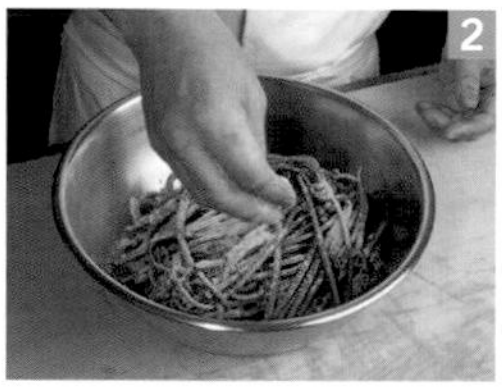

2 將折口切齊，之後的步驟同早蕨步驟二至六。

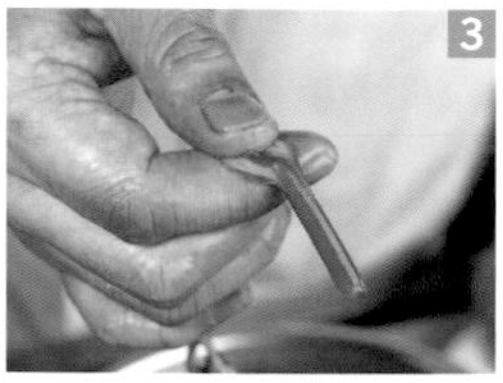

3 用大量熱水加草木灰去除苦味後的蕨菜會變軟，直接用手就可壓扁。

鯛魚白子豆腐

早蕨

將含煮入味口味偏淡的蕨菜擺成炊合便完成了象徵春天的一道料理。早蕨的鉤形更為料理增色不少。

鯛魚白子
魚漿
鹽、蛋白、昆布高湯
淡口醬油
早蕨（已去除苦味）
高湯、淡口醬油

1 鯛魚白子切成適當大小，裹鹽後水洗去除黏液。用熱水快速煮過後上陸。

2 將1用篩網磨細。以白子4比上魚漿1的比例放入研缽攪拌，加入鹽、蛋白、昆布高湯、淡口醬油少許混合後研磨拌勻。

3 將2倒入模具中放入蒸具，用中火蒸二十分鐘。

4 將早蕨浸泡於高湯、淡口醬油調成的底中使其滲透入味。

5 分切3的白子豆腐後盛盤，再搭配上早蕨。

昆布締馬頭魚

蕨菜碎

馬頭魚（用鹽醃過者）
昆布、蕨菜（已去除苦味）
高湯、鹽、淡口醬油、味醂

1 用昆布包起用鹽醃過的馬頭魚上肉去醃二至三小時（昆布締）。切成細造。

2 製作蕨菜碎，用鹽、淡口醬油去調味。

3 馬頭魚盛盤，盛上蕨菜碎，淋上加減醋。加減醋為高湯、鹽、少許淡口醬油、醋所混合而成。

【蕨菜碎】

將去除苦味的蕨菜先大致切過，再用兩手拿出刃菜刀細細剁碎。一邊剁一邊會產生黏性，因此要用菜刀一邊翻面一邊剁到像牽絲的山藥泥一樣為止。

山葵

山葵／十字花科山萮菜屬

由山林間清澈河流孕育出的日本特有植物。具有獨特的香氣，特別是根莖部帶有刺激性的香氣和辛辣味。磨成泥後搭配生魚片使用或者用於握壽司中去腥。主要的產地為信州的安曇野和靜岡的伊豆。

調理要點

◎選用根粗、葉的基部新鮮溼潤者。

◎葉的基部香氣特別強烈，必須小心處理不要切除。

◎磨成泥的部分為葉的基部起至根的尖端。動作要迅速不然香氣會流失。

【磨泥方法】要一直保持前端為尖尖的狀態避免磨泥時產生殘渣。卡在磨泥器網眼中的質地很粗因此不用費力去集中這些部分。磨成泥後去除掉粗硬的部分和帶有纖維的部分。盡量選用網眼細小的磨泥器。磨泥器的材質以不容易讓山葵變苦的銅製或者鯊魚皮製者為佳。

【山葵細絲】山葵切成極細的細絲（纖切），做為辛香料和吸口[30]搭配碗物和煮物等料理。

【清潔】

1 葉的基部具有濃厚風味因此不要切除，只要像削鉛筆一樣削去葉柄的部分。

2 削除葉柄後的葉基。盡量將根莖部做最大限度的保留。

3 用刀背輕敲削去突起的部分（原本長小型根的位置）。

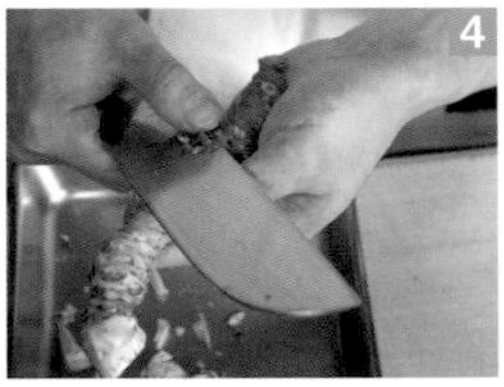

4 用菜刀像削皮一樣削去小的突起部。

5 黑色的凹陷部分用菜刀的刀根全部挖乾淨，不然磨好的山葵會變黑。

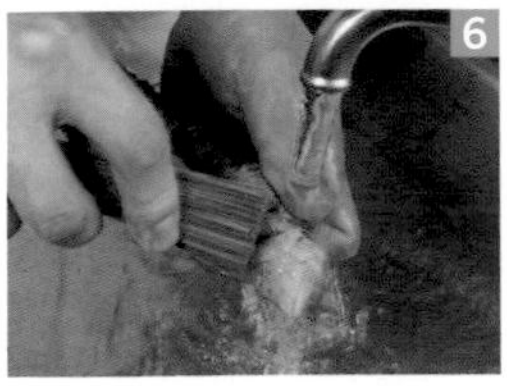

6 在流水下用竹刷刮洗沾附的髒汙和泥土。

7 清潔完畢後擦乾水分的山葵。每次只要磨所需的分量即可。

30 吸物的構成材料可分為碗種、妻物和吸口三大部份，所謂的碗種指的是吸物中的主要食材如魚肉、雞肉、豆腐和根莖類等；妻物則是用以增添色彩的裝飾用草葉；吸口則是提供香氣來源的辛香料。

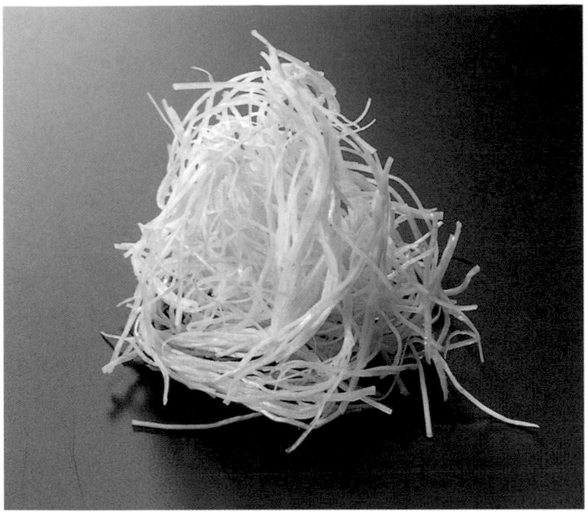

山葵細絲

磨好的山葵泥

【山葵細絲】

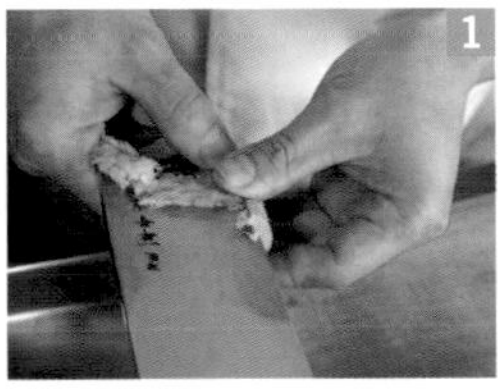

山葵清潔後切成5cm長，薄薄削去一層皮到露出漂亮的綠色為止。

縱切成一半。縱切去對面側的圓弧穩定結構。

橫切面朝上放置，薄薄去剝切，用左手稍微推開使每片連續重疊於下。

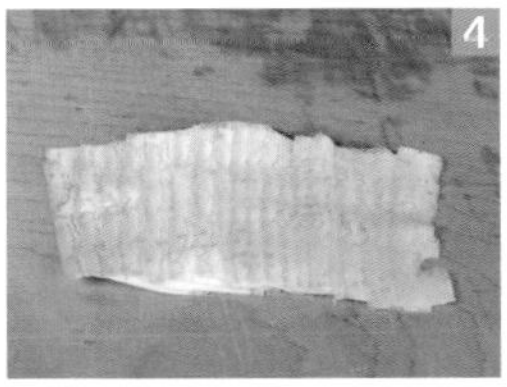

削好後重疊的切片看起來就像桂削後的狀態。

切成像針一樣的細絲（細纖）。

泡至水裡。經過一段時間待澱粉讓水變混濁後，重新浸泡至新的水中。

【磨泥方法】

將山葵立起像拿鉛筆一樣握著，從葉的基部處開始畫弧。

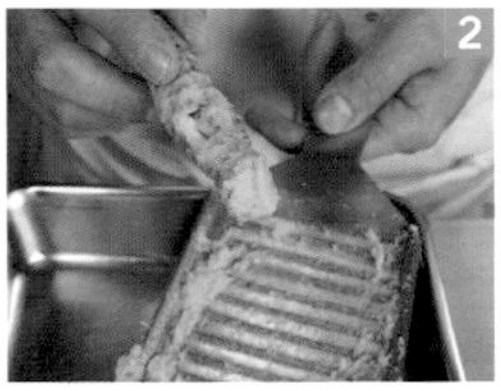

等磨到一定量後，聚集到磨泥器兩端的溝槽裡。

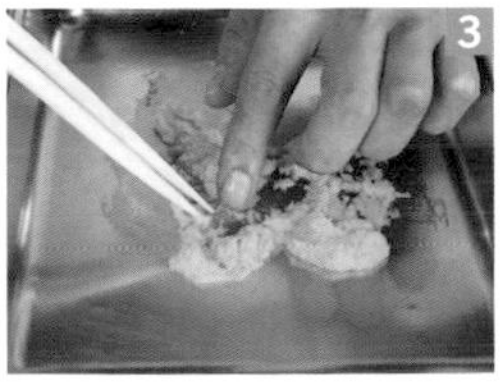

磨好後攤在調理盤上，用手或者筷子大致去除堅硬或者帶有纖維的部分。

山葵花

山葵花／十字花科山萮菜屬

山葵嫩葉和花苞的部分。選用還未開花葉子還未長大者。和根莖一樣帶有獨特的辛辣味和香氣，要適當提出它的味道做成高湯浸蔬菜和涼拌菜等料理。

【提出辛辣味的方法】將山葵花帶出刺激辛辣味和芥末風味的方法。和磨成泥的山葵不同，是要食用的食材，因此要注意提味時辛辣味不要過重。倒入熱水可帶出辛辣味，但若溫度太高則會帶出苦味而失去辛辣味，要十分小心。此外搖晃瓶身亦可幫助帶出辛辣味，搖晃的次數越多、強度越大、時間越長則辛辣味越強烈。

● 高湯浸山葵花

山葵花

浸漬底

濃口醬油　4

高湯　6

1 提出山葵花的辛辣味。

2 快速用水洗一下，擠乾水分後將山葵花用浸漬底洗過，再將底瀝乾。

3 重新浸泡到新的浸漬底中。

4 盛盤。

【提出辛辣味的方法】

1 莖部太硬因此只取葉和花的部分使用。

2 放到篩網上，淋上60～70°C左右的熱水（手放進去會覺得燙的程度）。

3 待變軟後放入廣口的玻璃瓶中。

4 倒入60～70°C左右的熱水。

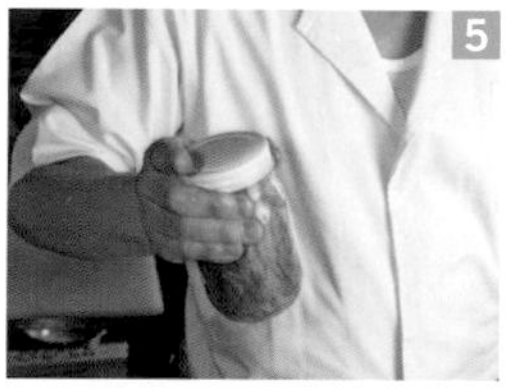

5 將罐子密封，用力上下搖晃玻璃瓶使葉子和熱水混合。搖晃後熱水會變得混濁。

6 為了定色將整個玻璃瓶泡至冰水中冷卻。

【夏】

青紫蘇

青紫蘇／紫蘇科紫蘇屬

原產於中國的香味蔬菜紫蘇的葉子部分。亦稱為大葉，具有獨特的清新芳香可為料理畫龍點睛。可做為生魚片的妻和天婦羅的配料。

【纖切（切細絲）】偏大的紫蘇葉有時芯很硬，可切除芯部再切細絲。較軟的紫蘇葉則只切除葉柄後捲起再切細絲。切好後立刻泡至水中去除苦味。

【纖切】

1 步驟1至5為處理偏大的紫蘇葉的方法。首先切成一半去除芯部。

2 將數片紫蘇葉重疊。

3 自最邊邊開始切成細絲。

4 泡至水中。

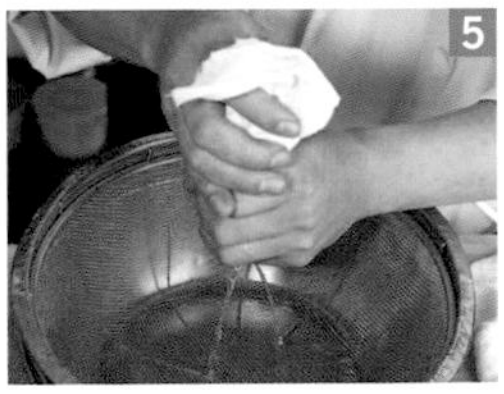

5 用布擰去水分。

6 接著說明處理柔軟的紫蘇葉的方法。首先切除葉柄。

7 將紫蘇葉捲起。

8 切成細絲。和步驟4一樣泡至水中。

紫蘇飯

米
昆布高湯、鹽
青紫蘇

1 洗好米後加入鹽用昆布高湯去煮。

2 將1移到木桶裡，稍微放涼後加入切成細絲的青紫蘇攪拌。

將切成細絲泡在水中的青紫蘇和帶有淡淡鹹味用昆布高湯煮成的飯大致拌勻。

青梅

青梅／薔薇科李屬

原產於中國，可分為食用和觀賞用。果肉富含檸檬酸和蘋果酸因此帶有很強烈的酸味，無法直接食用。青梅適合用來做成煮梅，而呈偏黃色較熟的梅子則適合用來製作梅干。

調理要點

◎剔除外皮受傷和有斑點者。因為外皮受傷可能造成調理中破皮或者煮碎。斑點則會影響成品美觀。

◎要適當保留酸味。為了要保留梅子本身的風味，調理時要勤試味道。

◎煮熟的梅子很容易碰壞因此經手時要小心慎重。

【清潔・去酸味的方法】最重要的就是不要碰壞梅子以及加熱時不要損傷到外皮。因此要先戳小洞（針打），戳洞的器具為將七到八支縫衣針用膠帶纏繞數圈於免洗筷上固定即成。此外加熱時不要使用太重的木製鍋蓋而改用較輕的紙蓋才不會傷到梅子。重覆步驟8到9二至三次適當去除酸味。之後再做成蜜煮青梅或者煮梅。

【清潔・去酸味的方法】

1 剔除外皮有傷口及斑點者，浸泡至大量水中一晚。

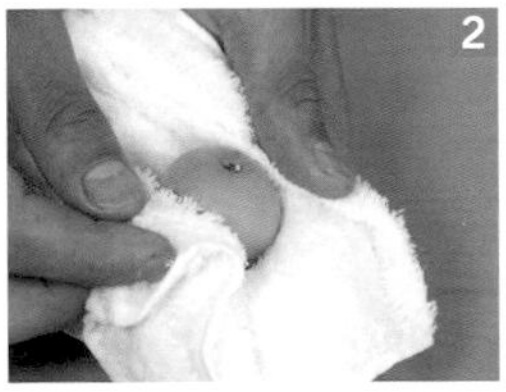

2 將梅子一顆顆仔細擦乾，並再次確認外皮是否有受損，剔除有受傷者。

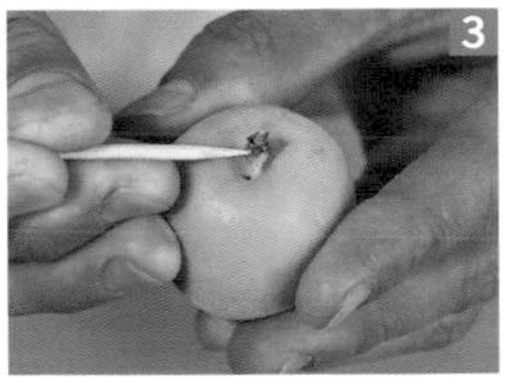

3 去除蒂頭，注意不要傷害到外皮。

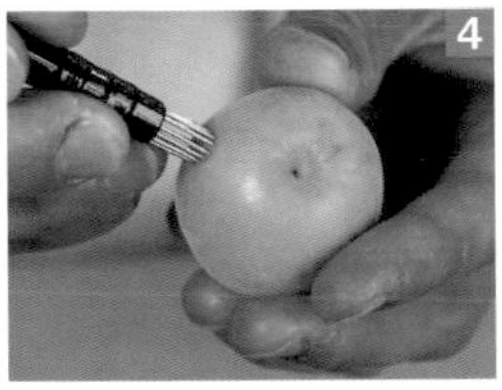

4 於外皮上戳小洞（針打）。特別是蒂頭附近要仔細戳洞。

5 浸泡於薄鹽水中約兩小時。

6 擦乾水分，放入銅鍋中倒入80°C的熱水。

7 覆上保鮮膜保溫。用熱水加熱外皮是為了要避免激烈的溫度變化。

8 待梅子溫好後用小火煮，蓋上紙蓋維持梅子全部浸泡在水中的狀態，避免梅子跳動。

9 煮約一小時待顏色轉成漂亮的綠色後關火，浸泡於水流不強的流水中約一小時。

【葛水仙】將用篩網磨細後的食材和葛粉攪拌混合，倒入模具鋪成薄薄一層凝固而成。可再去包餡或者切細後使用。揉入青梅的葛水仙呈綠色且帶微酸，能營造出清爽的印象。

【葛水仙】

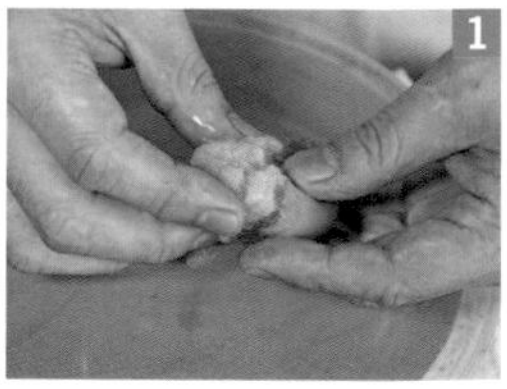

青梅去除酸味後去籽。

用網眼細的篩網去磨細青梅果肉。

用篩網磨細後的青梅。

加入和青梅幾乎等量的葛粉，加入少許鹽用手仔細拌勻。

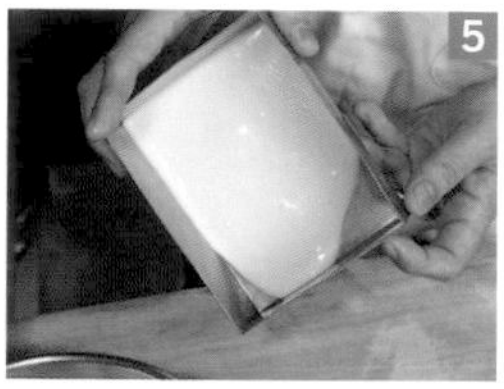

倒入模具中，鋪成約1～2mm的厚度。

用熱水隔水加熱，開始凝固後將整個模具沉入水中。

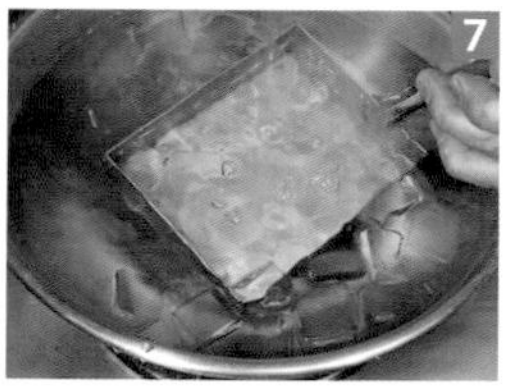

待青梅凍色澤變得透明（約經過10秒鐘）後撈起模具，浸泡於冰水中冷卻。

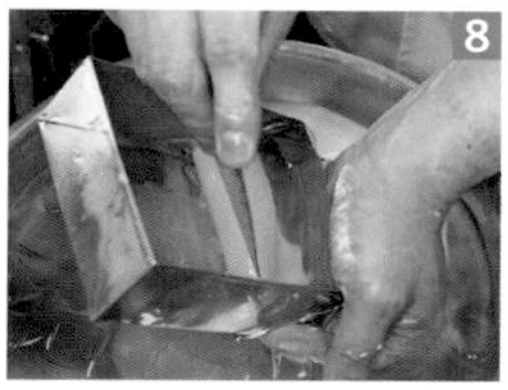

將模具泡在水中用類似一文字鏟的平坦工具去完整脫模不要讓凍碎掉。

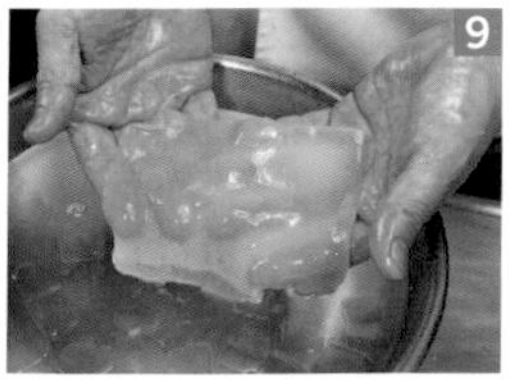

完成的葛水仙。可因應各種用途去分切使用。

● 蜜煮青梅

夏日料理追求的就是清涼感。無論視覺上或味覺上都希望能給人清爽的印象。帶有微微酸味的蜜煮青梅正是昭告夏季來臨的先付[31]逸品。

青梅（已去除酸味）
冰糖

1 用2公升水對上400～500g的冰糖煮成薄蜜（低濃度的糖水）後加入青梅，再收乾（NITSUME）約一成的糖水。

2 再加入200～300g砂糖成中蜜（中等濃度的糖水）再收乾約一成的糖水後直接放涼做成蜜煮。

3 2的中蜜加入吉利丁煮溶後冷卻，凝固成濃稠柔軟狀後淋在青梅上。

煮物碗[32]清汁風味

牡丹狼牙鱔

青梅葛水仙

蓴菜　山椒嫩葉

用融入青梅的葛水仙烘托當季的狼牙鱔的清爽碗物。

狼牙鱔、葛粉

葛水仙

蓴菜

清芝

山椒嫩葉

1 骨切[33]處理後的狼牙鱔裹上葛粉，下到熱水裡讓魚肉膨脹展開成花朵狀做成牡丹狼牙鱔。

2 青梅葛水仙切成像蕎麥麵一樣的粗細，再搭配牡丹狼牙鱔盛至碗中。

3 放上用熱水快速涮過的蓴菜，倒入熱熱的清汁，再放上山椒嫩葉。

31 日本的宴席料理的前菜。

32 一番高湯用鹽和醬油去調味，顏色呈透明的清湯。

33 狼牙鱔多刺，因此必須先用菜刀剁斷魚刺後才能食用，剁時不能將魚皮剁斷，為一高難度的處理刀法。

秋葵

秋葵／錦葵科秋葵屬

兩千年前的埃及就已有栽植紀錄，是歷史悠久的蔬菜。相對於一般長5～6cm的秋葵，長3cm左右的秋葵被稱為迷你秋葵或者小秋葵。極富營養價值，具有獨特的黏性。

調理要點

◎新鮮者表面覆蓋著密密的絨毛。不過絨毛會影響口感，必須去除。

【完整使用】裹上鹽後搓去（鹽磨）絨毛，並讓綠色更鮮豔。

【輪切】活用秋葵星形的橫切面，多用於擺盤時的裝飾。保留筋絲只用竹籤去籽。輪切前一樣要先用鹽搓過（鹽磨）。

【纖切（切細絲）】去除白色的筋絲和種籽，只將果肉縱切成細絲（纖切）。和斜切一樣快速煮出色

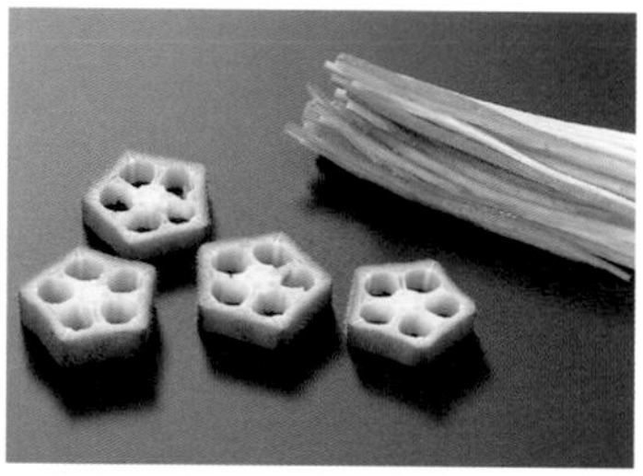

【完整使用】

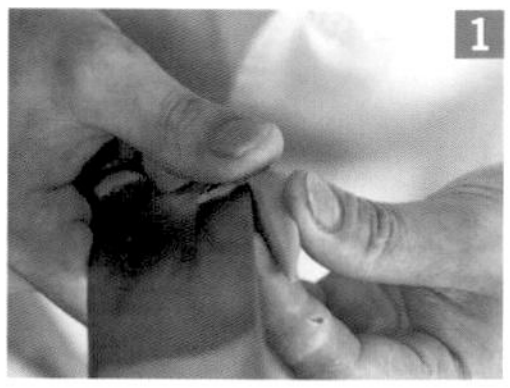

1 修整蒂頭，用左手旋轉秋葵剝去硬皮部分。

2 切除蒂頭的梗（連接莖的地方）。

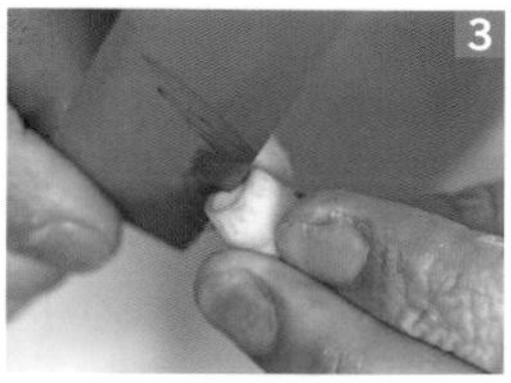

3 為了讓秋葵更容易煮熟，用菜刀的刃根於堅硬處劃上十字。

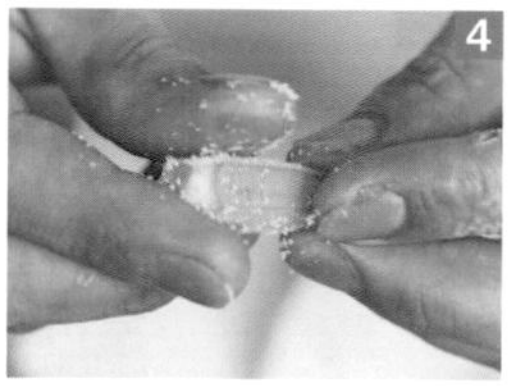

4 裹上大量的鹽搓揉全體表面以去除秋葵表面絨毛。

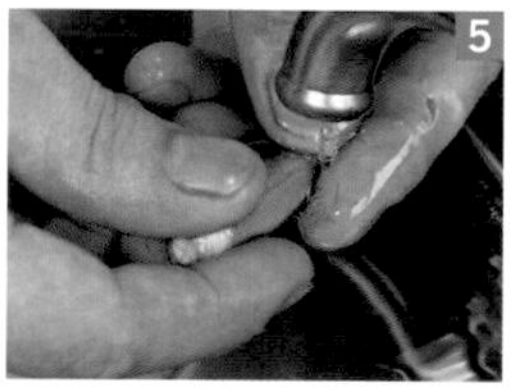

5 沖去鹽分。

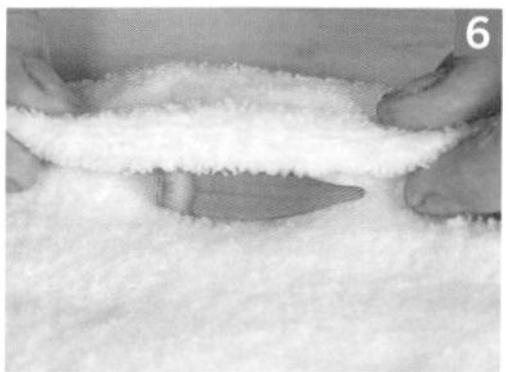

6 用布等仔細擦乾水分。

7 將秋葵用沸騰的熱水煮到還保留一點咬勁的程度。

8 小秋葵大約只要煮二至三分鐘。趁變色前盡速泡至冰水中冷卻。

【輪切】

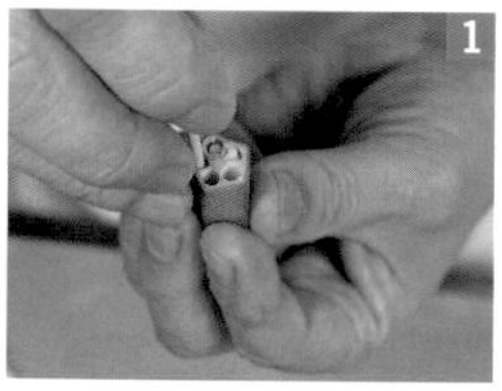

1 切除蒂頭，用細竹籤去籽。

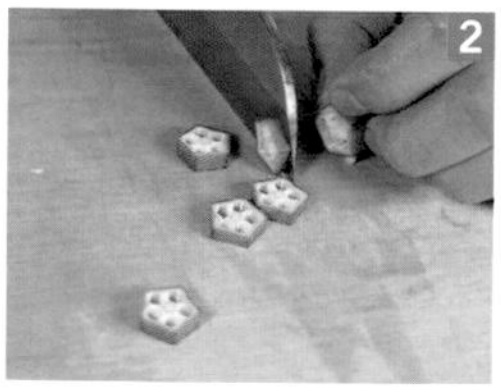

2 切成小口切。

澤後浸泡於底中，可用於涼拌或者配菜。

【切斜片】指切成像細竹葉片狀的斜片。固定好角度後連續推切成同樣長度和寬度。水煮後浸泡於底中使其滲透入味，可做成涼拌或者堆疊於炊合、醋漬物的頂端。

【筒秋葵】挖除秋葵的芯做成空心筒狀後穿過細麵用於擺盤的構思。這技巧同時也可以確保細麵不會散開在器皿中。

【纖切】

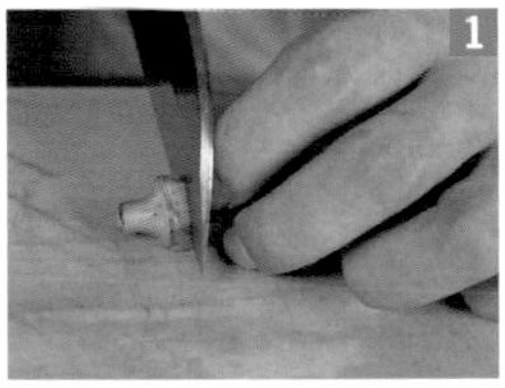

切除蒂頭堅硬處後用鹽搓（鹽磨）。

縱切成一半。

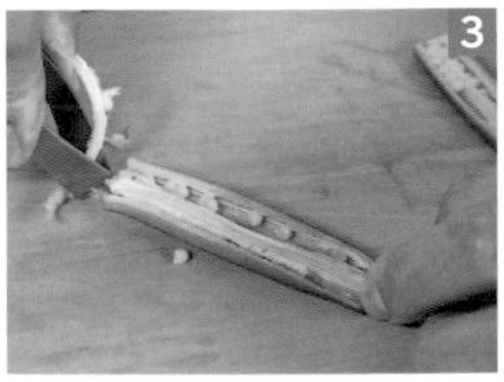

用挑魚骨夾等工具去除芯的白色筋和種籽。

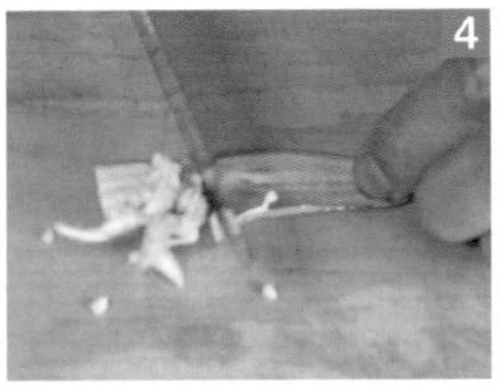

亦可以用菜刀刀尖去刮除，但要小心不要傷到果肉。

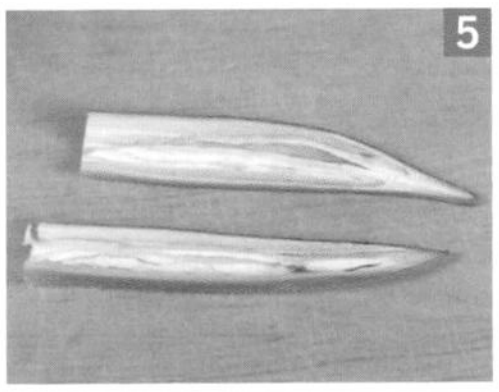

白色的筋和種籽皆去除乾淨後的秋葵。

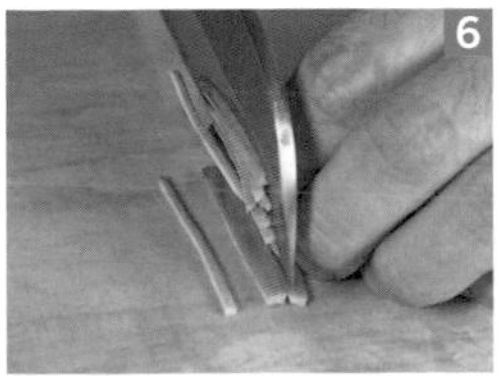

切齊尖端成一樣長的長方形。切成適當粗細的絲（纖切）。

【切斜片】

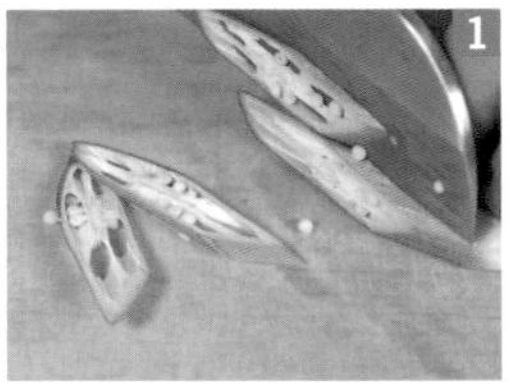

切除蒂頭，將秋葵斜放連續推切成同樣長度、寬（厚2～3mm）的斜片。

用竹籤尖端剔去種籽後泡至水中。撈起並充分擦乾水分。

放入沸騰的熱水中數秒就立刻撈起。斜片很容易煮熟但過熟會破壞形狀（煮碎）。

泡至冰水中急速冷卻以定色。

充分擦乾水分，浸泡於冷卻的底（高湯、淡口醬油、鹽少許）中。

【筒秋葵】

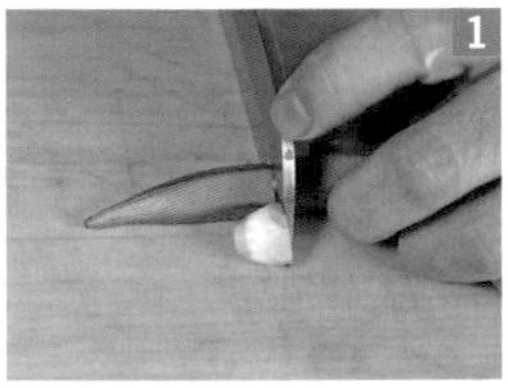

配合欲做出的成品長度，切除鹽磨過的秋葵蒂頭和尖端。

用左手拿著秋葵，右手將穿心筒轉入秋葵中去除種籽（芯部）。

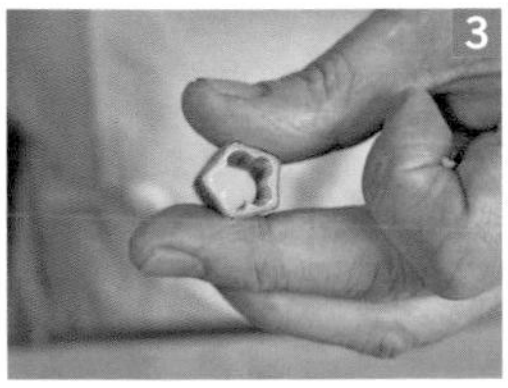

去芯的秋葵。快速煮一下後泡至冰水中。

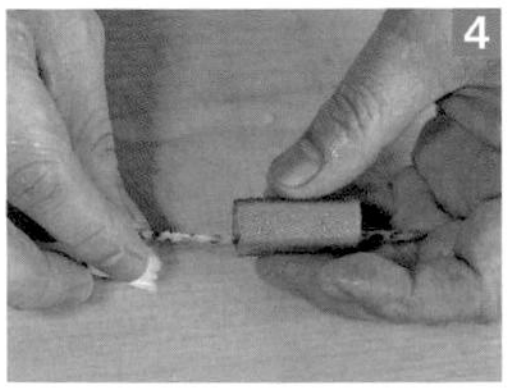

用繩子將一把細麵的一端綁好煮過，將繩子穿過筒秋葵後繼續拉動。

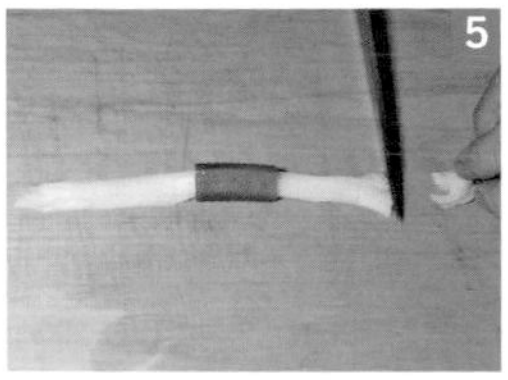

待全體細麵都穿過筒秋葵後，調整成適當長度再切齊細麵。

●秋葵碎寒天凍

蒸海膽
鋪味噌[34]

秋葵切細或者剁過後會產生黏性。將碎秋葵用寒天凝固後做成凍。

寒天凍
秋葵
海膽
一番高湯　400cc
寒天　1條
吉利丁塊　0.75g
和芥末醋味噌（玉味噌、和芥末粉兌水化開）

1　寒天凍冷卻後切塊。
2　於器皿中鋪上和芥末醋味噌，再盛上寒天凍。

【寒天凍】

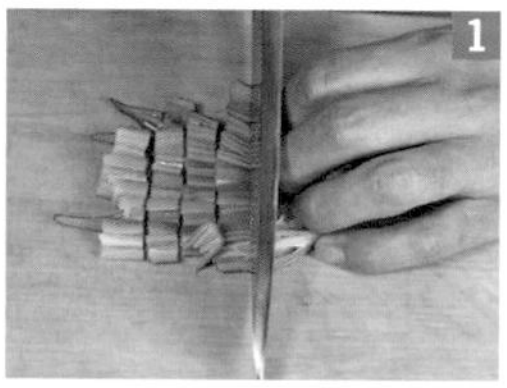

秋葵鹽磨後快速煮一下。大致切一下方便等下剁碎。

兩手各持一把出刃菜刀，輪流下切將秋葵全部剁碎。

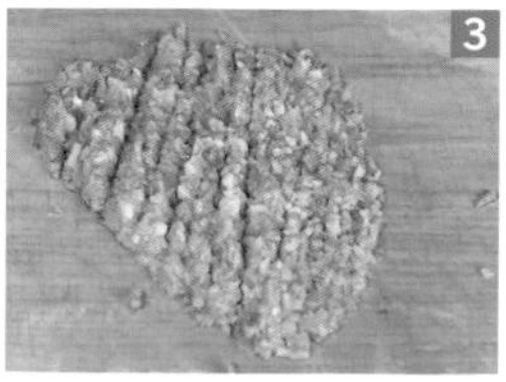

剁到秋葵黏性出來呈山藥泥般的狀態。

將寒天和吉利丁塊用一番高湯煮過化開，過濾後稍微放涼再和秋葵混合。

海膽稍微蒸過，維持形狀完整再拌入4中。

倒入模具中用冷水冷卻使之凝固。底部用竹筷架好泡在冰水裡。

34 日文作敷き味噌，指於器皿中鋪上醋味噌再擺盤的手法或料理。
35 日文漢字作上身，然料理用語中上身讀成UWAMI時指的是上魚身，即將魚頭朝左放置時朝上的面，亦稱表身。此處讀JŌMI，指將魚雞等去除不可食用部位後所剩的可食用肉。
36 見松茸的解說132頁。

鮑魚吉野煮

含煮秋葵

生薑汁

鮑魚、小秋葵、高湯、鹽、淡口醬油

葛粉、生薑汁

1 鮑魚鹽磨水洗後去殼，去除內臟再切成薄片。

2 裹上葛粉灑上酒和鹽用火快速煎一下。

3 淋上用水化開的葛粉。

4 準備事先處理好燙過的小秋葵。用高湯、鹽、淡口醬油稍微燙過撈起和底分別放涼。冷卻後再將小秋葵泡回底中使其入味。

5 趁熱擺盤上菜，再滴點生薑汁。

昆布締沙鮻

秋葵斜片

加減醋

沙鮻

秋葵斜片

高湯、鹽、淡口醬油、味醂

加減醋（高湯、鹽、淡口醬油、醋）

昆布

1 沙鮻水洗處理後三枚切，去除腹骨和小骨處理成上肉[35]。

2 裹薄鹽用昆布包夾後醃漬數小時。

3 將事先處理過切成斜片的秋葵快速煮一下，浸泡於高湯、鹽、淡口醬油、少許味醂做成的底中使其滲透入味。

4 將沙鮻和秋葵盛入器皿中淋上加減醋。

鱸魚白瀑

早松　筒秋葵

染蘿蔔泥

鱸魚、松茸

筒秋葵

高湯、鹽、淡口醬油

紅辣椒、白蘿蔔

1 鱸魚三枚切處理後去除腹骨和小骨切片。裹鹽後去烤。

2 松茸梨割[36]後用鹽和淡口醬油調味的底快速熱過。

3 將鱸魚、筒秋葵和細麵、松茸盛入器皿中，再倒入一番高湯加入鹽、淡口醬油調味的底。

4 白蘿蔔裡鑲入紅辣椒後磨成泥，點一點淡口醬油完成染蘿蔔泥後擺盤。

南瓜

南瓜／瓜科南瓜屬

原產於中美洲。外皮帶有深溝槽的為日本南瓜（日系品種），外皮光滑者為西洋南瓜（西洋品種）。前者亦稱為菊花南瓜，顏色偏白具有溼潤的口感。後者的特徵為鬆軟及甘甜的口感，稱為栗子南瓜。

調理要點

◎發揮南瓜本身的特色，配合料理的目的去選用日系或者西洋品種。

◎瓜瓤若沒清乾淨煮時會剝落，影響成品美觀。

◎美味的秘訣在於將甜味充分滲透入味。

◎容易煮碎因此要注意火候。

◎在調味之前，根據希望製作的料理做不同處理，如：煮至柔軟、稍微燙一下（霜降）、或者不加水直接蒸[37]。

【葉子南瓜】

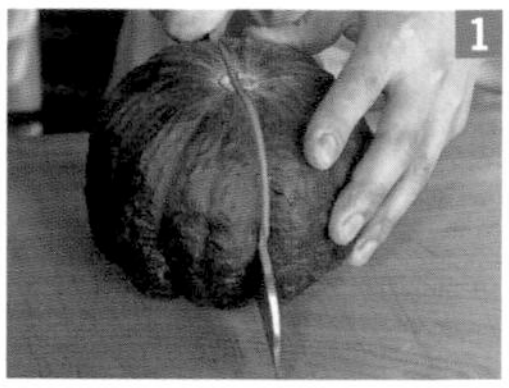

菜刀垂直對準南瓜直徑，用力切下分切成兩半。

切除堅硬的蒂頭，先於蒂頭的兩側切出V字形切口。

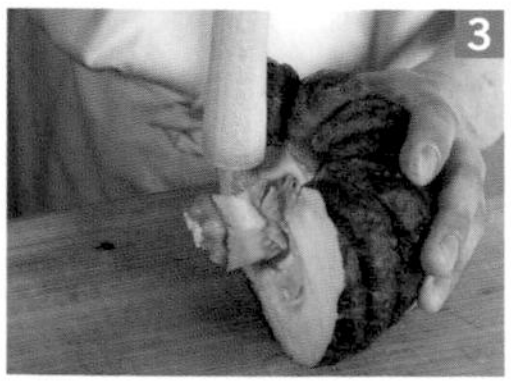

接著用菜刀刀柄或者研磨棒等器具敲下南瓜蒂頭。

橫切成一半。

用刀背挖去種子和瓜瓤，若很難去除亦可使用湯匙等器具。

再切成一半。

反覆切成兩半直到切成所需的大小為止。成品幾乎呈等邊三角形。

將三角形尖銳的部分粗略削出平滑的曲線做成葉子形狀。

削平果肉側。

為了讓兩邊的切口看起來不明顯，將果肉切出坡度做成接近葉子的形狀。

雕出葉脈的溝槽。可使用菜刀的刃根或三角錐。

周邊亦可以切出切口，但要注意煮的方法，不要煮碎。

37 日文原文作「空蒸」。

【葉子南瓜】

利用南瓜皮的顏色製作出的代表性蔬菜雕刻。為了不要讓稜角碎掉，採蒸煮的方式煮熟。

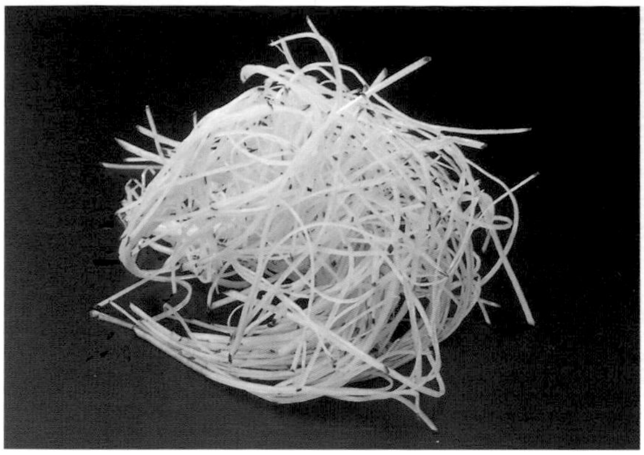

【纖切（切細絲）】

南瓜的肉質很細緻，桂削難度較高，用手確實拿穩再削出均一的厚薄。切好的細絲可以直接用於生魚片的妻或者沙拉。

13 放入水中從冷水煮起煮至柔軟。

14 排列於調理盤中，用一番高湯、鹽、砂糖混合成的底去浸泡。

15 覆上保鮮膜用蒸具蒸二十分鐘，拿出後放涼使其滲透入味。

【纖切】

1 為了固定桂削的寬度要切去上下（頭尾）兩端。先切除蒂頭側。

2 再切除底部。

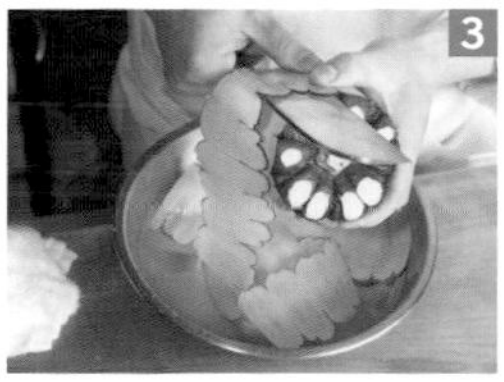

3 桂削。因為容易折斷故一邊削一邊讓薄片落下至裝有鹽水的碗裡。

4 待泡軟後再捲起拿出，方便之後處理。

5 鋪在砧板上用布擦乾水分。

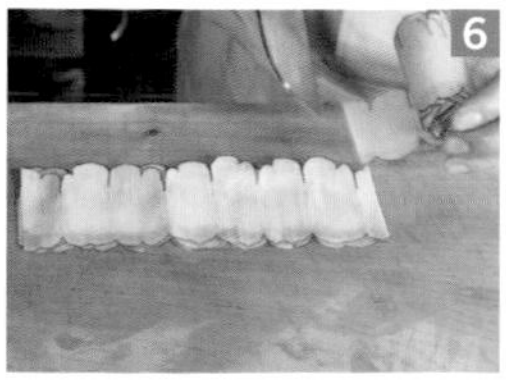

6 切成偏長的長度後疊在一起。

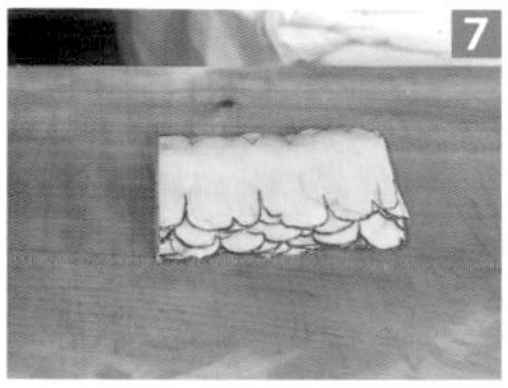

7 再切成一半後疊起。約8～10片。

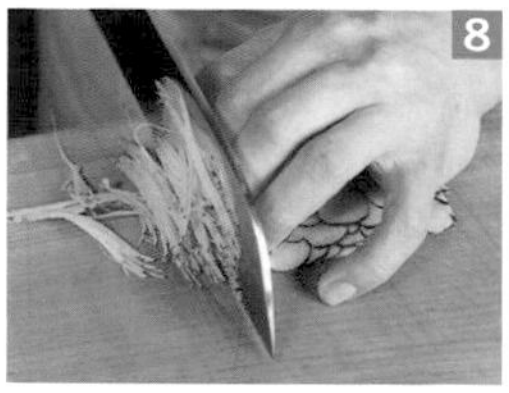

8 切成細絲。

9 泡至水中使其口感爽脆。

【花南瓜】

將桂削後的南瓜片重疊做成花朵狀。適合做為炊合的配菜或者為燒烤增添色彩的蔬菜雕刻。

【花南瓜】

攤開桂削後的南瓜，以寬度四比六縱切成兩片。

將寬度較窄的南瓜片切成10cm長，稍微重疊兩片南瓜片的一端做成長帶狀。

從一頭開始捲，捲時帶皮側較鬆，另一側較緊，做成花芯。

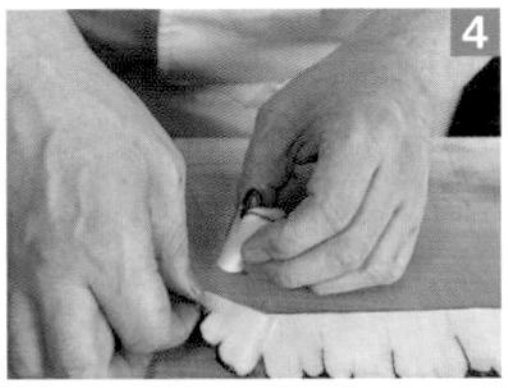

和步驟3一樣，帶皮側呈綻開的方式再捲上一層。

用牙籤固定，利用筷子撥出花瓣的形狀。

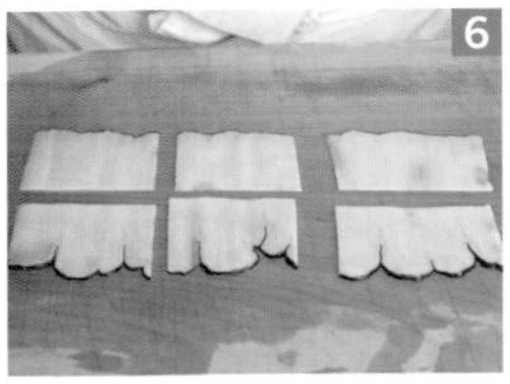

寬度較寬的南瓜片切成約8cm等長的片。

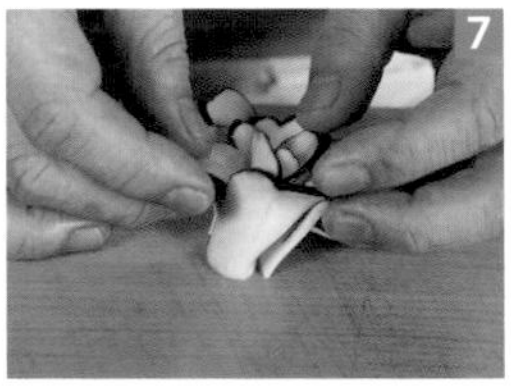

在5的外側將6一點一點捲上重疊成花瓣形狀。

空蒸約十分鐘。蒸過後花瓣會黏在一起，固定出花的形狀。

將花南瓜立在一番高湯、鹽、淡口醬油調成的底中浸泡，再蒸煮入味。

小芋章魚南瓜

山椒嫩葉

小芋頭
章魚
黑皮南瓜（日本品種）
高湯、味醂、砂糖、鹽
淡口醬油
山椒嫩葉

1 將小里芋含煮（→113頁）。
2 章魚用鹽搓去黏液後水洗處理。稍微燙一下後泡至水中。切下章魚腳後切成一口大小，用酒、鹽、淡口醬油調成的底稍微煮一下後浸底。
3 南瓜雕成葉子狀，霜降後泡至冷水中。擦乾水分後放入調理盤中，倒入高湯、味醂、砂糖少許、鹽、淡口醬油混合而成的底。覆上保鮮膜和鋁箔紙，蒸煮約三十分鐘。
4 將小里芋、章魚、南瓜盛盤，再添上山椒嫩葉。

南瓜田舍煮

惠比壽南瓜（西洋品種）
高湯、砂糖
淡口醬油

1 南瓜切成一口大小。霜降後上陸。
2 南瓜放入鍋中，倒入高湯，高湯不要完全淹過南瓜。待南瓜變軟後再加入砂糖去煮。
3 煮一陣子後加入淡口醬油煮至濃稠（NITSUME）。
4 用木勺稍微攪拌一下，讓南瓜呈煮碎狀態後盛盤。

四季豆

四季豆／豆科菜豆屬

本是栽培來食用豆子部分，在豆子成熟前連同豆莢食用者即是四季豆。由於一年可以收成三次，在關西地區亦被稱為三度豆。

● 芝麻拌四季豆

豆莢有筋時，折去蒂頭部分將筋撕掉後再去調理。若是用切的，亦可以水煮後再切，但生的時候先切好切口較漂亮。

可將四季豆浸泡於冷的底中使其滲透入味，但先煮滾一次再浸泡比較容易入味。

四季豆
浸泡底（一番高湯、鹽少許、淡口醬油、味醂）
白芝麻

1 四季豆採以下方式浸泡於浸泡底中使其滲透入味。

2 將剛炒好的白芝麻磨成約一半大小，上菜前拌一下。

【芝麻涼拌】

最近雖然四季豆已多沒有筋，不過蒂頭附近還是較硬，看要折掉或切掉都可。

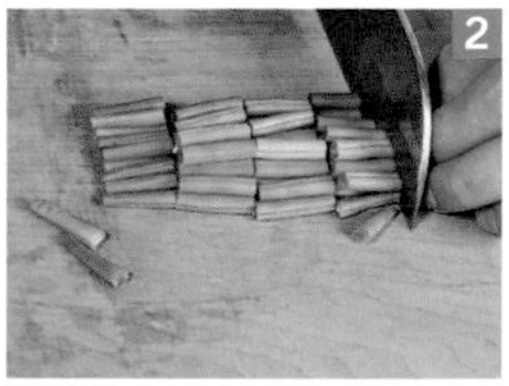

若要做成芝麻涼拌可以切成3～4cm左右齊一的段。

裹鹽後靜置十分鐘左右讓鹽滲透進去。

用沸騰的熱水去煮。待顏色變得鮮豔，煮成恰到好處的軟硬度後就可撈起。

泡入冷水中定色。

混合浸泡底的材料後加熱，將5的四季豆快速煮一下。

撈起四季豆，用團扇搧涼使其急速降溫，讓四季豆定色。

底的部分連鍋泡入冰水中冷卻。

將7的四季豆浸泡至冷卻後的底裡使其滲透入味。

德島酸橘

德島酸橘／芸香科柑橘屬

德島線的特產，趁皮尚綠時出貨。果汁具有酸味，可做為食用醋。也可做成釜狀盛裝料理。

各式各樣的德島酸橘釜

【菊花釜】利用德島酸橘原本的大小和形狀切出菊花形，挖除果肉後用來當作盛裝料理的器皿。

【榨汁法】左邊為切半後切出V字形切口而成。右邊的做法為將菜刀直直切入果實中心，再挖去至切口處的果肉。兩種做法皆要去籽。

【菊花釜】

為了擺盤時的穩定，先切去一點點上下（頭尾）兩端，但若切太多果汁會滲出。

使用刀尖呈尖形的雕刻刀或柳刃菜刀的刀尖。為了保護手不被切傷，先用毛巾或布等包好。

左手壓住德島酸橘固定，右手像握鉛筆一樣拿著菜刀直直切入果實中心切出一圈V字形。

分切成上下兩半的德島酸橘。

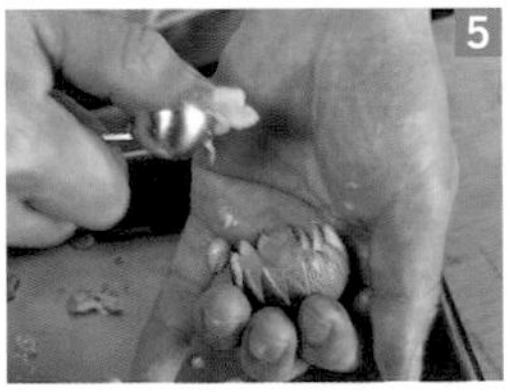

用挖球器挖去果肉，注意不要壓壞菊花釜。

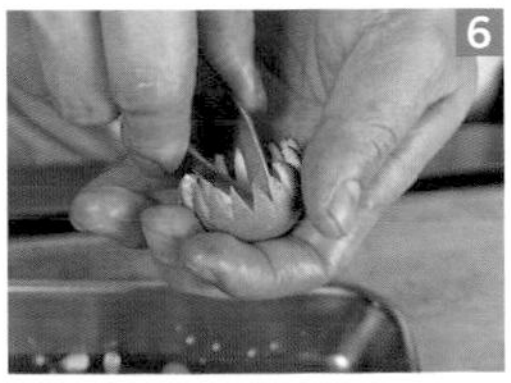

用挑魚骨夾仔細地去除白色部分和筋。

小黃瓜

小黃瓜／瓜科胡瓜屬

雖然組成成分99%以上都是水分，營養成分低，但可享受其清脆且清爽的口感。小黃瓜是做沙拉時不可或缺的食材，日本料理中用來做生魚片的妻或者裝飾雕刻的材料。產季雖在六至八月，但四季皆可買到溫室栽培的小黃瓜。

【灑鹽後在砧板上滾過】藉著鹽的磨擦去除小黃瓜表皮的突起，並讓顏色變得更鮮豔。為所有小黃瓜雕花前共通的事前處理。

【切斜片】可用來製作生魚片的妻和沙拉，用鹽搓過後做成涼拌菜等料理。種籽的部分含水量高，口感也較差，因此可使用穿心筒或者湯匙等圓形器具剜去種籽部分。

【水滴黃瓜】使用種籽還未長大的早收小黃瓜。將小黃瓜切成似漣漪的形狀，可用於生魚片的妻等料理。

【蛇腹黃瓜】依照需要切成適當長度，可用於製作生魚片配菜和醋漬物、漬物等料理。

【灑鹽後在砧板上滾過】

將小黃瓜排列於砧板上，灑上鹽後用兩手滾動小黃瓜，磨擦使鹽滲透。

用手拿起小黃瓜用鹽去搓揉。

沖去鹽巴擦乾水分。

【切斜片】

縱切成一半。

用穿心筒或者湯匙等器具剜去種籽。

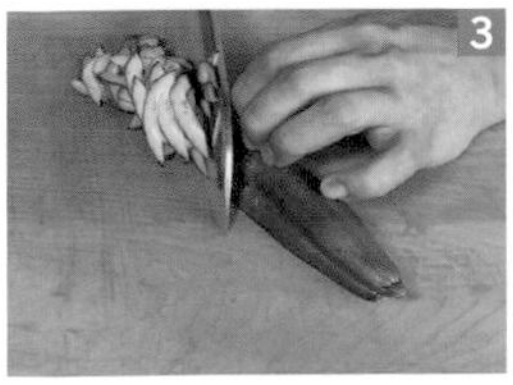

斜切成薄片。

浸泡至水中。

【水滴黃瓜】

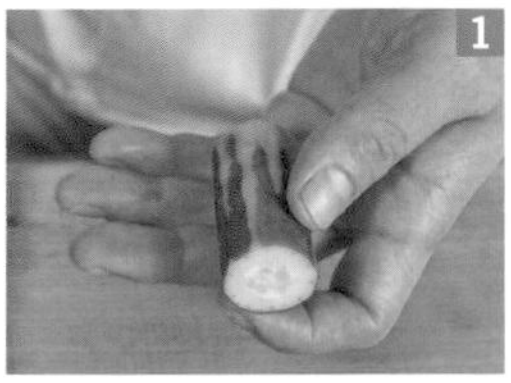

小黃瓜切成約5cm長，粗略削去表皮。

將小黃瓜桂削約三圈，不要讓桂削片和芯斷開。

捲回原本的形狀。

切成厚約2～3mm的輪切片。切好後泡至水中。

【交錯切】用於製作醬醪味噌小黃瓜或生魚片配菜等料理。

【松】切出似松葉的形狀。於喜慶場合的大拼盤或者姿盛時當作生魚片的妻等配菜。

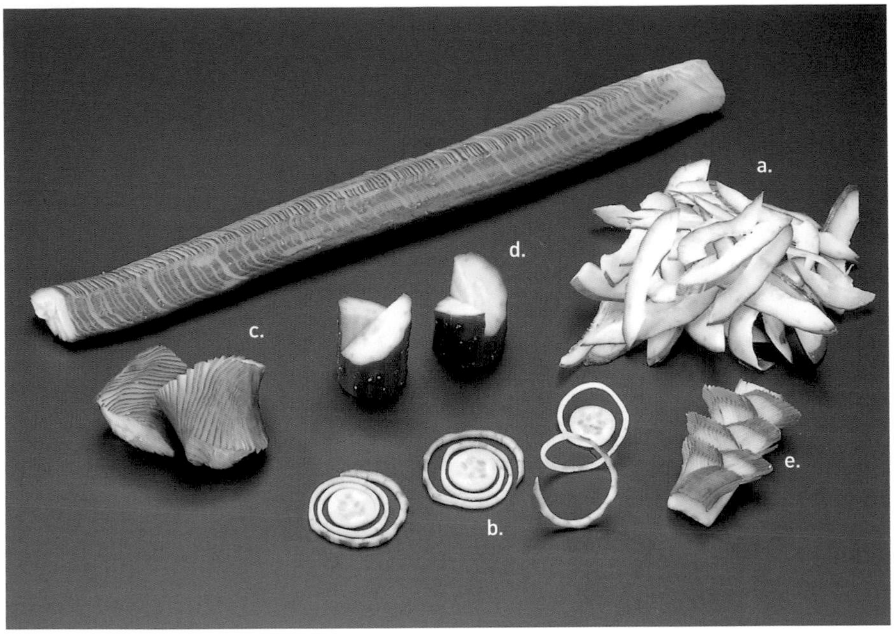

a.切斜片　b.水滴黃瓜　c.蛇腹黃瓜　d.交互切／交錯切　e.松

【蛇腹黃瓜】

切齊小黃瓜兩端，並削去切口周圍的外皮。

將小黃瓜斜放，菜刀刀尖抵住砧板，於小黃瓜上細細切出切口，深度約達一半。

翻面一樣斜切出切口，再輕輕拉開，浸泡至鹽水中使其變軟。

【交錯切】

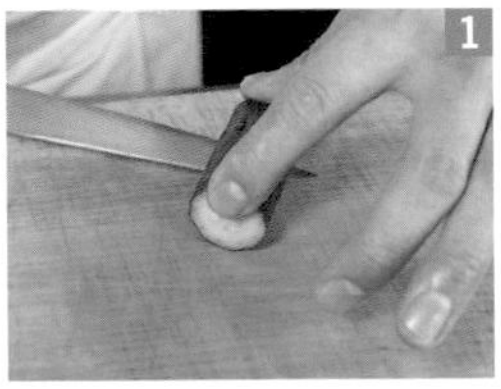

小黃瓜切成8cm長，於厚度和長度的中央處入刀，劃出2～3cm左右的切口。

將小黃瓜橫放，斜切至切口深度為止。翻面以同樣角度斜切至切口深度為止。

分離兩半黃瓜後擺盤。

【松】

將小黃瓜縱切成兩半。

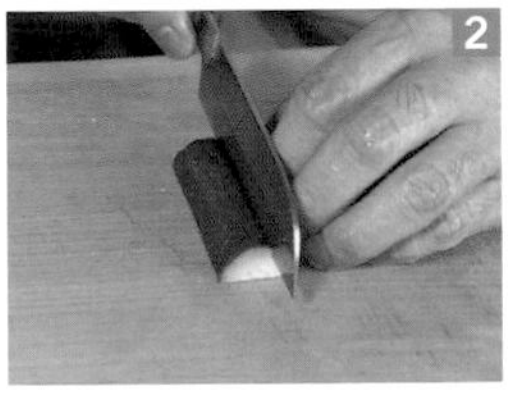

於皮上縱切出2～3mm深的切口。

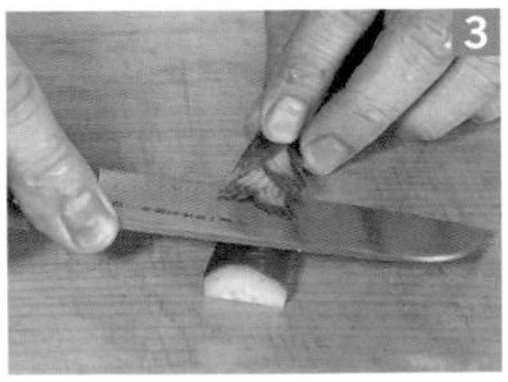

將菜刀放倒，和剛剛的切口呈垂直方向，以5mm的間隔淺淺削切，再撥成交錯狀。

白瓜

白瓜／瓜科

為哈密瓜和甜瓜[38]的同種，過去經常用來製作米糠漬或者奈良漬等料理。由於皮薄因此多直接連皮直接生食，特色為爽脆的口感。

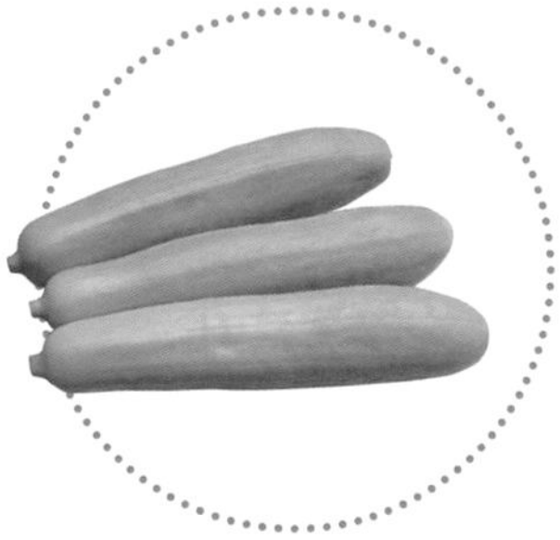

調理要點

◎將種籽和瓜瓤徹底清除乾淨。

◎為了不影響口感，加熱時間控制在短時間內，亦要留意陰乾的地點和時間。

【雷干】將白瓜等瓜類切成螺旋狀，利用陰乾稍微去除水分做成較有咬勁的雷干。分切後可做成涼拌菜或醋漬物。

38 黃皮棗瓜，別名香瓜、甜瓜、梨仔瓜。

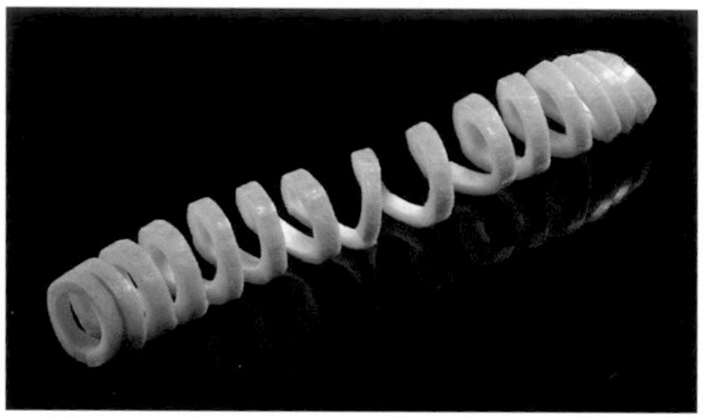

切成螺旋狀的白瓜。

【雷干】

1 白瓜裹鹽後搓去表面細細的絨毛（鹽磨）。

2 用流水沖洗去鹽分。

3 放入沸騰的熱水裡一下便立刻撈起，泡至冷水中。過熱水目的是為了增艷。因此動作要迅速。

4 切除頭尾兩端。選擇大小適中可剜去種籽的切模。

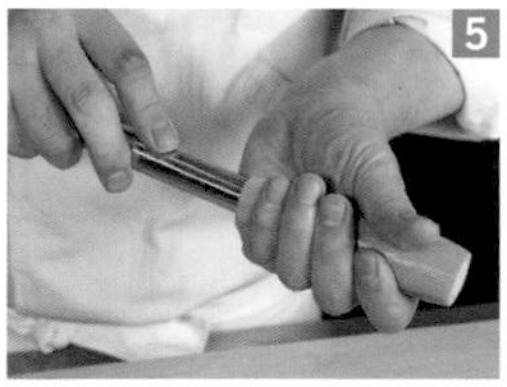

5 轉動切模旋入白瓜中剜除芯部。

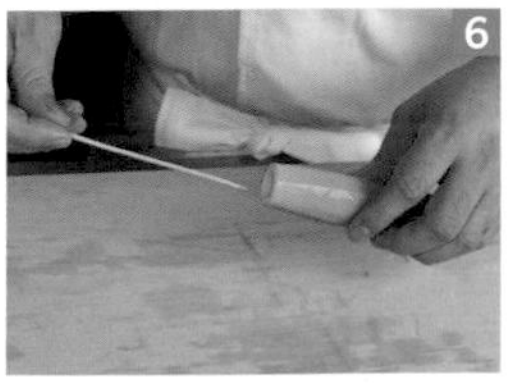

6 用竹籤或者筷子穿過打好的洞。這是為了防止待會下刀時白瓜被切斷。

7 垂直下刀以5mm間距劃出切口。

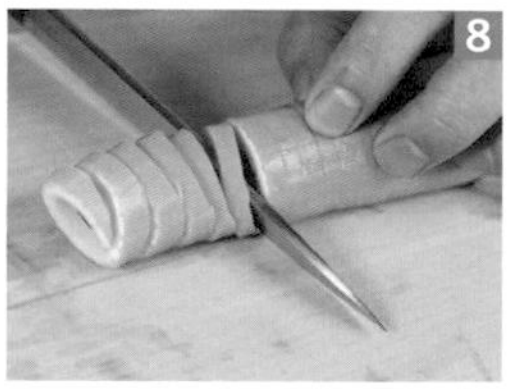

8 將柳刃菜刀的刀尖穿入切好的圈之間，朝向下一圈方向穿出並切下。

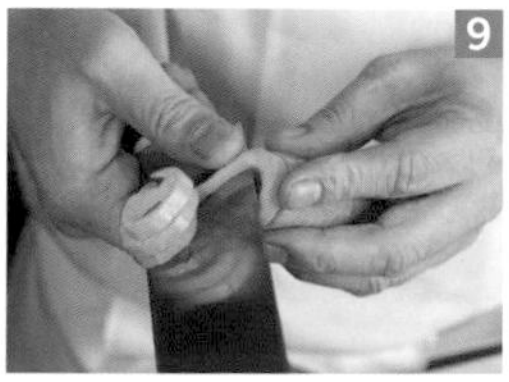

9 持續切開圓圈切成一整條螺旋，一邊確認圓圈是否切開一邊調整寬度和形狀。

10 浸泡於放了昆布的立鹽水中二十至三十分鐘。

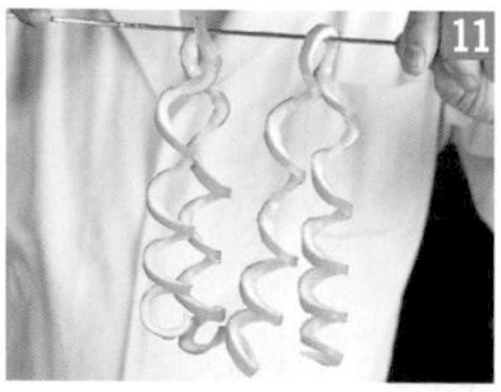

11 擦乾水分吊掛於棒子上三至四小時陰乾。注意若太乾會喪失口感。

12 完成的雷干。可根據用途分切成適當長度。

白瓜填鮭魚
白木耳水晶凍　和芥末醋

將白瓜剜去種籽的空心部填入醃燻鮭魚後再輪切。

白瓜、煙燻鮭魚
白木耳、昆布高湯、鹽、高湯
醋、砂糖、吉利丁塊
和芥末醋*（二杯醋、和芥末粉兌水化開）

*由二杯醋和和芥末水混合而成。

1　白瓜鹽磨後用切模去除種籽。
2　於昆布高湯中加鹽，加入1浸泡二十至三十分鐘。
3　擦乾水分，填入切成條狀的醃燻鮭魚，再切成一口大小。
4　白木耳泡開後去除基部和髒汙。快速燙一下後泡至水中，切成方便食用的大小。
5　將高湯加入鹽、醋、砂糖調味而成的底加熱，加入用水化開的吉利丁煮至溶化後倒入模具中。加入4的白木耳冷卻後凝固。
6　將和芥末醋倒入器皿中放入切成一口大小的5搭配3的白瓜。

和芥末醋味噌拌雷干
紫蘇芽

將分切好的雷干用和芥末醋味噌拌過而成的涼拌菜。

白瓜雷干
和芥末醋味噌**（玉味噌、和芥末粉兌水化開）
紫芽紫蘇

**由玉味噌（→42頁）加上和芥末水混合後加熱煮成。

1　雷干切成5 cm長後用和芥末醋味噌拌過。盛盤後於頂端放上紫芽紫蘇。

蠶豆

蠶豆／豆科蠶豆屬

日文中因豆莢朝天空生長故稱空豆。因豆莢形似蠶故名蠶豆。豆子可達3 cm左右大小的大粒種亦被稱為一寸豆。

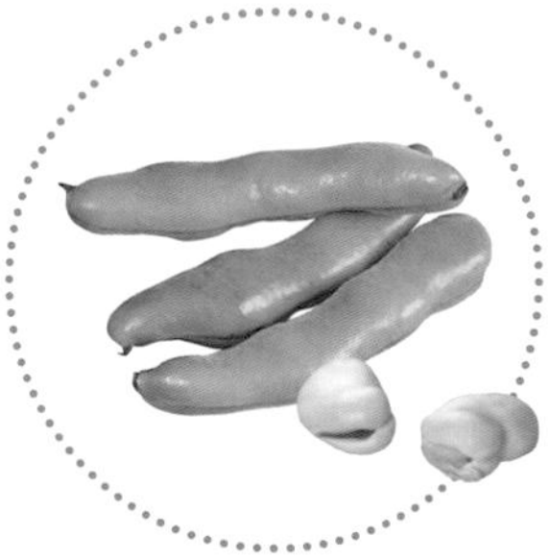

【鹽蒸】蠶豆最簡單的吃法就是鹽蒸或者鹽煮。自豆莢中取出後立刻調理可以保持顏色美麗，風味亦較佳。若用菜刀剖開豆莢可能會切到蠶豆因此要用手剝。

【鹽煮】多直接帶皮去煮。就算是帶皮煮，也會先切去黑線部分或者劃出切口再去煮。兩種做法皆可使鹽更容易滲透進去，之後可較容易去皮。上陸後趁熱時稍微灑點鹽。

【鹽蒸】

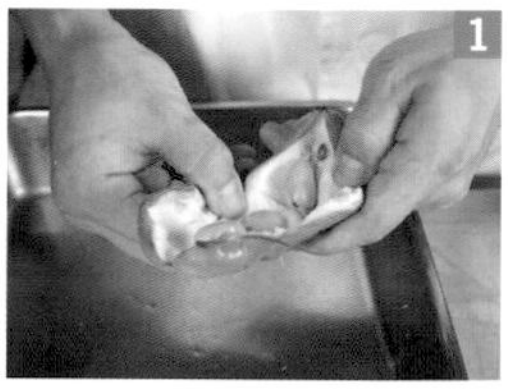

1 壓住豆莢彎曲的內側剖開豆莢，取出豆子。

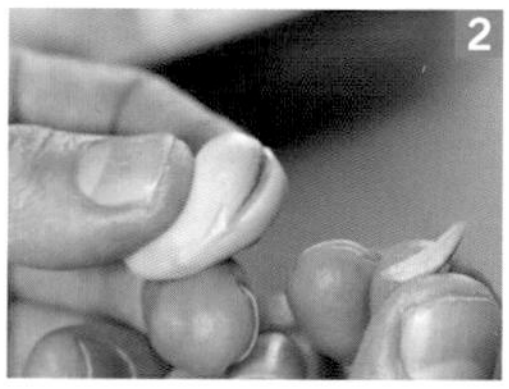

2 去掉幼芽。

3 用菜刀刃根於蠶豆被稱為「齒黑」的黑線部分兩側切出V字形。

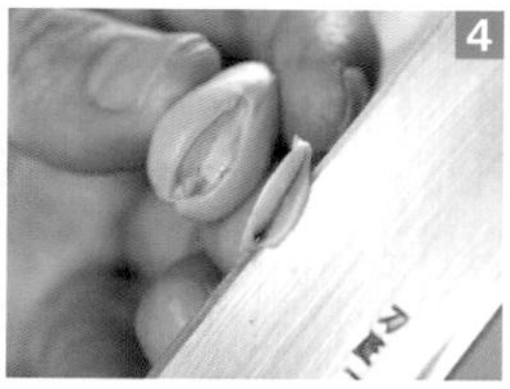

4 切除黑線部分。

5 劃出切口讓食用時更容易剝皮。

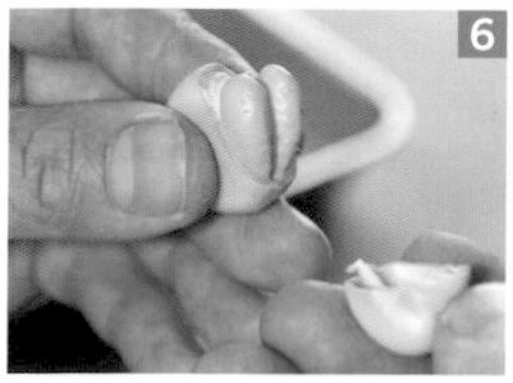

6 只剝除一半外皮。

7 自高30cm處向下灑鹽（稱尺鹽），讓鹽可均勻灑在全體上。

8 放入蒸具中蒸五至六分鐘。

9 取出後用團扇搧涼使其急速冷卻定色。

【蜜煮】

1 煮一鍋沸水加入鹽。

2 將去皮的蠶豆快速燙一下，大約霜降程度，以去除草味。

3 用另一個鍋子裝水，溶入冰糖後加熱。用漏勺將蠶豆移到這裡。

※激烈的溫度變化會造成煮碎，因此要調整到相同溫度帶再移動蠶豆。

4 為防止蠶豆跳動，蓋上紙蓋去煮。

5 煮熟後整鍋浸泡至冰水中使其急速冷卻防止變色。

蜜煮蠶豆
旨煮日本松露

蜜煮蠶豆
日本松露
高湯、鹽、淡口醬油、味醂

1. 將蠶豆蜜煮。
2. 用刷子刷洗去日本松露的髒汙。
3. 放入研缽中灑鹽，滾動日本松露去除菌絲。
4. 沖去鹽和髒汙。因為日本松露容易受傷，要用兩手輕柔地拿取。
5. 燙過後泡至水中。高湯加入鹽、淡口醬油、味醂調成較吸物底稍濃的味道，壓上鍋蓋去含煮入味。
6. 盛入蜜煮蠶豆，再放上日本松露。

炸蠶豆起司夾心
櫻香凍

將水煮過的蠶豆分成兩半夾奶油乳酪去炸。

蠶豆
奶油乳酪[39]、黑胡椒
薄麵衣
鹽漬櫻花及櫻葉
糖水（水400cc、砂糖60cc）
甘梅醋少許、蒟蒻果凍粉[40] 60g

1. 蠶豆去皮後剝成兩半，排列於調理盤上蒸二至三分鐘。取出後用團扇搧涼定色。
2. 於奶油乳酪中加入黑胡椒攪拌。
3. 用蠶豆夾住2，沾裹薄麵衣後去油炸。
4. 製作櫻香凍。將櫻花和櫻葉分別浸泡於水中去鹽，櫻花去掉萼片只使用花瓣。
5. 煮糖水，加入兩片櫻葉煮出香氣。經過一段時間後撈起櫻葉，加入少許甘梅醋和蒟蒻果凍粉。
6. 將5倒入模具中，待開始凝固時，加入4的櫻花花瓣再冷卻凝固。
7. 分切櫻香凍再放上蠶豆。

39 Cream cheese。
40 日文原文為「パールアガー」。

冬瓜

冬瓜／瓜科冬瓜屬

夏天收成卻稱「冬瓜」是源自如果保存在陰涼場所可以一直吃到冬天故名。組成成分90％以上都是水分，滋味十分清淡，因此適合含煮或者淋芡等另外增添調味後再吃較美味。

調理要點

◎為了不破壞皮下美麗的綠色，處理時要仔細小心。

◎在事先預煮的階段就要充分煮熟煮軟。但要注意若煮過頭很容易煮碎。

【桂削】桂削後的冬瓜可用來捲其他食材或者切成細絲（纖切）。

【挖球】挖成球狀的冬瓜預先煮過後可再去含煮或者做成炊合等料理。

【刨片冬瓜】指切成像用刨刀削出一般的薄片冬瓜。不預煮直接煮過用於碗物或煮物。

【切法】

讓刀刃確實切入冬瓜，確保菜刀不會滑掉後切下頭尾。

縱切成一半再切成四等份。需要時可用左手壓著菜刀刀背去切。

再縱切成一半，重覆切半的動作直到都切好。

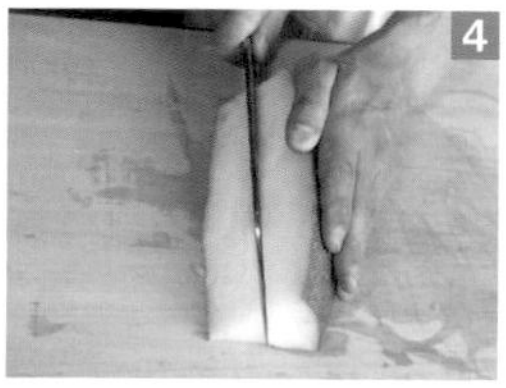

切去瓜瓤。

沿著瓜肉和種籽的邊界入刀，剝切去剩下的瓜瓤。

配合器皿大小和欲調理的成品大小切成均一大小。

為了活用綠色部分，削皮時盡量只削去薄薄一層。若用刀背去削會凹凸不平。

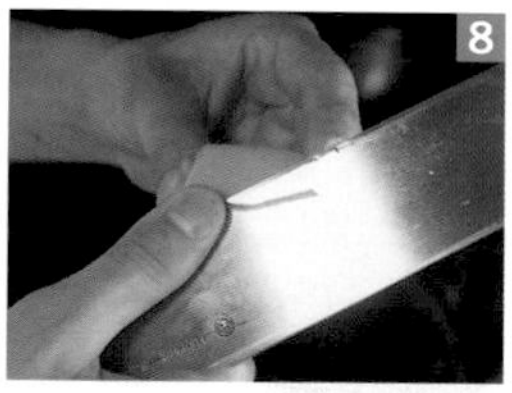

若要拿去煮，為了防止煮碎，事先削平所有的角（面取）。

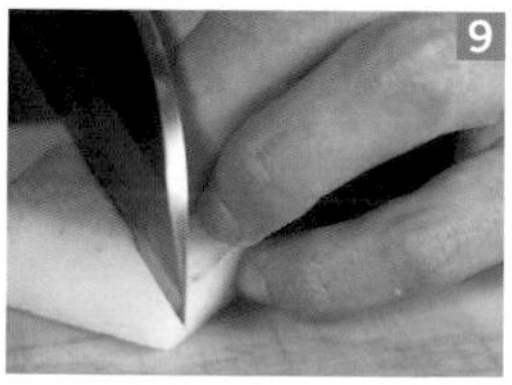

為了讓冬瓜平均受熱並更容易滲透入味，於皮側細細劃刀，切口深5mm。

【桂削】

將冬瓜切成4～5cm厚，寬度均一的輪切片。

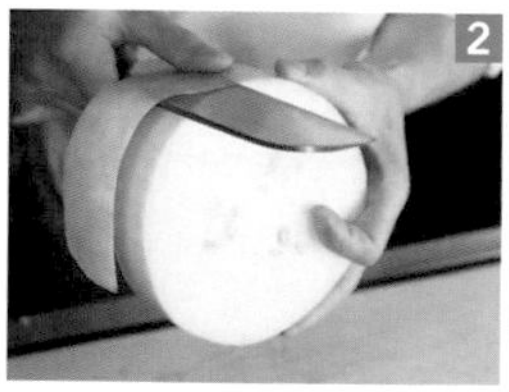

再去桂削。

【翡翠煮】冬瓜的皮下帶有美麗的綠色，和白色的果肉形成鮮明的對比，可為料理畫龍點睛。但因為皮下部分較硬，必須將其煮軟但同時維持鮮豔的色彩。

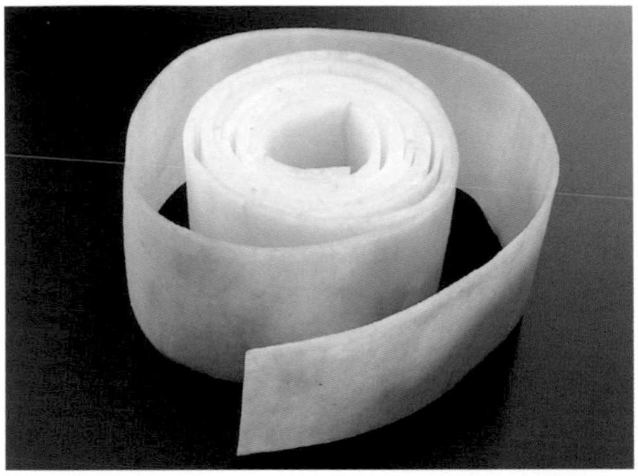

（照片由上而下）桂削、挖球、刨片冬瓜、煮物用

【刨片冬瓜】

冬瓜切成八等份，去除瓜瓤和種籽後切成長方體。

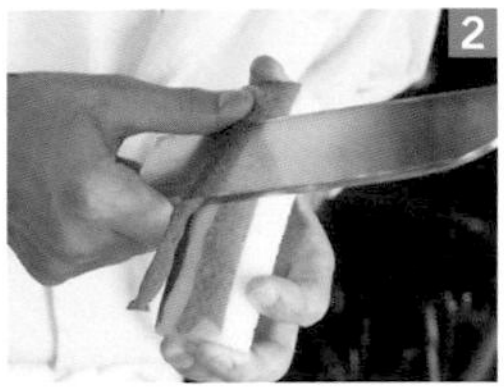

削去一層薄皮保留綠色的色澤。

拉切出厚1mm左右的薄片。

【挖球】

切成和刨片冬瓜步驟2一樣後，保留綠色部分挖成球形。之後再用菜刀去修整形狀。

● 煮物碗　薄葛風味

冬瓜翡翠煮

合鴨[41]片　生薑

將冬瓜做成翡翠煮。含煮後的冬瓜翡翠煮能夠完整發揮冬瓜美麗的色澤。

41 野生的綠頭鴨和馴化的家鴨雜交而成的鴨。

冬瓜翡翠煮、合鴨、鹽
一番高湯、鹽、淡口醬油、吸物底、葛粉、生薑

1 冬瓜做成翡翠煮。
2 合鴨切成剝切片後裹鹽水煮。
3 一番高湯加入鹽、淡口醬油調成較吸物底稍濃的味道，再放入合鴨稍微煮一下。
4 將溫過的翡翠煮和合鴨盛入碗中。
5 吸物底加入葛粉勾成薄芡盛入碗中，再放上生薑泥。

【翡翠煮】

切法步驟9結束後，於冬瓜帶皮側放上小蘇打和鹽。

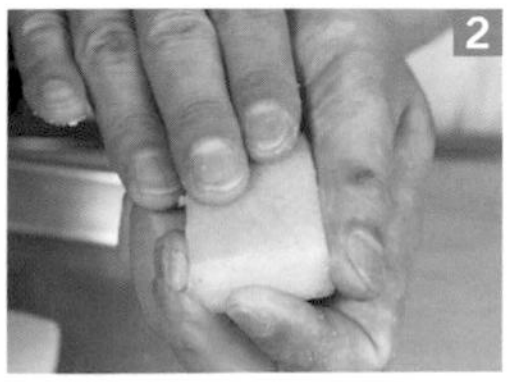

搓揉表面讓小蘇打和鹽滲入。

放置二十分鐘使小蘇打和鹽滲透進去，加入小蘇打和鹽可以讓冬瓜煮後顏色鮮豔並變得柔軟。

於熱水中放入大量鹽，在這個步驟將冬瓜充分煮至柔軟。

蓋上紙蓋或者壓下鍋蓋去煮，讓冬瓜煮時整體都浸在熱水中。

取出冬瓜泡至冷水中定色。再用流水沖去小蘇打粉和鹽。

煮好的冬瓜。仔細擦乾水分再放入高湯、淡口醬油、吸物底混合成的底中用大火煮二至三分鐘，煮後連著鍋子泡入冰水中冷卻。冷卻後將鍋子拿起，再放置半天以上使其滲透入味。

冬瓜奉書捲

冬瓜羹　山葵

冬瓜桂削後白色部分包鰻魚做成碗種，綠色部分切成細絲，讓綠色細絲漂浮於羹湯中。

在一個碗物中運用冬瓜的兩種顏色去擺盤的特殊意趣。

冬瓜
蒲燒鰻魚
吸物底（高湯、淡口醬油、鹽）
吉野葛羹（高湯、淡口醬油、鹽、葛粉）
山葵

【冬瓜奉書捲】

桂削後白色部分切成10cm長後直接用吸物底去煮，不預先煮過。

將鰻魚切成4～5cm的短籤片，用瀝乾湯汁後的1捲起。

將桂削後綠色部分切絲。

裹上鹽。

稍微搓揉一下。

快速用熱水煮一下後泡至冷水中定色，再充分瀝乾水分。

移到吸物底中，煮沸後將鍋子離火整鍋放涼。

製作吉野葛羹。鍋中加入高湯、淡口醬油、鹽調成底後再加入葛粉化開。

盛入2的鰻魚溫過，淋上將7加入8中煮滾做成的羹汁，最後放上山葵。

煮物碗　清汁風味

貝柱真薯
刨片冬瓜　車輪柚子

刨片冬瓜、醃漬用醬汁（漬汁底：高湯、鹽、淡口醬油）
真薯底（貝柱10、狼牙鱔魚漿3、薄葉野山藥、蛋白、葛粉、昆布高湯、鹽、淡口醬油）
昆布高湯
吸物底（一番高湯、鹽、淡口醬油、味醂）
柚子

1 製作刨片冬瓜，將醃漬用醬汁（漬汁底）煮滾後，放入冬瓜片快速煮一下入味。
2 製作真薯底。貝柱中加入三成的狼牙鱔魚漿、磨好的薄葉野山藥泥、蛋白、葛粉拌勻後加入昆布高湯稀釋，再用鹽、淡口醬油去調味。
3 昆布高湯煮滾後下真薯底，煮熟成真薯。
4 用噴槍於真薯上燒出烤痕。
5 將4的真薯、冬瓜、輪切後去籽的柚子盛至碗中，倒入熱騰騰的吸物底。吸物底中滴入少許味醂。

賀茂茄子

賀茂茄子／茄科茄屬

圓茄的一種，京都上賀茂所栽培出的京蔬菜。果肉緊實色澤白淨，味道亦佳。可充分利用其具有獨特意趣的形狀做成煮物或者燒烤。

田樂賀茂茄子

山椒嫩葉碎

田樂的製作重點在於塗上田樂味噌前要先將茄子炸熟。賀茂茄子的體積很大，因此必須要先劃刀戳洞讓它比較容易炸透，同時也較方便之後食用。

賀茂茄子、炸油
白田樂味噌*（白味噌、砂糖、酒、蛋黃、味醂、高湯、蛋白）
山椒嫩葉

*白味噌、砂糖、酒、蛋黃、味醂攪拌均勻而成。這裡再加入高湯和蛋白稀釋使其柔軟。

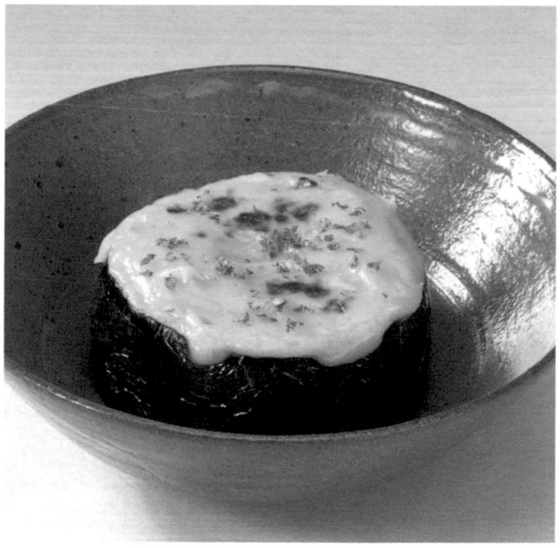

【田樂】

1 切除頭尾兩端，切成5cm等高。剝切去較高的部分使高度均一。

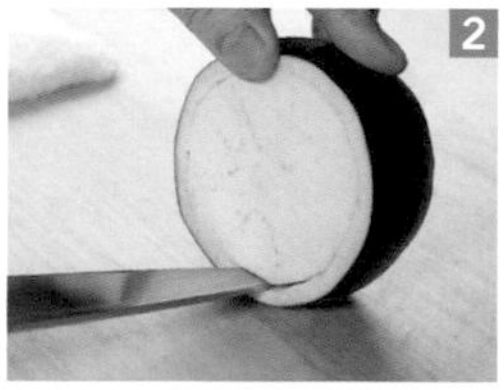

2 換成柳刃菜刀，用刀尖切入皮的內側較堅硬處，用左手旋轉茄子去切。

3 切出十字形讓茄子較容易炸透並較容易卸下果肉。

4 拿三至四支金屬串叉於正反面和側面戳洞，如此較容易炸透。

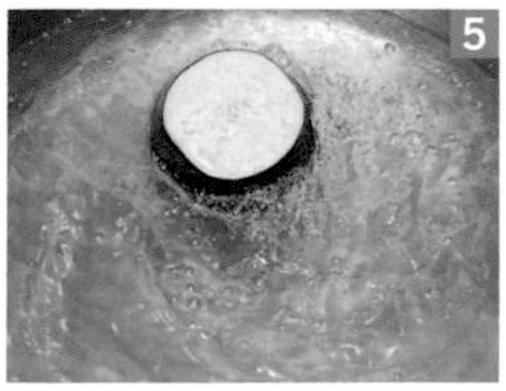

5 放入170°C的油中炸，慢慢提升油溫直到徹底炸熟為止。

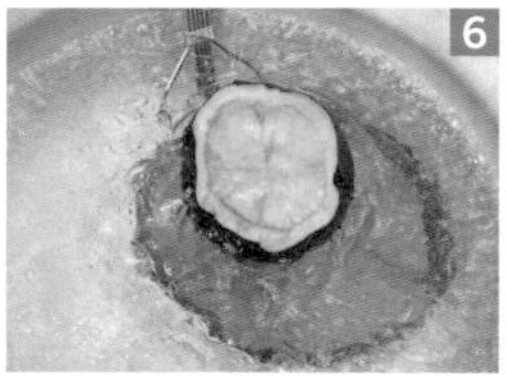

6 直接使用炸好的茄子會太油膩，因此先過一下熱水洗去多餘的油分後再擦乾水分。

7 塗上大量白田樂味噌。用烤箱烤出烤痕後灑上山椒嫩葉碎。

賀茂茄子翡翠煮

淋鯛魚味噌

運用茄子皮下的漂亮綠色做出的煮物稱為翡翠煮。
為了帶出更美麗的色澤，
所有的細節都必須要十分小心，
包括能薄削外皮的螺絲削皮[42]手法、加熱方法、去皮後的處理、調味等。
尤其是去皮時一定要邊處理防止變色邊削皮。

賀茂茄子
底（高湯、鹽、淡口醬油）

鯛魚味噌（鯛魚、紅味噌、砂糖、味醂）

1 製作翡翠煮。

2 製做鯛魚味噌。鯛魚上肉水煮後去除小骨、血合，再將魚肉弄散。

3 在鍋子裡混合紅味噌、砂糖、味醂，加入2後開火，花時間慢慢攪拌煮勻。

4 翡翠煮切成方便食用的大小再淋上鯛魚味噌。

42 見步驟2。類似螺絲切削的方式，一邊旋轉蔬菜本體一邊削去細細一條薄皮的削法。
43 綠頭鴨。

【翡翠煮】

賀茂茄子切除頭尾兩端。若使用長茄時只要切除蒂頭。

菜刀抵住橫切面，一邊將茄子朝左旋轉，一邊將菜刀朝向手邊方向拉，削去薄薄一層皮。

因為茄子容易變黑，削皮要不時浸泡一下鹽水防止變色。

擦乾水分後繼續螺絲削皮。

削去薄薄的外皮。菜刀沾染到雜質會變髒故一邊削一邊要用濕毛巾等擦拭乾淨。

使用螺絲削皮法剝去薄薄一層外皮的賀茂茄子。

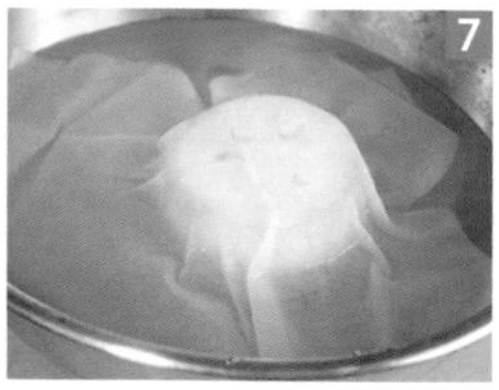

為了防止變色將茄子浸泡於明礬水中一段時間。蓋上紙蓋隔絕空氣接觸。

茄子水煮後泡至水中，再用底快速煮滾後整鍋冷卻防止變色。

賀茂茄子釜

海膽　蝦　鴨肉丸　銀杏

吉野葛芡　灑柚子皮

茄子釜炸過後盛入蒸海膽、鴨丸、蝦、銀杏等食材，淋上吉野葛芡後灑上磨好的柚子皮。

賀茂茄子、炸油

海膽、蝦

鴨肉丸（鴨[43]、鹽、味噌、砂糖、生薑汁）

昆布高湯

銀杏

吉野葛芡（高湯、鹽、淡口醬油、味醂少許、葛粉）

柚子皮

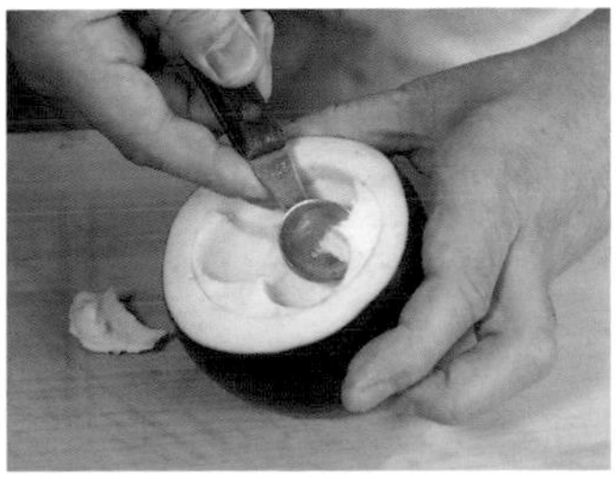

1 賀茂茄子切除頭尾兩端。茄子內側用圓形切模壓出約2 cm深後用挖球器挖去果肉。底部削平。

2 於茄子背面劃出十字形切口。於外皮、挖好的果肉側、背面全體用串叉戳洞讓茄子更容易炸透。

3 用150°C偏低的油溫慢慢炸。剛剛挖出的果肉要要炸過。

4 淋上熱水去油。

5 準備餡料。海膽先稍微蒸過。

6 蝦子去除背腸，插成伸串快速煮過後去殼。

7 鴨肉做成絞肉，拌入鹽、味噌、砂糖，再擠入生薑汁做成鴨肉丸。加熱昆布高湯後下鴨肉丸，煮熟鴨肉丸。

8 銀杏去殼去皮後水煮，切除頭尾兩端。

9 將蒸海膽、蝦子、鴨肉丸、銀杏盛入賀茂茄子釜中。

10 製作吉野葛芡。將高湯、鹽、淡口醬油、味醂少許混合後加熱，再加入葛粉化開。

11 將吉野葛芡淋上9的茄子釜。再灑上磨好的柚子皮。

茄子

賀茂茄子／茄科茄屬

原產地為印度。於平安時代經由中國傳入日本。味道清淡且色澤美麗，是受到日本人喜愛的蔬菜。根據果實形狀可分為長茄、蛋形茄、圓茄、小茄子等。千兩茄子屬於中長茄，賀茂茄子則屬於圓茄的一種。

調理要點

◎茄子是容易變色的蔬菜，因此切開後立刻要泡水。雜質也容易沾附於菜刀上，因此一邊切要一邊擦拭菜刀。

【揚煮】茄子的深紫色色素為水溶性，煮太久會溶出，顏色會變得不好看。因此要先用油炸過做出一層油膜防止色素流失。用油炸不僅是為了防止變色，更是因為茄子和油十分對味，用油處理過後味道更有層次，也因此多會先炸過或炒過後再煮。可以冷的直接盛盤亦可以溫過再上菜。

【揚煮】

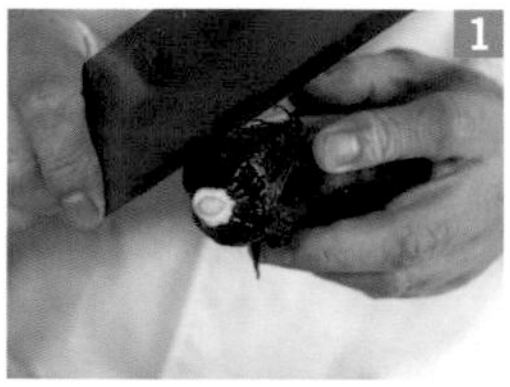
1 用菜刀劃一圈切除萼片。

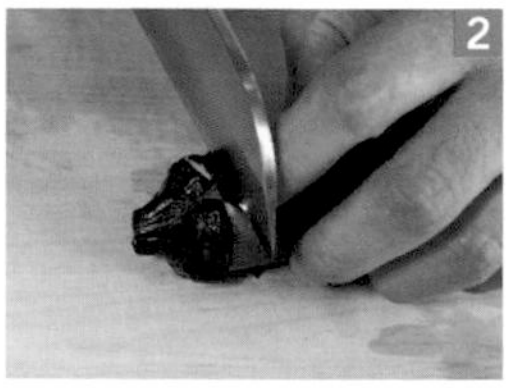
2 切除蒂頭。

3 縱切成一半，帶皮側朝上放置。

4 以數mm間隔細細斜切，反方向亦一樣斜切（切成鹿之子）。

5 分切成適當大小。因吃的時候也可以用筷子分切，故亦可維持切半的狀態。

6 將劃過刀的茄子泡至水中，用水洗去雜質。

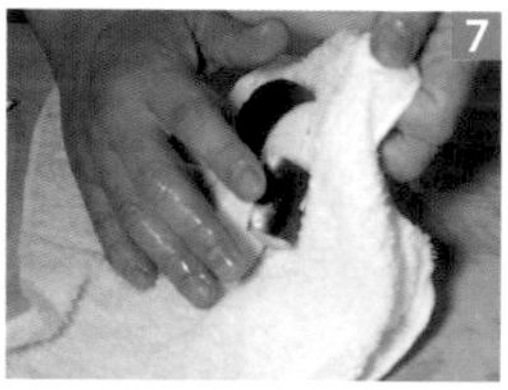
7 用毛巾等擦乾水分。

8 一開始就用高溫去炸容易焦，因此先將帶皮側朝下用中溫去炸再慢慢提升油溫。

9 泡至熱水中去油，上陸後擦乾水分。

10 高湯加入砂糖、味醂、濃口醬油調味後下茄子快速煮一下。小心不要煮碎。

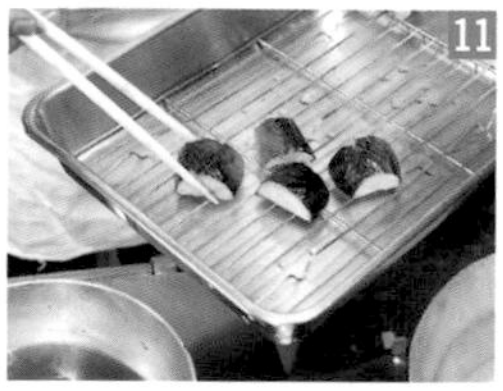
11 茄子上陸後用團扇大致搧涼後冷藏。

12 待煮過的底冷卻後再將茄子放回浸泡入味。

揚煮茄子

澤煮明蝦　豌豆莢

山椒嫩葉

將入味的茄子直接盛入清涼的玻璃器皿中。

揚煮茄子
明蝦、豌豆莢
高湯、鹽
淡口醬油、味醂、山椒嫩葉

1 將茄子揚煮。
2 明蝦去除背腸，帶殼放入高湯、酒、淡口醬油混合而成的底中快速煮過。
3 撈起蝦，將蝦和底分別冷卻，待蝦冷卻後剝殼，再度浸泡至底中。
4 豌豆莢去筋切絲，快速煮過後泡冷水，再浸泡於高湯、淡口醬油、味醂調成的底中。（↓44～45頁）
5 將茄子、蝦子和豌豆莢盛盤，放上山椒嫩葉。

炸餅粉裹鯛魚

茶筅茄子

青辣椒

於小茄子的表皮細細劃出刀痕後油炸，再稍微用手擰一下做成茶筅形狀後擺盤。

鯛魚
太白粉、蛋白、杏仁
小茄子
青辣椒
炸油

1 鯛魚切片裹上太白粉，沾取蛋白裹上搗碎的杏仁片。
2 用160°C的油去炸。
3 將小茄子切成茶筅狀油炸。
4 青辣椒用串叉戳出幾個小洞後一樣用油炸。
5 將鯛魚、小茄子、青辣椒擺盤。

茄子烏賊利久煮

茄子用油炸過後剝皮，
保留表皮內側呈綠色的部分，
再煮成芝麻風味。

長茄、炸油、烏賊、麻油
高湯、鹽、味醂、淡口醬油、芝麻醬

1 長茄去蒂後切半。擦乾水分用偏高的溫度油炸。
2 炸好後泡至水中迅速將皮剝掉。剝好立刻取出，為了防止茄子吸水，用保鮮膜包好後泡至冷水中讓中心部徹底冷卻。
3 烏賊去皮切出鹿之子後切成短籤片。
4 於平底鍋中鋪一層麻油，油煎烏賊表面。
5 用高湯、鹽、味醂少許、淡口醬油混合而成的底快速將烏賊和茄子煮一下上陸。
6 鍋裡的煮汁加入芝麻醬混合，再加入味醂充分拌勻。
7 將6煮滾後加入5的茄子和烏賊快速煮過後上菜。

防風

防風／繖形科濱防風屬

自生於海邊的濱防風嫩芽。市面上可見的是栽培品種，莖呈紫紅色。調理時要注意維持莖部的顏色，可用於生魚片的配菜和涼拌。

【錨防風】割開莖部後莖會捲起，將莖做成像海錨的形狀。可做為生魚片之妻。

【醋取防風】為了維持莖紅葉綠的狀態要分別處理。莖部泡醋可以讓成色更加鮮豔。

錨防風

【錨防風】

取5cm莖其餘切除。用較長的縫衣針自莖部溝槽正中央刺入，從葉子下面約2cm處筆直下拉將莖部分開。左手食指可抵在莖部下方穩定莖部。

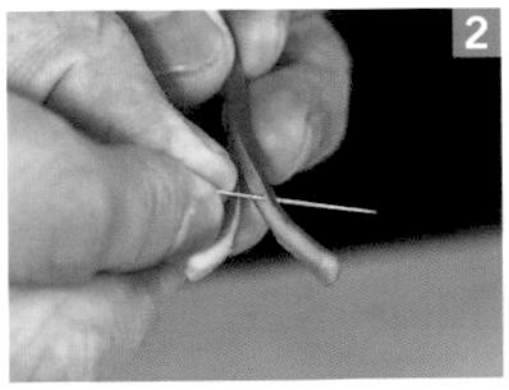

將割開的莖部再繼續分成兩半，分成四等份。

浸泡於水中一會後莖部會蜷縮捲起。

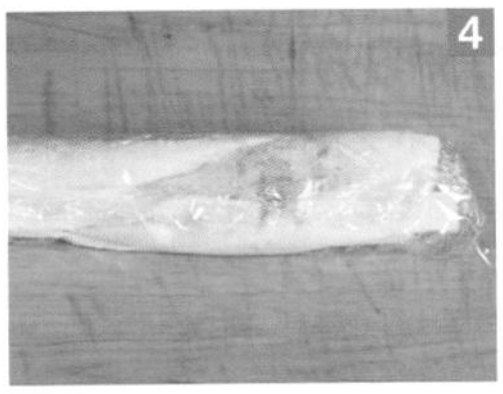

若要保存到隔天再使用，不要將水分擦乾，直接用廚房紙巾和保鮮膜包起。

亦可將2放至玻璃瓶中冷藏保存。

【醋取防風】

加鹽的熱水煮至沸騰後抓著防風的葉子只讓莖部先下水煮。

將葉子也快速燙一下增艷。立刻泡至冷水中定色。

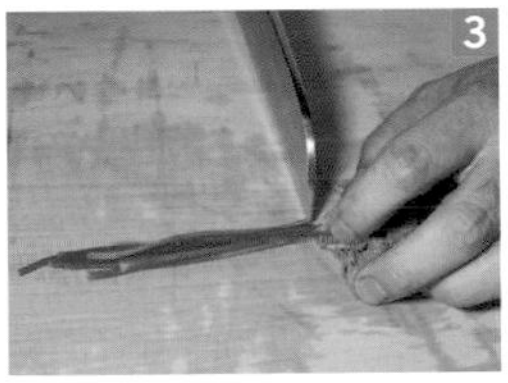

瀝乾水分，分離莖部和葉子。

莖部浸泡於甘醋中。葉子浸泡於冷水中防止變色，上菜前再過一下甘醋。

山椒籽

山椒籽／芸香科花椒屬

春天的嫩芽是山椒嫩葉，初夏的小花為山椒花，山椒花結實後便成山椒籽。山椒籽的麻辣味可增強風味，用來做成吸口或者漬物。

【佃煮】山椒籽用醬油調味像佃煮一樣煮至收乾稱作有馬煮。據說是因為過去兵庫縣的有馬為山椒的著名產地故名。具有強烈刺激的風味，要重覆水煮後泡水的步驟數次才能緩和辛辣味。用大量的熱水去煮，讓鍋內一直保持對流。藉由重覆數次預先水煮後泡至水中適度去除辛辣味的作業可防止腐壞，並讓山椒籽更容易入味。此外若為了提升保存性，可加入少許的醋。若立刻就會用完，亦可使用高湯。

佃煮山椒籽

【佃煮】

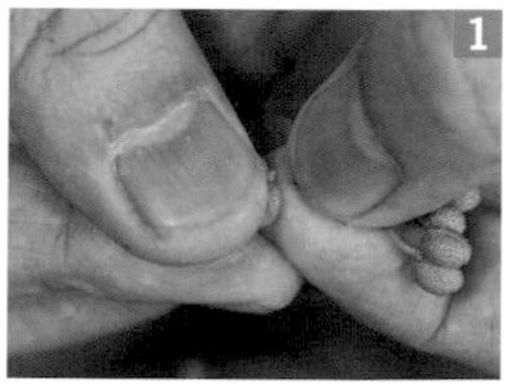

1 壓住梗子連接果實的最底端，用指甲摘去梗子。

2 將山椒籽放入大量水中，邊煮邊撈除雜質，不要煮滾，維持鍋內的對流煮一小時。

3 煮好後用細小的流水沖一小時，用竹簾蓋住鍋子避免山椒籽被沖走。

4 重覆2-3步驟三至四次後用篩網撈起，蒸約兩分鐘去除水分。

5 用團扇搧加速水分揮發。

6 移至鍋中，加入底*不要完全淹過山椒籽，用小火慢燉。

7 煮到水分收乾（NITSUME）。

*混合酒、濃口醬油、溜醬油、砂糖少許而成。

● 鰻魚有馬煮

鰻魚加入佃煮山椒（有馬煮）燉煮，增添香麻的風味。
可用於搭配漬物或者茶泡飯。

【鰻魚有馬煮】

將白烤鰻魚切成適當大小，魚肉朝上於鋪有竹皮的鍋內排好。

壓下鍋蓋再壓上較輕的重石（加水的瓶子），以酒3水7的比例白煮兩小時。

加入少許砂糖、濃口醬油、溜醬油、味醂調味。

準備佃煮山椒籽，將其中約三分之一用出刃菜刀剁碎。

煮鰻魚煮到一半加入4的山椒籽。

壓下鍋蓋去慢燉，感覺要將鰻魚煮出的味道再度煮進鰻魚裡。

待底開始變少，一邊舀起剩下的底淋上鰻魚一邊煮至收乾（NITSUME）。太久香氣會揮發掉故時間要短。

蘘荷

蘘荷／薑科蘘荷屬

日本特有的香味蔬菜。圓形者稱為蘘荷花或蘘荷子，為夏季至秋季時自葉的根部抽出的白花。棒狀者稱為蘘荷竹，為軟化栽培的嫩莖。特色為清爽的風味。

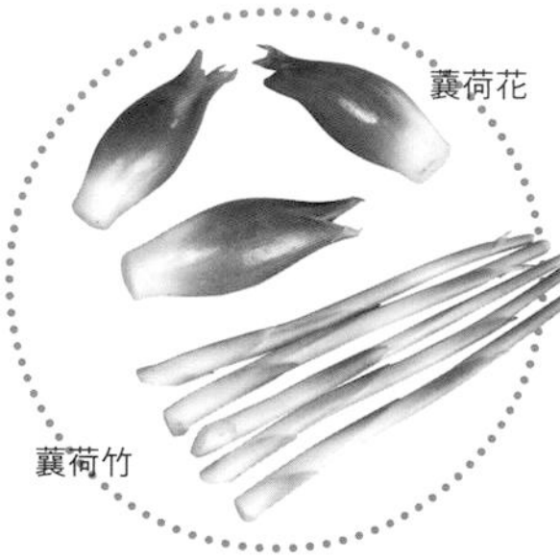

【切斜片】蘘荷紅色部分（鱗片）的邊緣較堅硬且已經變色，先用菜刀切除。再將蘘荷竹連續斜切成斜片。可做為生魚片之妻或者用甘醋拌過搭配燒烤食用。

【纏】蘘荷竹切成約5cm長，將三分之二長度細細拉切成流蘇狀[44]。泡水時，先浸泡最前端晃動一下，待前端打開再浸泡剩下的部分，如此可以讓形狀更為美觀。兩頭都劃出切口的纏的處理方法亦同。

【纖切（切細絲）】使用蘘荷花，切除蒂頭等堅硬的部分，再剝成一瓣一瓣。重疊數瓣再切成細絲。可用來做生魚片的劍或者沙拉、涼拌菜。

【末廣】使用蘘荷花，先切半，再於蘘荷花的尖端拉切出切口。浸泡於甘醋中泡軟後展開成末廣形（扇形）。可搭

【切斜片】

1 於蘘荷竹堅硬的邊緣劃刀。

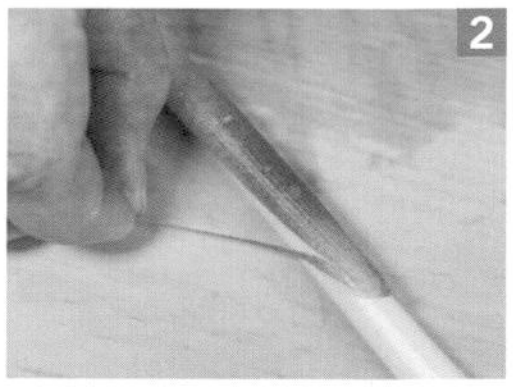
2 去除堅硬部分。

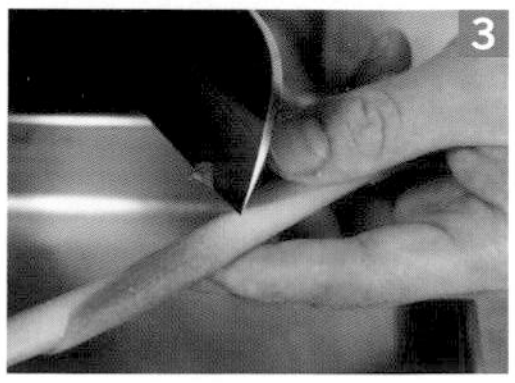
3 切除尖端。

【纏】

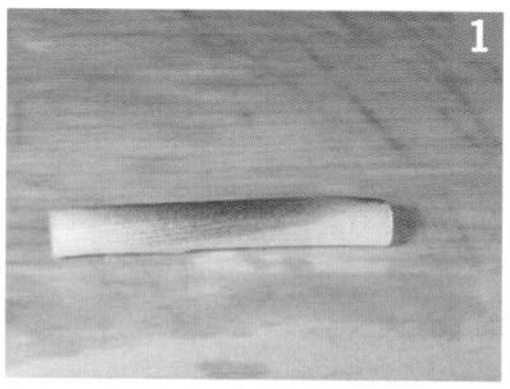
1 蘘荷竹切成5cm長（蘘荷棒）。

2 於三分之二處細細垂直拉切，保留另一端不要完全切斷。

3 只將前端泡入冷水中，晃動一下便會捲起展開。

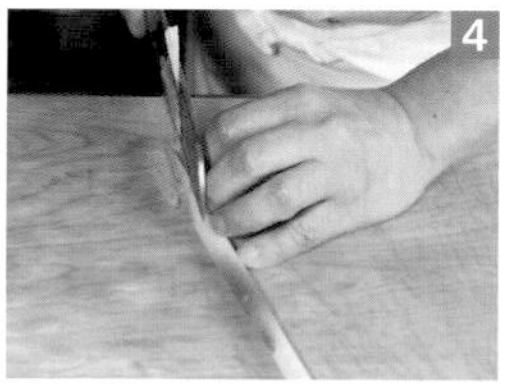
4 連續斜切。

5 泡至水中，要用時瀝乾水分。

【纖切】

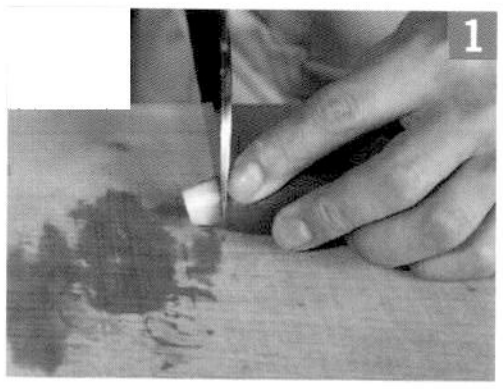
1 切除蘘荷花的蒂頭。

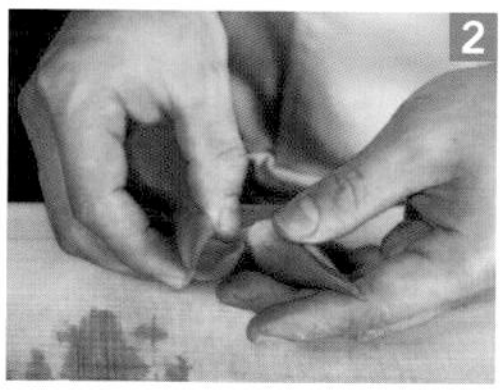
2 將鱗片一瓣一瓣剝除。

3 重疊三至四瓣鱗片。

配燒烤和煮物等料理。

44 日文原文為吹き流し，為日式的風幡。

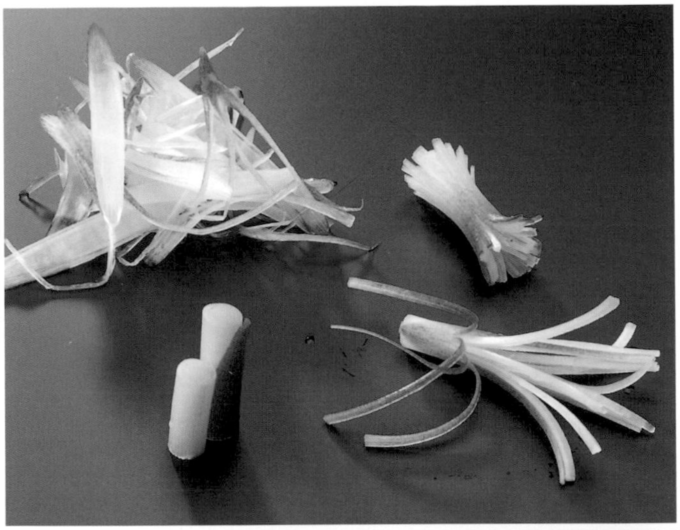

（照片上）蘘荷斜片、蘘荷棒、兩種纏蘘荷。
（照片下）各式切法。最左邊為纖切，最右邊為末廣。

切成細絲。

【末廣】

蘘荷花縱切成一半。

橫切面朝下放置，拉切出數條切口。

醋取蘘荷

稍微用鹽水煮過可使浸泡甘醋的蘘荷顏色更加鮮豔，口感也更佳。

蘘荷、鹽
甘醋
（水4～5、醋1、砂糖適量）

1 事先處理好的蘘荷分切後用鹽水煮約三十秒。

2 上陸。

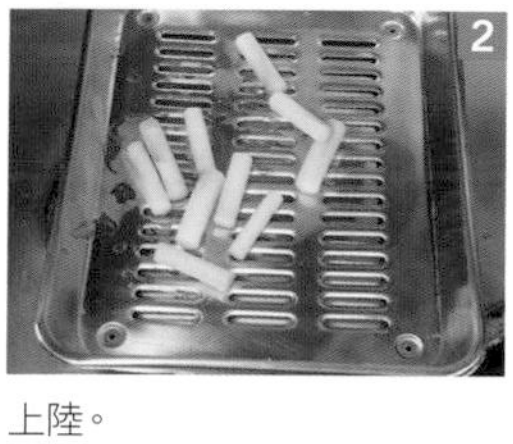

3 灑鹽，稍微放涼一下。

4 製作甘醋，將稍微放涼的蘘荷浸泡至醋中。

【秋】

芋莖

芋莖／里芋科里芋屬

一種澀味較少的里芋品種八頭或唐芋的葉柄。白色的為培土去軟化栽培出的白芋莖。綠色的是被稱為大野芋，專門栽培來取芋莖的品種，多乾燥做成芋柄後販賣。

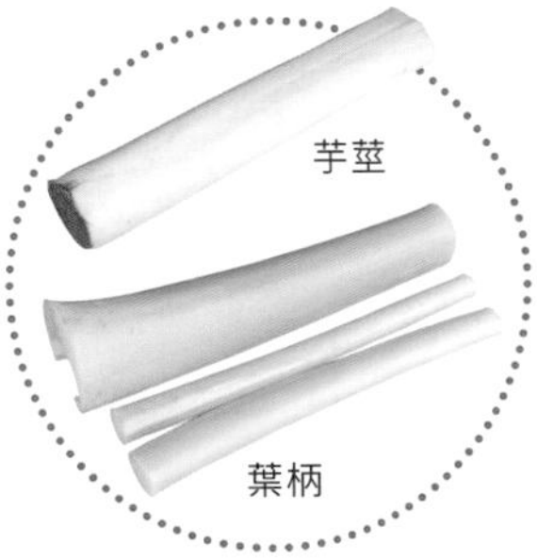

調理要點

◎選擇筆直粗壯者。

◎受傷的部分容易變色，因此要小心拿取。一邊擦拭菜刀一邊迅速做處理，切好後浸泡至醋水中防止變色。

◎仔細去皮和去筋。

◎本身的滋味十分清淡，因此必須讓外部調味確實滲透入味。九成皆為高湯的味道。

◎大野芋（青芋莖）較白芋莖更有咬勁，因此適合做成能活用其口感的料理。

【去苦味】芋莖雜質很多因此要加入白蘿蔔泥和鷹爪辣椒（紅辣椒）去水煮。為了不影響其獨特的口感，煮時要注意火候和熟度。大野芋的事先處理方法和白芋莖一樣，唯不能浸泡於醋水中否則會變色。

【去苦味】

於葉柄（捲起者）一片一片可剝開處切除根部。

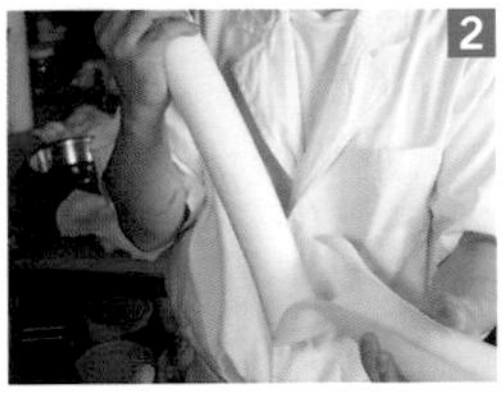

將葉柄一片一片剝除。

葉柄的內側多帶有泥土和髒汙，用流水仔細洗淨。

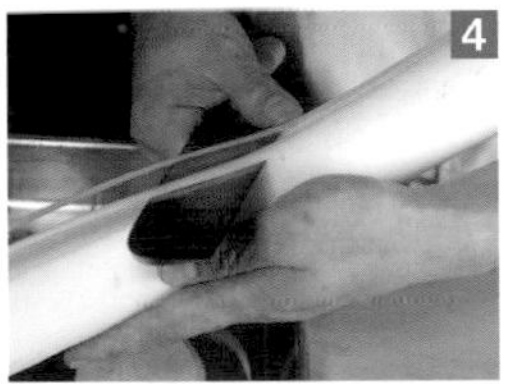

用菜刀沿著葉柄兩端較薄的部分切削。

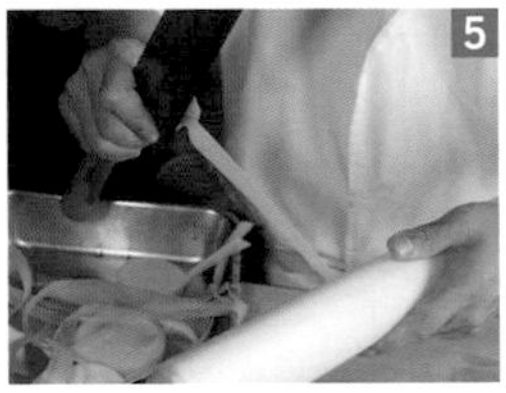

菜刀刀刃勾住一端朝手邊方向拉，剝去薄皮。另外一側也一樣將薄皮削乾淨。

殘留的筋也要仔細去除。

置於砧板上，將菜刀自手邊方向依需要的寬度拉切。

中央的芯部呈莖條狀，因此採剝切，削成和其餘相同的厚度。

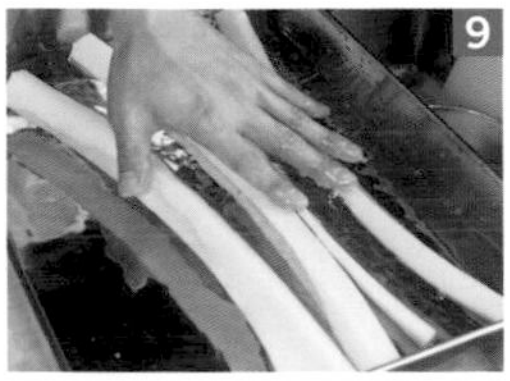

依序切下後浸泡至加了鹽的醋水中防止變色並讓其稍微變軟防止折斷。

煮物碗

紅斑[45] 梅肉
大野芋 山椒嫩葉

大野芋煮浸[46]後帶出清爽的綠色，再裝飾於白色的紅斑之上。

紅斑、鹽、葛粉、昆布高湯

大野芋、高湯、鹽、淡口醬油、吸物底、梅肉、山椒嫩葉

1 紅斑處理成上肉後行骨切處理，灑上薄鹽裹上葛粉。昆布高湯煮滾後下紅斑，讓魚肉展開。

2 大野芋清潔乾淨後切細。快速燙過後泡至水中，再浸泡於高湯、鹽、淡口醬油調成的底中。

3 將紅斑盛至碗裡，放上大野芋。倒入熱騰騰的吸物底，再放上梅肉和山椒嫩葉。

鍋裡加入大量的水，加入白蘿蔔泥和二至三根鷹爪辣椒。

沸騰後放入芋莖。

壓上鍋蓋快速煮一下。

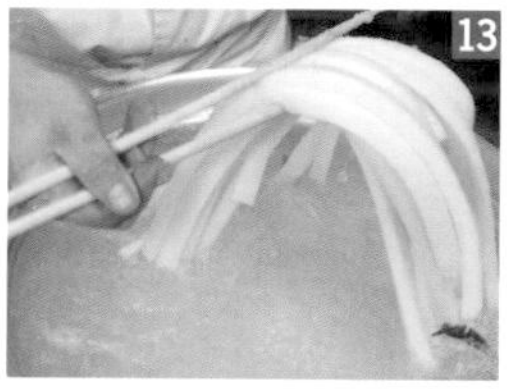

芋莖上陸後直接放涼。之後再用流水洗去白蘿蔔泥。

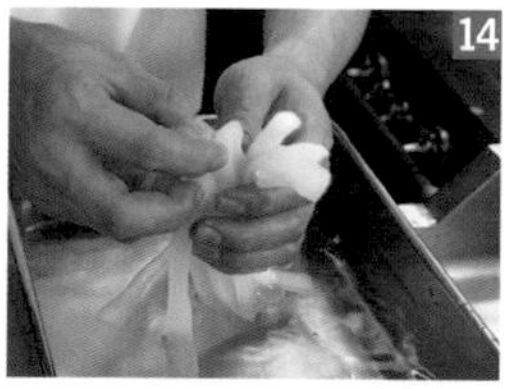

在水中根據需求調整成相同粗細，若太粗可切細。以5～6條為單位聚成一把。

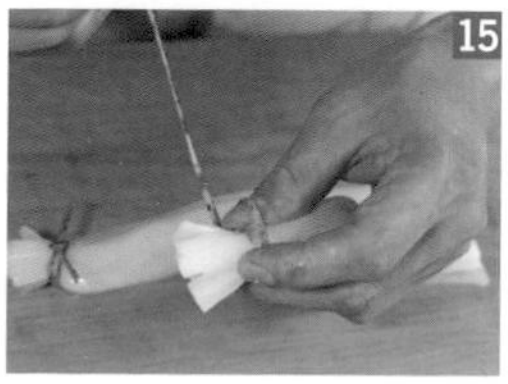

用毛巾擦乾水分，一端用竹皮綁起。為了擺盤漂亮，這是不可或缺的作業。

【含煮】去雜質後的芋莖用一番高湯、鹽、淡口醬油、少許味醂調成的底稍微含煮入味。若希望味道確實滲透入味時，可調製全新的底再放進去浸泡（二度浸）。含煮後的芋莖可擺盤做成炊合或者做成涼拌菜。

【含煮】

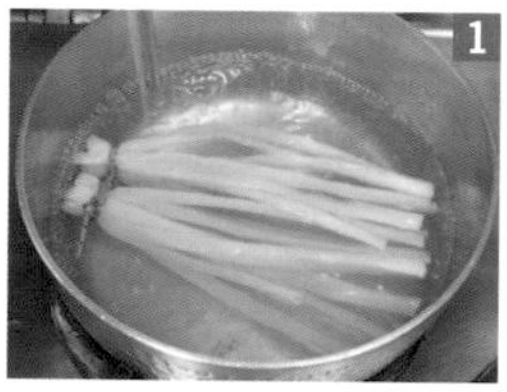

將芋莖用一番高湯、鹽、淡口醬油、少許味醂調成的底快速煮過保留本身口感。

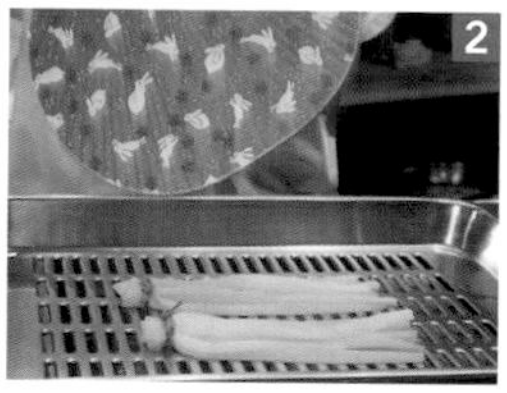

上陸後用團扇急速搧涼。這個步驟亦是為了不要讓餘熱繼續加熱芋莖。

和底分別冷卻後再將芋莖泡回底中使其滲透入味。

炊合冷盤

煮浸芋莖
蝦黃身煮　秋葵
灑柚子皮

將煮浸後入味的芋莖冷卻，再和蝦黃身煮與秋葵一起擺盤即成。

含煮芋莖
明蝦、麵粉、蛋黃
昆布高湯
秋葵
高湯、酒、味醂、淡口醬油
柚子皮

1 將芋莖含煮入味。
2 明蝦去頭去殼，去除背腸。裹上麵粉沾上打勻的蛋黃。
3 昆布高湯煮滾後放入2的蝦子將表面蛋黃加熱凝固。
4 用高湯混合五成的酒再加入味醂和淡口醬油調味的底將裹了蛋黃外衣的蝦子快速煮過。
5 秋葵清潔後水煮再泡水。擦乾水分，用高湯、淡口醬油、少許味醂做成的底快速煮過上陸。
6 秋葵和底分別冷卻後再將秋葵泡回底中使其入味。
7 將芋莖、明蝦、秋葵擺盤，再灑上磨好的柚子皮。

45 此處菜名的日文原文寫為茂魚，為關西地方的稱呼，中文正式名為赤點石斑魚，一般俗稱石斑、過魚或朱鱠。
46 日文原义為煮浸し，指將蔬菜或者魚用高湯煮過後直接放涼使其浸泡入味的料理手法。

里芋

里芋／里芋科

據說是繩文時代時傳入日本，歷史悠久的根莖類蔬菜。莖部肥大，植株中心的親芋會長出子芋，子芋又會衍生出孫芋。可分為食用親芋的品種，食用子芋及孫芋的品種，以及兩者皆可食用的品種。直接整顆使用的是被稱為「土垂」「石川子芋」等食用子芋和孫芋的品種。

調理要點

◎選擇帶土且褐色的絨毛濕潤者。

◎若有黏液殘留色澤會不好看且會影響味道，因此要用鹽和醋水仔細清除之。

◎因容易煮碎，要特別留意如先面取等刀工、火候上的環節。

【切六方[47]】為含煮小里芋時形狀優美的代表性削法。因削成六個側面故名。關鍵在於切齊高度且要一口氣切出稜角。若是新鮮的小里芋用乾的布就可搓去外皮。若要使用整顆料理時這個方法較快。

切六方

【切六方】

用鬃刷刷洗去泥土後擦乾水分。切除兩端（頭尾）。

用菜刀剝切，使上下兩端平行，高度均一。剝切後的光澤也會更漂亮。

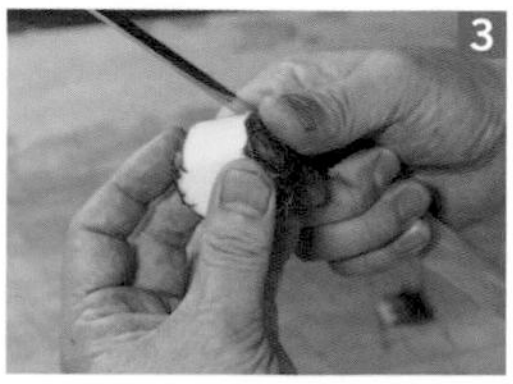

算好六分之一的寬度沿著膨起的部分一口氣切削。接著切削相對的那一面，兩面的形狀便會一致。

削好後立刻泡至醋水中，可防止變色維持成品色澤潔白。

削完後灑上鹽和醋，用手去搓揉去除黏液。

用流水沖去黏液、鹽、醋。

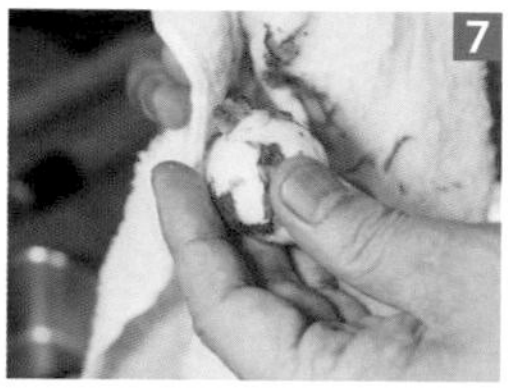

小里芋若很新鮮，可以用乾布搓去外皮。

含煮小里芋

灑柚子皮

將高湯滲透至小里芋中入味，並煮成潔白鬆軟的手法。盡量不要染到醬油色，只憑高湯和鹽去調味。煮至柔軟後容易碎裂因此要用兩手輕輕拿取。

【含煮】

1 為了將小里芋煮至潔白，放入洗米水中壓下鍋蓋去煮。

2 用竹籤確認熟度。煮到竹籤可輕易戳穿的軟度。

3 為了去除洗米水的米糠味，泡在不強的流水中慢慢洗。

4 再度放入純水裡快速煮過。此步驟稱為清湯[48] 或者換湯。

5 準備煮汁。一番高湯中加入鹽和少許砂糖。放入預先煮過的小里芋。

6 用中火到小火去煮，煮的過程中滴入少許淡口醬油。

7 避免讓小里芋在鍋內滾動，控制火候不要沸騰的慢慢煮，煮好後關火直接放涼。

47 將蔬菜（主要是里芋和慈姑等）的根莖部修整成膨起的六角柱形。

48 日文中湯指熱水。

石垣子芋

海膽風味

將切成滾刀塊或者切六方後的小里芋含煮入味。魚漿拌入海膽泥後加入含煮小里芋去蒸。因切面的形狀類似石垣（城牆）故被稱為石垣小里芋。

含煮小里芋
海膽泥、魚漿
淡口醬油、味醂

1 小里芋去皮切滾刀塊再去含煮。
2 海膽泥和魚漿攪拌後加入少許淡口醬油和味醂調味，製作海膽風味的魚漿。
3 將2的魚漿鋪在模具中，再拌入含煮小里芋。小里芋對魚漿的比例為七比三。讓小里芋平均分散在模具中。
4 放入蒸具蒸二十至三十分鐘。
5 分切成方便食用大小的正方形後擺盤。

五色香煎裹小里芋

黑芝麻　明太子

罌粟籽　炒蛋鬆　青海苔

帶皮小里芋蒸過後去皮再裹上各種口味香煎的一道料理。這道料理的趣味就在於看不到裡面的里芋，只看到繽紛的色彩。

蒸帶皮小里芋、明太子
黑芝麻、罌粟籽、炒蛋鬆、青海苔

1 明太子烤過後弄散，炒成鬆散狀。

2 黑芝麻炒過後磨成約一半大小。罌粟籽先炒過。

3 炒蛋鬆的做法為將蛋黃拌到凝固，過篩網磨細兩次左右再隔水加熱去炒。

4 青海苔稍微烤過後用研缽研磨成鬆散狀。用羽二重篩網過篩。

5 將蒸帶皮小里芋去皮，裹上1～4後擺盤。

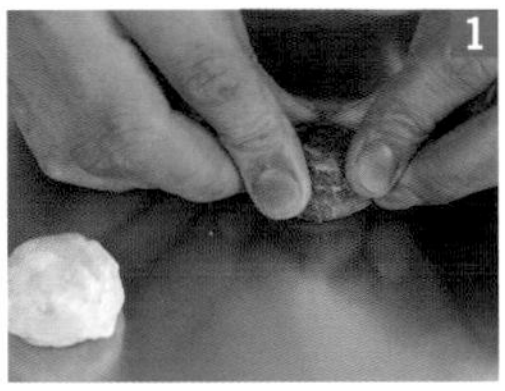

剝去蒸帶皮小里芋的外皮。

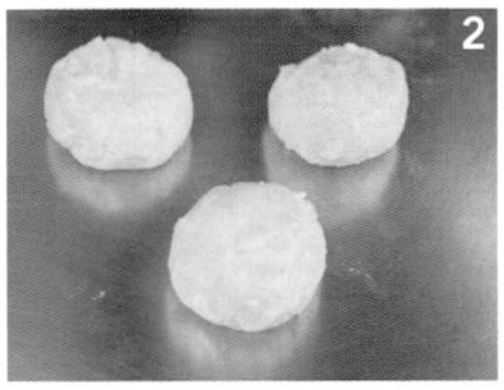

去皮後的小里芋。

裹上香煎。照片裡為明太子香煎。

蒸帶皮小里芋

皮只要輕捏就可剝除。外皮象徵外衣，日文稱「披衣」，由來為古代的女性會披著外衣遮掩顏面故名。芋明月[49]時會用三方[50]盛裝。

小里芋
鹽

1 將原本連著親芋那側切去一些。

2 用蒸具蒸熟。

3 蒸好後灑鹽。

49 日本陰曆八月十五日的別稱，即中秋節。

50 神道教裡盛放供品的木台。

馬鈴薯

馬鈴薯／茄科茄屬

作物學稱馬鈴薯，俗稱洋芋。可分成男爵和五月皇后兩大主流品種。男爵馬鈴薯形狀偏圓，質地鬆軟，為粉質的馬鈴薯，適合做成馬鈴薯泥或者沙拉。五月皇后形狀為長形，質地細緻不容易煮碎，適合燉煮料理或者拿去炒。照片為男爵馬鈴薯。

調理要點

◎芽眼含有有毒物質茄鹼，因此要仔細去除芽眼。若變成紫色要特別小心。

◎切面接觸到空氣容易褐變。因此切後要立刻泡至水中。

【去皮】切成酒桶形狀可節省時間且方便之後做各種不同的運用。五月皇后的處理方式亦同。

【壓模】馬鈴薯、地瓜、南瓜等肉質都很細緻，很適合壓出各式各樣的形狀去炸成仙貝。

【上色】將壓出形狀的馬鈴薯著上秋天的色彩。為了讓成品更美觀看起來更自然，必須在色彩的配方上下功夫。此外色粉要按說明書的指示用水化開。

【去皮】

以較長的兩端做為頭尾，切去頭尾兩端。

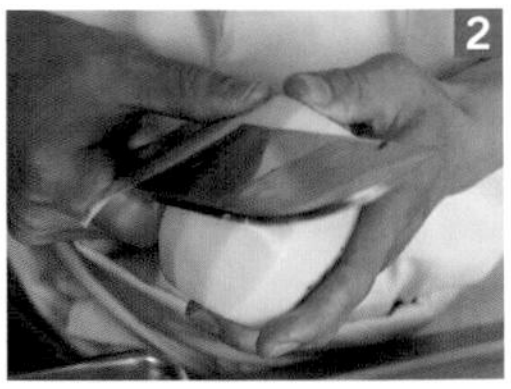

左手拿著馬鈴薯夾住頭尾兩端，自右朝向左端一口氣削去外皮。

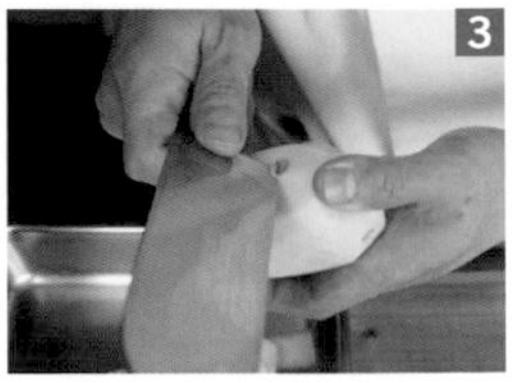

用菜刀的刃根剜去芽眼。去皮、知道洞的深度後再切除芽眼。

【壓模】

紅葉與櫻花

切去頭尾再切成寬3cm左右的片。

用壓模（紅葉）抵住馬鈴薯的橫切面，垂直自上向下壓切。

將朝上的面切成水平後，以1mm厚度去剝切。

將剝切好的馬鈴薯片泡至流水中。用流水洗去澱粉後擦乾水分再油炸。

【上色】

用水泡開色粉。為確保不要讓其他食材染到色，將裝色水的碗置於調理盤裡。

用黃色加入少量綠色混色。比起使用單色，如此調出的色彩將會更柔和更有層次。

將洗去澱粉擦乾的馬鈴薯片一片一片放入碗中不要重疊，浸泡一小時。

炸鯛魚

青辣椒　櫻花

鯛魚、鹽、太白粉
炸油
青辣椒
櫻花馬鈴薯

1 將鯛魚上肉切片。抹薄鹽裹上太白粉。
2 用170～180℃的油去炸。
3 青辣椒去蒂去籽後油炸。
4 將鯛魚和青辣椒盛盤，灑上做成櫻花形狀的馬鈴薯片。

將用同樣方法染成黃色的馬鈴薯撈起，鋪在廚房紙巾上。

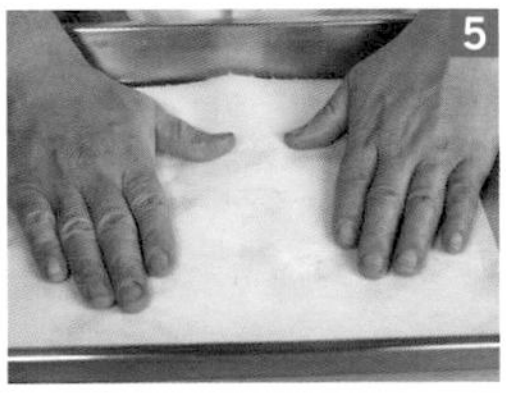

待色彩稍微滲透表面變乾後，用廚房紙巾自上方輕壓吸去多餘水分。

一部分塗成紅色。

放入160～170°C的油中，炸乾水分。

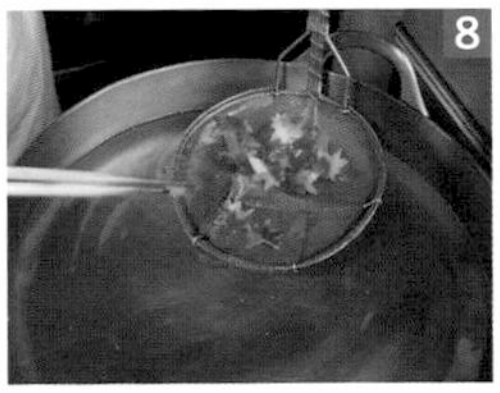

待油溫上升表面開始冒泡後就撈起。只要一下子就會炸焦因此要注意時機。

海膽比目魚捲
裹黑芝麻
紅葉

錦秋。
為山野增添華麗色彩的紅葉與楓葉。
至少在一道料理上靠細膩的功夫捕捉到器皿中之秋。
表現手法的技藝。

海膽、比目魚、鹽
蛋白、黑芝麻
炸油
紅葉馬鈴薯

---

1 比目魚上肉做成剝造裹上薄鹽。
2 用比目魚捲起海膽。
3 沾取打勻的蛋白裹上黑芝麻。
4 用170～180°C的油去炸。
5 將比目魚捲盛盤，灑上做成紅葉的馬鈴薯片。

屯田餅

炸油目　鴨兒芹莖
鱉甲芡　和芥末

將馬鈴薯磨成泥，
扭成茶巾狀後油炸。
馬鈴薯的主要產地為北海道，
故名為屯田餅。

馬鈴薯、鹽、淡口醬油
油目（大瀧六線魚）、鹽、炸油
鱉甲芡（高湯、鹽、味醂、濃口醬油、葛粉）
鴨兒芹莖、和芥末

1 馬鈴薯去皮，用細網眼的磨泥器磨成泥，用布過濾後擰乾。
2 擰出的水直接靜置二十分鐘讓澱粉沉澱。捨去上澄液只保留澱粉。
3 將澱粉和擰過的馬鈴薯拌勻。若太硬可以加點水。
4 移至鍋子裡，用鹽和淡口醬油調味，開火加熱攪拌直到煮出透明感為止。
5 於茶碗裡鋪上保鮮膜，放上4扭成茶巾狀再泡至冰水中使之冷卻凝固。
6 凝固後取下保鮮膜用油炸。
7 油目處理成上肉，二枚落（第一刀不切斷第二刀再切斷）後裹鹽油炸。
8 混合高湯、鹽、味醂、濃口醬油後加熱，勾入葛粉做成鱉甲芡。
9 將屯田餅和油目盛盤，淋上鱉甲芡，放上鴨兒芹莖和和芥末。

栗子

栗子／山毛櫸科栗屬

除了沖繩外全國均有栽種。丹波栗子並非特定的品種名，是因為丹波和鄰近的攝津地方所栽培的栗子較大顆而成為大顆粒子的代名詞。大粒種的代表為銀寄。收成時期較晚的晚生種一般來說澀皮較厚，果肉也較紮實。

調理要點

◎栗子的形狀、鮮度、糖分等品質會大大影響蜜煮、澀皮煮的成品狀況。應選用色澤較深，具有光澤，果實飽滿重量沉甸者。

◎剝皮之前可先泡水一晚，會比較好剝。

【去皮】 剝鬼皮（外殼）之前可先泡水一晚，皮會比較好剝。剝鬼皮時使用的是出刃菜刀。注意削時不要傷到手或者栗子，切面要平滑，稜角要分明。

【旨煮】 使用梔子將栗子著色成更鮮豔的山吹色[51]。由於梔子帶苦味，故著色後要確實泡水洗淨，如此顏色也會看起來比較自

去皮後的栗子。

【去皮】

1 用出刃菜刀的刃根淺淺於底部平坦部分（座）的邊緣切入。

2 刃根勾住切口，用大拇指將鬼皮壓在菜刀上拉起，剝去鬼皮。

3 插入千枚通錐將殘留的底座剝離。

4 薄切底座將底部切平。因為一次切太厚栗子可能會裂開，故要分數次薄切。

5 自鼓起的側面開始削澀皮（內側薄膜）。將側面削成五個面。

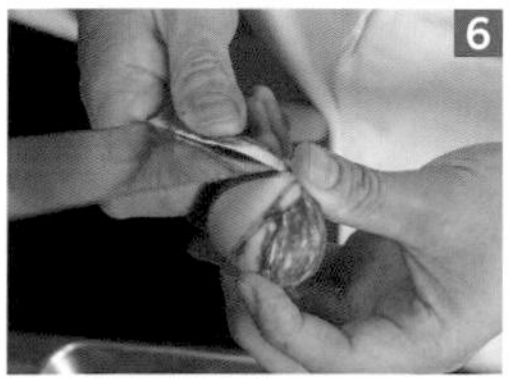

6 沿著鼓起的側面自切平的底座端朝向尖端一口氣削下澀皮。

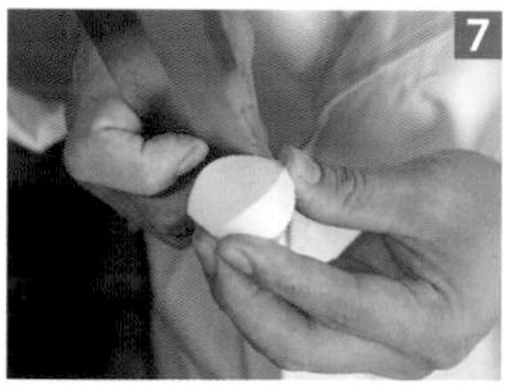

7 將平坦的側面削成一個面。

【旨煮】

1 為了將栗子染成山吹色，準備好梔子。

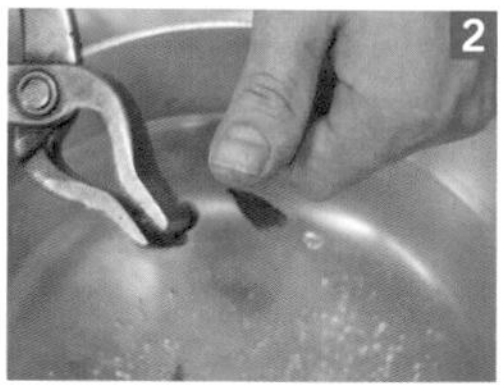

2 加熱水1.8L，捏碎3～4顆梔子加入水中。

3 煮約十至二十分鐘煮出顏色。

然。不過要注意泡太久栗子原本的風味可能會流失。製作栗子的代表性料理蜜煮時也一樣要先預煮後再去蜜煮。

※含煮時蓋上紙蓋，煮時底會揮發變少，便一邊補高湯再加調味去含煮入味。

※用大火煮栗子容易裂開。

【澀皮煮】帶著澀皮直接做成蜜煮，是栗子料理的代表。將栗子肉煮成鬆軟綿密只靠一層薄薄澀皮維持形狀的感覺。

51 山吹即棣棠花，山吹色指如棣棠花般帶點紅色的黃色。

4 用布過濾掉梔子，加入去皮的栗子煮至上色。

5 沸騰後轉小火煮三十分鐘，將栗子煮成比預計的成色更濃的黃色。

6 泡至流水中約三十分鐘去除梔子的苦味，過程會洗去一點顏色讓栗子的色彩更自然。

7 用布或者廚房紙巾擦乾水分。

8 將栗子排列在調理盤上，用噴槍烤出烤痕。

9 栗子放入有淡淡調味的底中加熱，不要煮滾慢慢煮約一小時左右含煮入味。

【澀皮煮】

1 菜刀切入底座的邊緣後拉起，剝下鬼皮，小心不要破壞澀皮。底座也一樣。

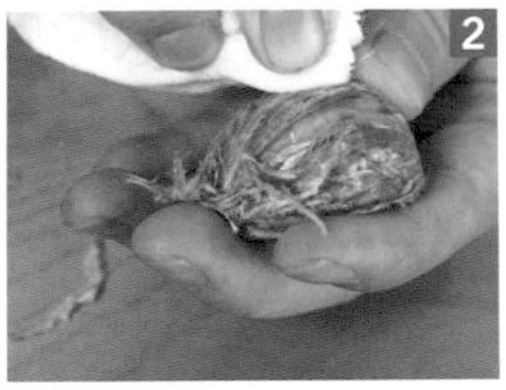
2 用布搓去白色的筋和殘餘的鬼皮。

3 加入約1小匙鹽和小蘇打粉。

4 將鹽和小蘇打粉裹上栗子全體，可以去掉澀味和雜質。

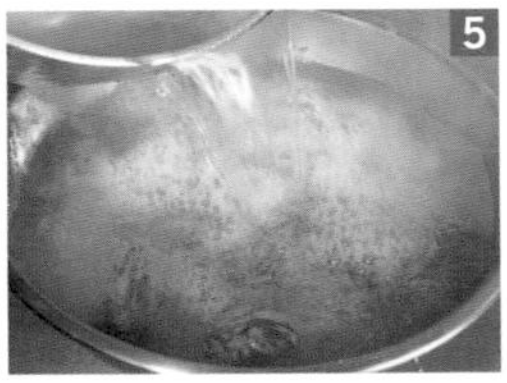
5 栗子放入碗內澆上熱水。

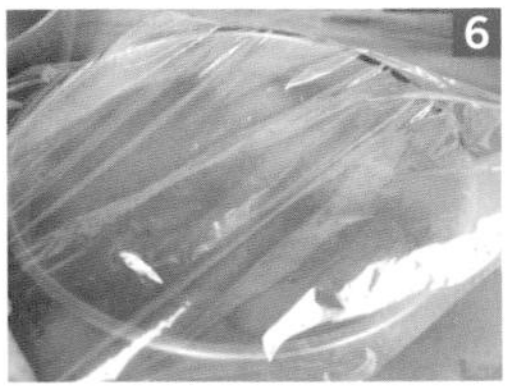
6 覆上保鮮膜。

7 在保鮮膜上再覆上一層鋁箔紙使碗密封保溫，放置使它自然冷卻。

8 靜置一晚，澀味和雜質會被溶出，水變成褐色。若澀味很重可重覆步驟3～8數次。

9 殘留的筋會浮出，用竹籤連同殘留的薄皮也一同挑去。

10 清潔乾淨的栗子。

再用一鍋全新的水煮去小蘇打和澀味。若顏色混濁，則泡水泡到變清澄為止。

擦乾水分，用中蜜（→123頁）去煮。

蓋上紙蓋，煮至收乾（NITSUME）約一成的糖水後關火，整鍋放涼。

【栗子仙貝】

剝去鬼皮，削去澀皮時盡量削薄。

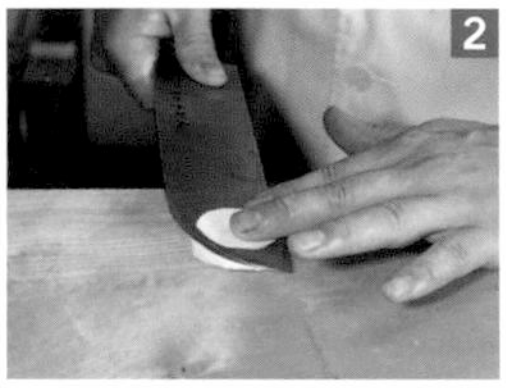

剝切時以平坦的側面做為平片去削較穩定。厚度約2mm。

泡至流水中洗去澱粉。充分洗去澱粉可發揮栗子的甜味。

用布包起確實吸去水分。

排列於木台[52] 上晾乾表面。充分去除水分炸起來會更酥脆。

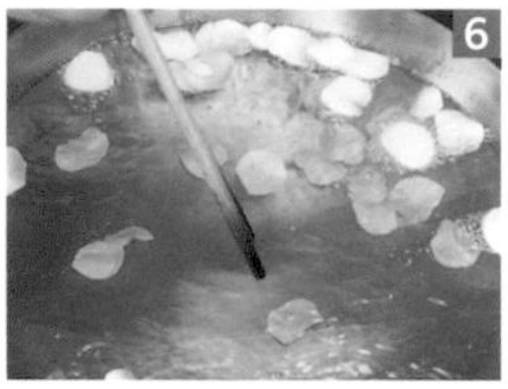

放入約160°C低溫的油中去炸，再提升油溫至180°C。

待氣泡消失栗子片開始下沉就用撈網撈起。若炸過頭餘熱會使栗子片焦掉。

將天婦羅的鋪紙（天紙）剪成短籤狀拌入栗子片中讓紙吸去多餘的油分。

52 抜き板，日式調理器具的一種，長得很像壽司台，即木板下有腳墊高。用來暫時放置處理中的食材，也可於調理過程中使用。

栗子仙貝

將剝去鬼皮和澀皮的栗子薄薄剝削後素炸。
用流水洗去雜質並充分乾燥，
可將栗子炸得酥酥脆脆，
要小心不要炸過頭否則餘熱會讓栗子片焦掉。

栗子
炸油

旨煮烤栗子佐澀皮煮栗子

旨煮烤栗子和澀皮煮栗子的拼盤。
製作蜜煮栗子時不要烤出烤痕，用中蜜含煮入味。
另外在冷卻的糖水裡再加入 200 ~ 300 g 的砂糖去含煮，
可讓澀皮煮甜度更高。

旨煮烤栗子
栗子、水1.8L、梔子花果實3~4個
底（高湯、淡口醬油、味醂、鹽）
澀皮煮栗子
栗子、小蘇打粉、鹽、中蜜（水1.8L、砂糖600g）

蓮藕

蓮藕／蓮科蓮屬

夏天池塘中開花的荷花的地下莖。可分成褐色細長的在來種，以及明治初期傳入現在為主流形狀飽滿的中國種。在來種具有黏性，適合磨成泥做成丸子或者蒸物。中國種咬勁清脆適合做成醋漬或者炸物。產季為晚秋至冬天，但新蓮藕則從五月開始上市。

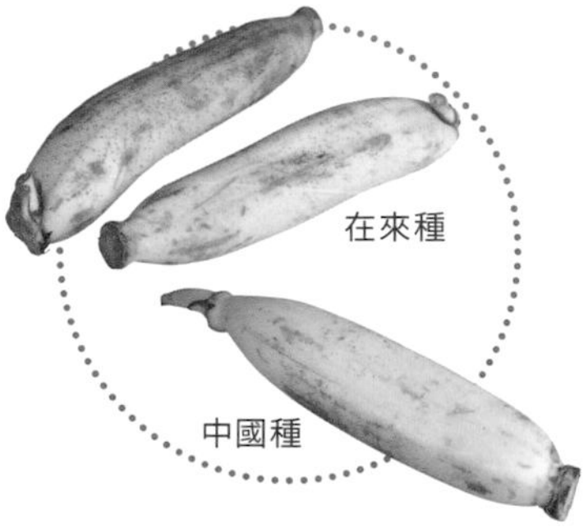

調理要點

◎根據料理用途去選用在來種或中國種。蓮藕很容易變色因此處理時要一邊擦拭菜刀邊切，切好後立刻泡至醋水中。但若浸泡太久會影響風味，應控制在三十分鐘上下。

◎若希望做出爽脆的口感，則要注意火候熟度。

【花蓮藕】沿著蓮藕中空的孔洞外緣去皮便可切出花形。可做成煮物或者浸泡於甘醋中搭配燒烤。

【雪輪蓮藕．矢車蓮藕】切去邊緣時，削至蓮藕的中空孔洞處即可做出雪輪或者矢車[53]的形狀。可浸泡於甘醋中搭配燒烤。

【蛇籠蓮藕】放在河床或者堰堤用來預防洪水，內裝有石頭，編成圓筒形的竹籠稱為蛇籠。蛇籠蓮藕即模仿此形狀

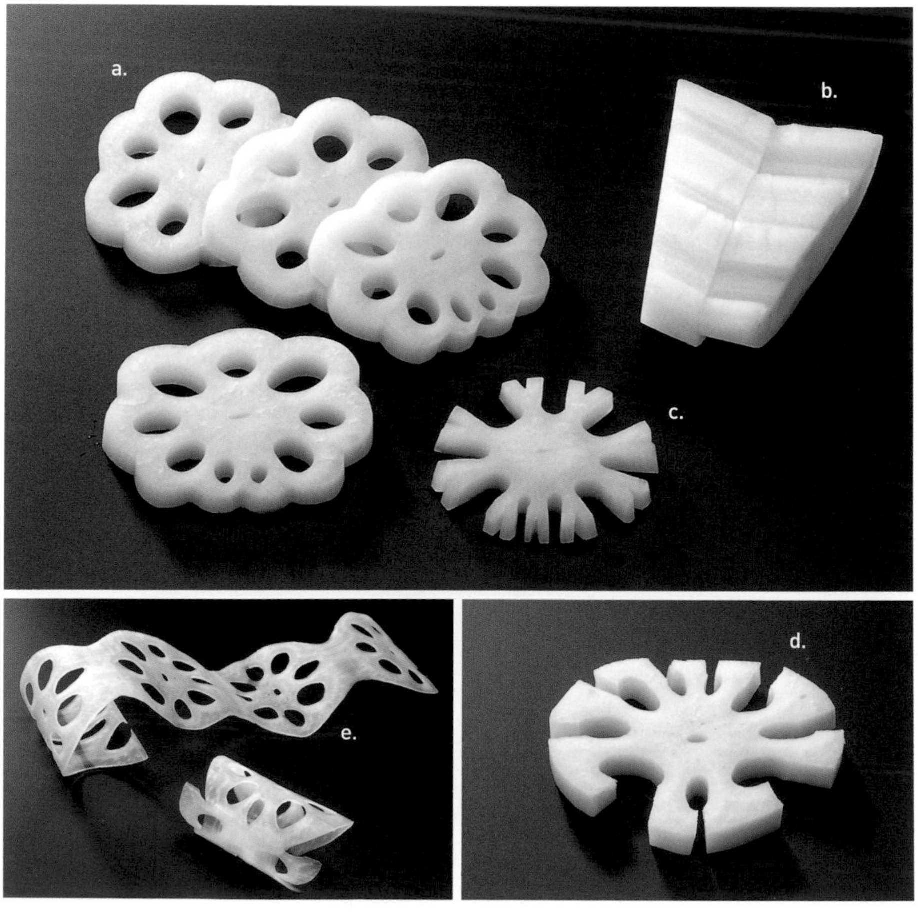

a. 花蓮藕 b. 箭翎蓮藕 c. 矢車蓮藕 d. 雪輪蓮藕 e. 蛇籠蓮藕

削成。若先切成半月再去桂削，則孔洞的形狀會有所變化，更添幾分趣味。浸泡於甘醋後可直接捲起或者用來捲其他食材。蛇籠蓮藕給人清涼的印象可表現夏天的季節感，亦可做為八寸使用。

【箭翎蓮藕】切成像箭翎形狀的雕花片，可用甘醋醃過或者拿去煮，用於五月的節日菜單中。

【醋蓮藕】蓮藕料理基礎中的基礎。最重要的就是維持爽脆的口感，因此不要煮過頭。水煮時間依厚度雖有所不同，但基本上不超過一分鐘。

※甘醋為水3.5對上醋1砂糖1混合後煮滾冷卻而成。

※若調味較淡時，可以浸泡兩次（二度浸），如此吃起來不會水水的。

【蓮藕豆腐】使用在來種或者較老有黏性的蓮藕。可倒入模具或者扭成茶巾狀等蒸成各式各樣的形狀，自初秋到寒冷的冬季都可盛裝於蓋碗中熱騰騰地上菜。

53 輪軸狀且軸部由箭形構成的風車。常見於鯉魚旗的旗竿頂。

【花蓮藕】

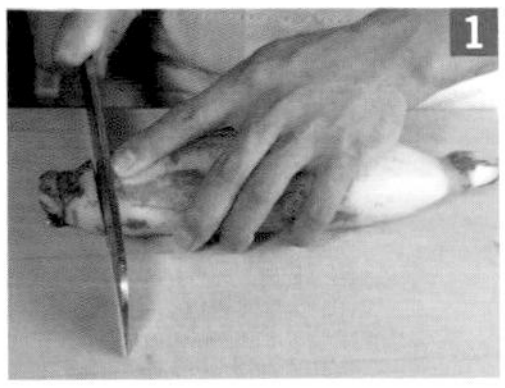

切去兩端的節。

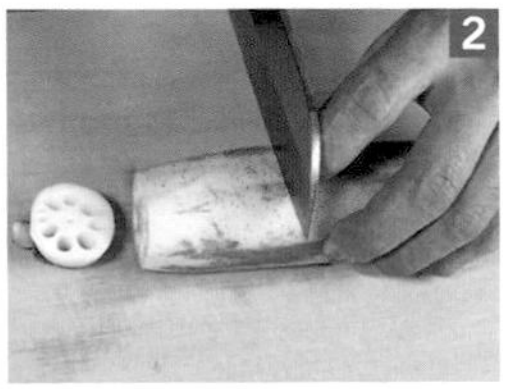

將同樣粗細的部分切成偏長的段。因為蓮藕易裂，故切時可一邊旋轉蓮藕一邊切。

將蓮藕所有孔洞與孔洞間外側邊緣的中央處垂直切出約5mm的切口。

自孔洞的中央朝向3的切口處沿著孔洞邊緣的曲線削去外皮。

重覆步驟3～4繞蓮藕一周。照片為切完一周後的狀態。

將頭尾反過來重覆步驟3～4。最後再將曲線修整平滑。

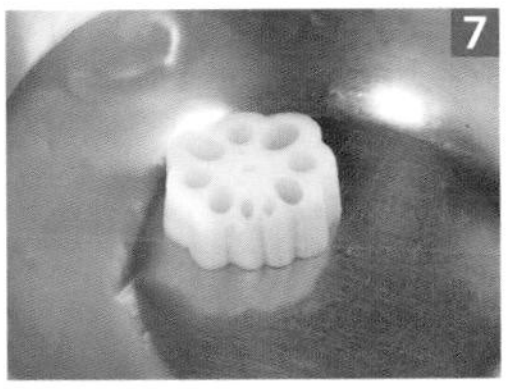

輪切成所需的厚度再浸泡於醋水中。

【雪輪蓮藕·矢車蓮藕】

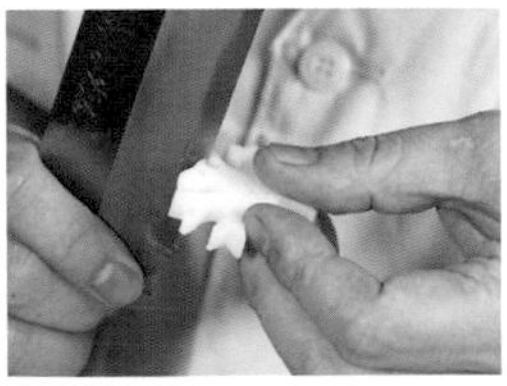
輪切後去皮，瞄準孔洞的兩端入刀切下外緣。雪輪蓮藕所切下的外緣幅度較矢車小。切矢車蓮藕時，要切去整個孔洞的外緣，讓剩下的部分看起來呈扇形向外伸展狀。

【蛇籠蓮藕】

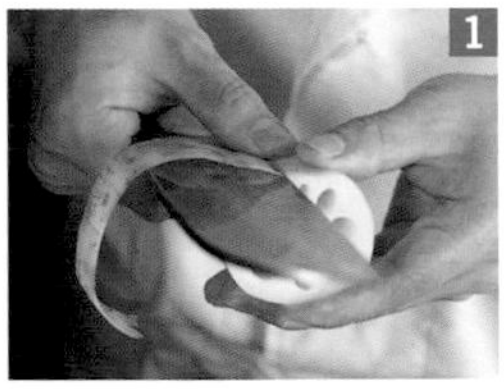

將蓮藕切成厚5cm的輪切片後去皮。

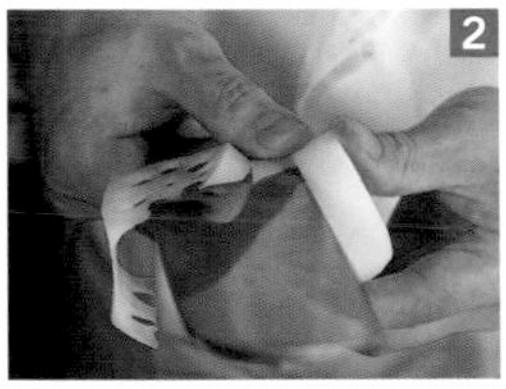

手抓著兩端切面（頭尾），和剝皮方向垂直，將蓮藕自橫切面桂削後泡入醋水。

菜刀上沾到的蓮藕汁液會弄髒切口因此一邊切要一邊擦拭菜刀。

配合料理的需求切成適當長度。

將模具放入蒸具。

包上保鮮膜。

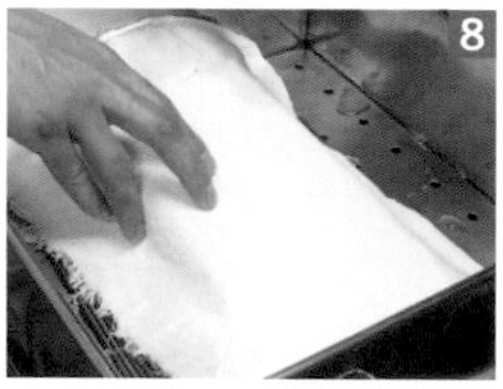

蓋上竹簾和布用中火蒸二十五分鐘。

冷卻後分切。

【蓮藕豆腐】

磨好的蓮藕泥加入做為黏合劑的蛋白、葛粉水、鹽後攪拌均勻。

加入少許淡口醬油。

充分拌勻。

倒入模具中。

將模具落下敲出空氣。表面用一文字鏟整平。

【醋蓮藕】

將處理過的蓮藕用沸騰的熱水快速煮一下。

泡至冰水中冷卻。

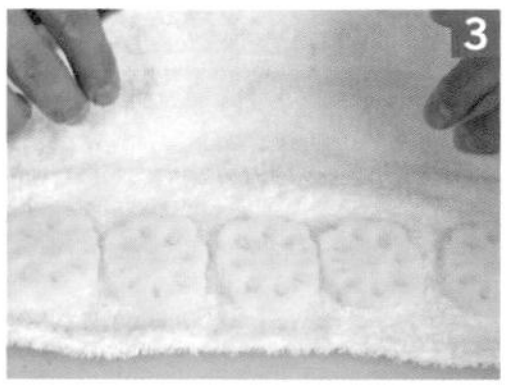

用布包起擦乾水分。

浸泡於甘醋中。但要小心長時間浸泡會影響風味。

【箭翎蓮藕】

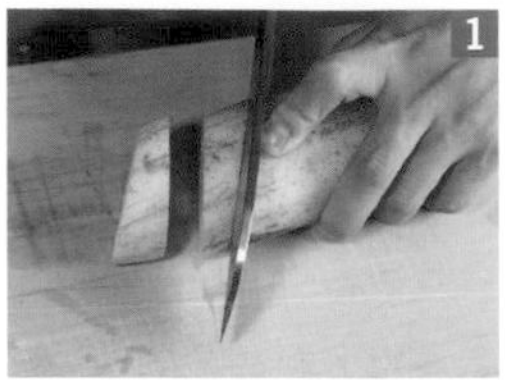

用菜刀先垂直直切，取間隔1cm寬再斜切下第二刀。重覆以上交互切的動作。

去皮。

去皮後的狀態。

切成左右對稱的兩半，只要留下薄薄一皮相連就不會分開故較好處理。

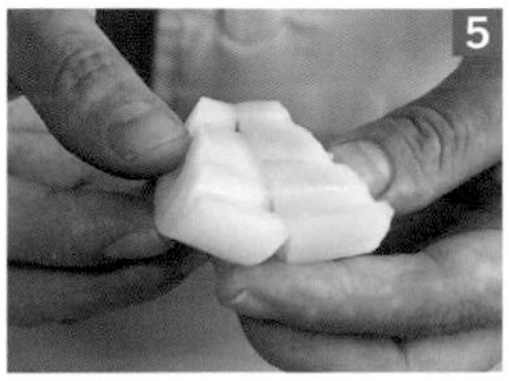

自切半的切口處向兩側打開便呈箭翎形狀。

綠燒爐魚

矢車蓮藕 醋漬嫩薑芽

切成矢車形狀的蓮藕快速煮一下浸泡到甘醋中搭配燒烤食用。

鱸魚（切片）
鹽、蛋白、青寄（↓169頁）、紅蓼
矢車蓮藕、蘘荷莖
甘醋（水3.5、醋1、砂糖1）

炸蓮藕餅

抹茶鹽

使用在來種的蓮藕或者秋季至冬季時可採收的具有黏性的蓮藕。磨成泥後用手捏成一團去油炸，是一道質樸的料理。

蓮藕（在來種）
炸油
鹽、抹茶鹽

1 鱸魚灑鹽後烤至八分熟。
2 混合蛋白、青寄和搗碎的紅蓼葉再塗在1上，烤至完成。
3 蓮藕切成矢車形狀後快速燙過上陸。灑薄鹽後浸泡至甘醋中。
4 將蘘荷莖形狀修整漂亮，只快速煮一下根部。上陸後灑鹽浸泡至甘醋中。
5 將鱸魚盛盤，放上矢車蓮藕和蘘荷莖。

【炸蓮藕餅】

1 蓮藕去皮用細網眼的磨泥器磨成泥。

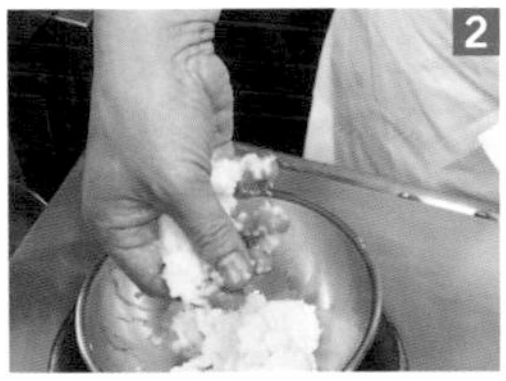

2 用手捏成一團。若水分較多可以用布包起來擰過再捏。

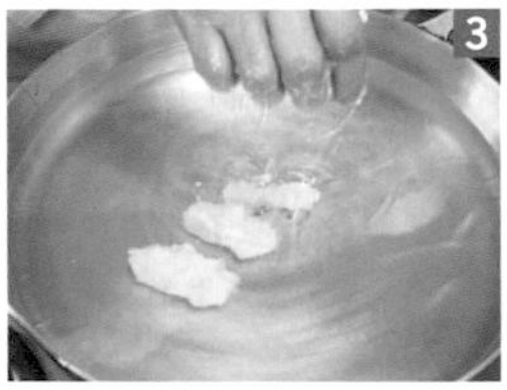

3 用100°C低溫的油去炸，再慢慢升高溫度炸乾水分。

4 氣泡會變大、數量會減少，待溫度升到180°C炸出漂亮的顏色後就可撈起瀝鹽。

蓮藕豆腐

合鴨　淺蔥

和芥末　鱉甲芡

蓮藕豆腐
合鴨（切片）、鹽
鱉甲芡（一番高湯、淡口醬油、濃口醬油、味醂、葛粉）
淺蔥
和芥末兌水化開

1 分切蓮藕豆腐盛至器皿中。

2 合鴨片灑鹽蒸過後放入1中。將整個器皿放入蒸具裡蒸過加熱。

3 放上水煮並浸底過的淺蔥，淋上鱉甲芡（一番高湯用淡口醬油、濃口醬油、味醂去調味，再加入葛粉增加黏稠度）。最後放上和芥末。

銀杏

銀杏／銀杏科銀杏屬

中國原產的落葉喬木銀杏的果實。野生的銀杏果實較小顆，不過經過育種的園藝品種果實很大顆，可提供業務（商店批發）用。代表性的品種有「久壽」。早收的新銀杏含有大量葉綠素，綠色色澤十分美麗。

調理要點

◎處理新銀杏的火候要謹慎，料理時要維持漂亮的綠色。

◎不要讓果實受傷。

◎用鹽帶出甜味及讓顏色變得鮮豔。

【去殼】使用剝殼器來去去殼。浸泡於水中一晚泡軟後可以將殼連同薄皮一起去除。若是要做鹽炒銀杏等料理時也可以使用鹽水（立鹽）。

【松毬銀杏】銀杏剝去外殼和薄皮刻花而成。切成松毬形的銀杏可用於正月的年菜等節慶料理裡。

【去殼】

1 浸泡於水中一晚讓殼泡軟。

2 將剝殼器夾住筋的部分，剖開一半左右。

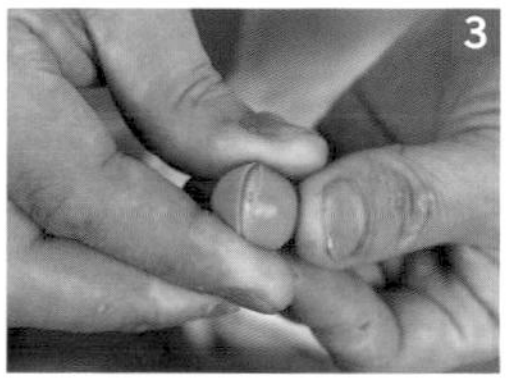

3 筋的接縫處裂開後用手指壓住剖開。

4 用指甲自裂縫處剝去外殼和薄皮，不要傷到果肉。

【松毬銀杏】

1 用削皮菜刀於銀杏自上方算起四分之一處劃出三個切口。

※切口的切法：將菜刀垂直切入銀杏中，接著從下方朝切口挖出V字形的溝槽。

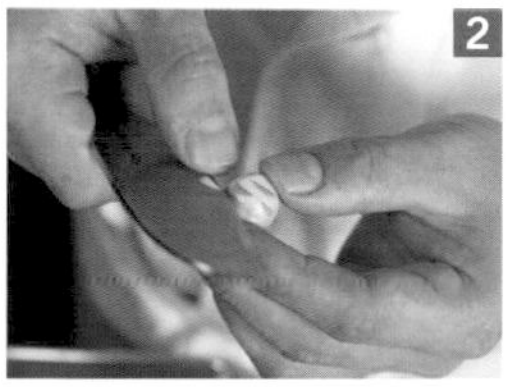

2 將菜刀向下移，於切口和切口中間下方處一樣切出V字形的的切口。

3 再將菜刀向下移，繼續切出切口直到最下方。再煮成漂亮的顏色。

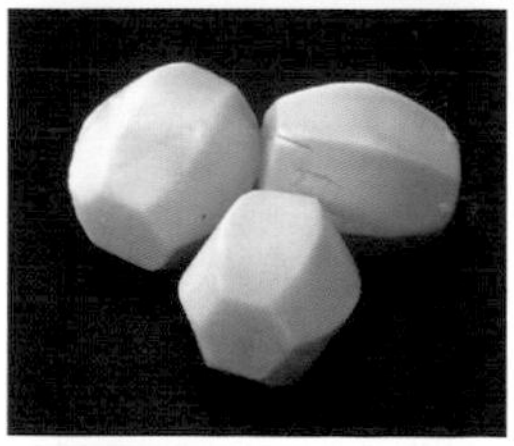

（照片由上而下）松毬銀杏、切六方後的銀杏*、翡翠銀杏

*切除頭尾，用和小里芋切六方（→112頁）一樣的方法去切。可更加突顯出新銀杏的綠色。

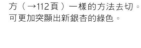

【鹽炒銀杏】亦稱為翡翠煮、水晶煮。為帶出新銀杏鮮豔的綠色之處理方式。

【炸銀杏餅】將煮至柔軟的鹽味銀杏搗碎炸成的一道質樸料理。

【麻糬銀杏】使用老銀杏。用洗米水或者稀粥將去殼去薄皮的銀杏煮至膨脹稱為麻糬銀杏。煮好的銀杏會膨脹二至三成，且會變得像麻糬一樣柔軟黏牙。可做成銀杏粥或者醬油漬、涼拌等。

炸銀杏餅（左）、鹽炒銀杏（右上）、麻糬銀杏（右下、左邊為膨脹得很大的麻糬銀杏）

【麻糬銀杏】

1 準備大量的洗米水，放入去殼去薄皮的銀杏。

2 快要沸騰前轉小火，維持讓銀杏在鍋內輕微滾動的火候去煮。煮時勤撈去雜質。

3 煮約三至四小時後，原來的銀杏會膨脹二至三成變大。

4 分成一口大小，用手用力捏緊使銀杏餅不會裂開或散開。

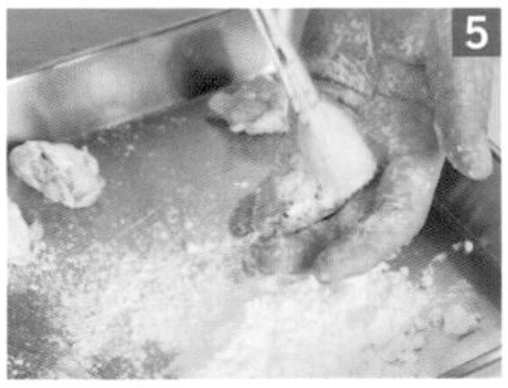

5 用刷子像是用點的一樣刷上太白粉。

6 等太白粉和銀杏餅融為一體後，用170°C上下的油去炸。炸好後灑鹽盛盤。

【炸銀杏餅】

1 將煮成漂亮顏色的銀杏（鹽炒銀杏）放入研缽中，用搗杵大致搗碎。

2 用兩手用力捏出黏性。

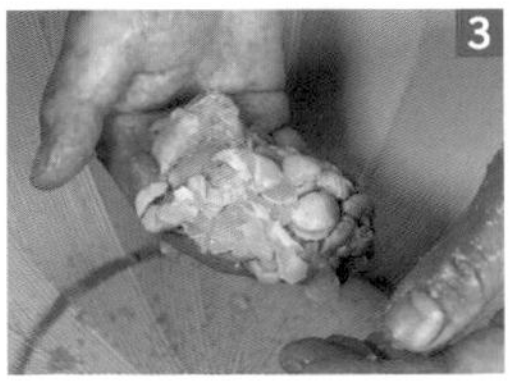

3 捏成一團。

【鹽炒銀杏】

1 將等量的酒和水混合成的底加入少許鹽煮滾後放入銀杏。

2 底不要太多。若是太多煮到一半可以倒掉，傾斜鍋子讓底可以裹上銀杏去炒。

3 待底炒乾時，灑入少許鹽裹上銀杏加強鹽味。

蝦銀杏燒

岩茸

新銀杏和蝦子的顏色成鮮明對比十分美麗。

新銀杏、葛粉
蝦、鹽
油
岩茸、吸物底

1 新銀杏去殼去薄皮，加入少許水用食物處理機打成泥。
2 製作蝦銀杏燒。
3 將乾岩茸用水泡開，清洗乾淨後水煮。用水搓揉洗到黑色的水變得清澄為止。
4 瀝乾水分用偏濃的吸物底去煮。
5 將銀杏燒分切成方便入口的大小後盛盤，放上岩茸。

【銀杏燒】

1 於新銀杏泥中加入三分之一的葛粉。

2 用手充分拌勻。攪拌至用手抓起落下時呈黏稠狀。

3 剖開蝦子，為了避免蝦子蜷曲，於腹側劃刀。裹薄鹽再沾上厚厚的一層2。

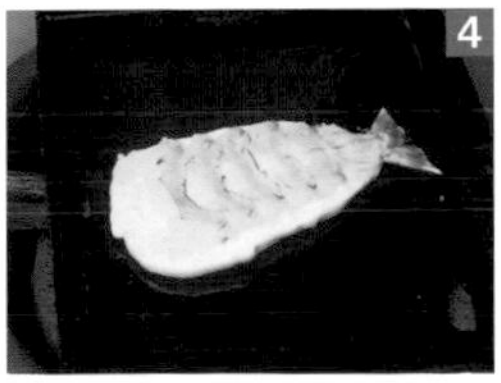

4 平底鍋裡鋪上一層油，先煎沾有銀杏的那側。

5 由於蝦子會蜷曲，煎時用木板稍微壓下。

5 待煎到八分熟再翻面稍微煎一下背側。

松茸

松茸／口蘑科

生長於赤松根部的菇類中最珍貴的一種。至今仍無法由人工栽培，在日本因稀有價值而價格高昂。近來產自中國、加拿大、韓國等地的進口貨占領了大部分市場。

調理要點

◎松茸的香氣就是一切。蕈傘內側的膜裂開後的第一天左右香氣最濃。

◎選用蕈摺潔白，柄粗且富有彈力者。

◎加熱處理時火力要強，時間要短。

【清潔】蕈類雖然不適合用水洗，但因蕈類大多在看不見的地方帶有泥土因此還是建議用最低限度的水去洗一下。因為蕈類容易吸水，用小水流快速沖洗一下即可。洗完後也應盡速擦乾水分。

【剖半・梨割】配合器皿大小和料理用途去分切時，蕈傘大小和蕈柄長度的比例十分重要。使用菜刀切斷纖維較難以引出香氣，因此有時候也會只先用刀切出一個小切口再撕開。但除了烤松茸這種希望表現出野趣的料理之外，一

【清潔】

基部很堅硬且帶有髒汙。用菜刀像削鉛筆一樣削去基部。

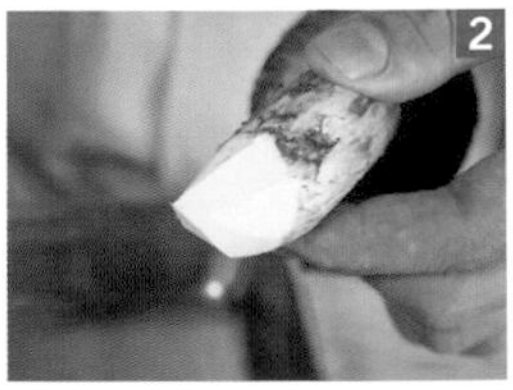

基部清潔乾淨後的松茸。

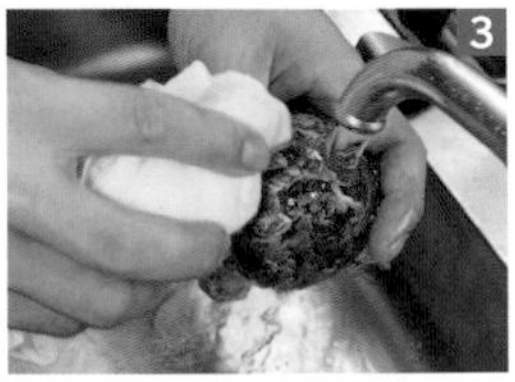

用手去搓可能會弄傷松茸，因此要用軟布擦洗去髒汙。

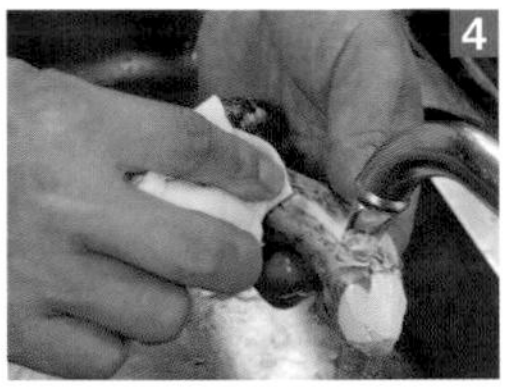

蕈柄也一樣用布擦洗。

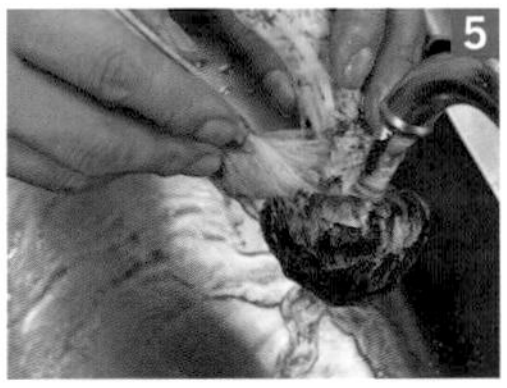

蕈傘的內側用刷子刷洗。洗完後用布擦乾水分。

【剖半】

若要剖半，可連同蕈柄直接縱切成兩半。

剖半後的松茸。

【梨割】

若要將剖半的松茸再切成六等份，抓一下比例切去蕈柄的下半部。

將切口朝下放置，再將蕈傘切成一半。

傾斜菜刀，朝向菇傘的軸心處入刀，將兩半蕈傘再分切成三等份。

般還是會用刀切出美觀平整的切口。

【松茸細絲】分切後蕈柄的切法。因為這部分較堅硬，故可以切成薄片或者切細絲（針打）用來做松茸飯或者涼拌菜、碗物的吸口等。

● 煮物碗

生腐皮真薯

松茸　柚子　清汁風味

【松茸細絲】

蕈柄縱切成一半，切面朝下放置，將菜刀放倒薄薄剝切。

將切好的薄片稍微重疊排列整齊。

切成很細的細絲（纖切）。

將花苞松茸[54]梨割後用吸物底快速煮過盛入碗中。

松茸、吸物底

生腐皮真薯

（摘腐皮[55]、山藥、蛋黃、鹽、淡口醬油）

高湯、鹽、淡口醬油、柚子皮

1 摘腐皮加入磨好的山藥泥、蛋黃、鹽、少許淡口醬油混合攪拌。

2 倒入模具中用蒸具蒸二十至三十分鐘。

3 配合碗的大小分切後盛入碗中。

4 清潔花苞松茸，梨割後用吸物底快速煮一下。

5 將松茸放上生腐皮真薯，倒入溫過的吸物底，再放上柚子皮。

左邊是梨割，右邊是松茸細絲。

54　指蕈傘內側的膜尚未裂開的松茸。此階段的松茸香氣最濃價值最高。

55　日文原文為汲み上げ湯葉又稱つまみ湯葉，在豆漿溫度還未升到太高時所取出的生腐皮。豆漿成分較高、質地較濃稠。

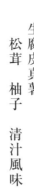

鴻喜菇

鴻喜菇／口蘑科

市面上流通的商品名或稱本占地（HONSHIMEJI）[56]或者占地（SHIMEJI），然正式名稱為真姬菇，味道和口感均佳，十分受歡迎。

【醋漬】為了發揮特有的口感，稍微烤過後浸泡於加減醋中。這個調理法幾乎適用於所有的菇類。人工栽培的菇類雖然幾乎不帶髒汙，但為了小心起見，還是放到篩網裡用流水沖洗過。

【醋漬】

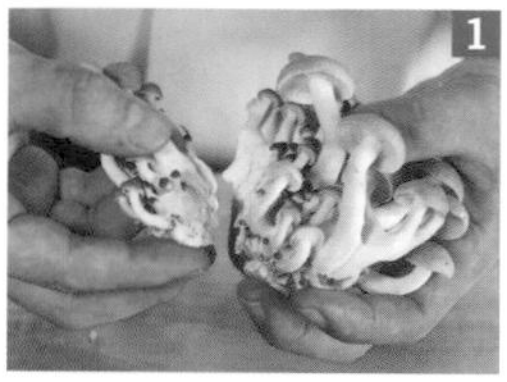

1 首先大略將鴻喜菇分成幾叢。

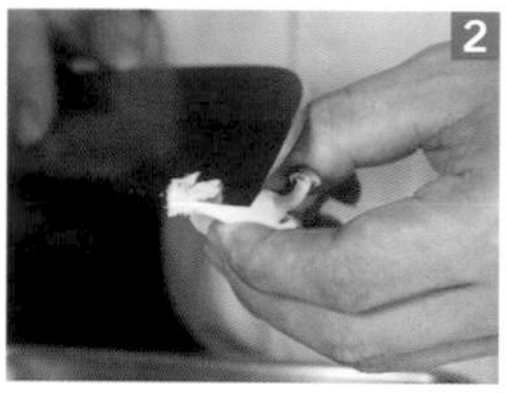

2 和松茸一樣，先削去基部，再一根一根分開。用流水清洗。

3 浸泡於放了昆布的立鹽水中約一小時調味後擦乾水分。

4 排列於鋁箔紙上用烤箱烤。烤過頭會縮起來因此只要烤到帶烤痕即可。

5 浸泡於加減醋（→42頁）中使其滲透入味。

56 鴻喜菇，日文原文ぶなしめじ（BUNASHIMEJI），即真姬菇，其人工栽培種日文俗稱本占地（HONSHIMEJI）菇，此名稱來自另一種高級難以栽培的玉蕈離褶傘（本占地HONSHIMEJI），且兩者皆可俗稱為占地（SHIMEJI）故很容易混淆，日本近年來菇類業者已經不將鴻喜菇標示為本占地（HONSHIMEJI）菇。台灣當初引進時因採用本占地（HONSHIMEJI）菇的叫法，取其前兩個音節故稱為鴻喜（HONSHI）菇。

舞菇

舞菇／薄孔菌科

多生長於山毛櫸和水楢木等闊葉樹的根部。扇型的蕈傘重疊成一大叢，野生的舞菇價格相當高昂。最近因栽培品種增加因此變得更容易買到。味道佳並具有獨特口感。

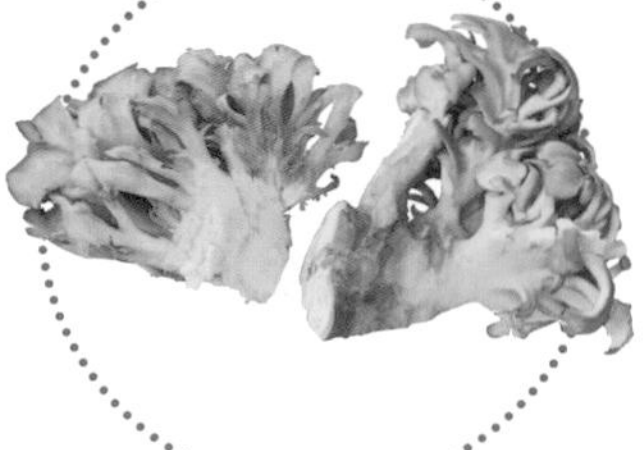

●白和辛煮舞菇

鮭魚卵

舞菇、高湯、濃口醬油、溜醬油、味醂

白和拌醬（豆腐、鹽、味醂）、鮭魚卵

醋漬烤鴻喜菇

菊花

醋漬鴻喜菇
菊花
甘醋（水、醋、砂糖、鹽、昆布）

1 製作醋漬鴻喜菇。
2 盛至器皿中，放上醋取的菊花。

---

1 將舞菇放到裝滿水的碗中清洗。難以洗掉的髒汙可用刷子刷洗。
2 高湯、濃口醬油、溜醬油少許、味醂少許混合後煮去酒精成分（NIKIRI），再加入舞菇去煮。
3 製作白和拌醬。瀝乾水分的豆腐用篩網磨細，加入鹽、味醂去調味。
4 用白和拌醬拌一下舞菇。
5 盛盤並裝飾上鮭魚卵。

香菇

香菇／小皮傘科香菇屬

野生的香菇生長於苦櫧、麻櫟、枹櫟等闊葉樹的枯木或樹墩上。於江戶初期開始人工栽培。香菇為日本產量最多的菇類，最近菌床栽培逐漸超越椴木栽培的量。表面帶有蕈鱗且蕈摺潔白漂亮者為佳。

【裝飾刀工】調理香菇時多會在蕈傘上刻花。加熱後切口的白色部分會膨起為料理增色不少。

【裝飾刀工】

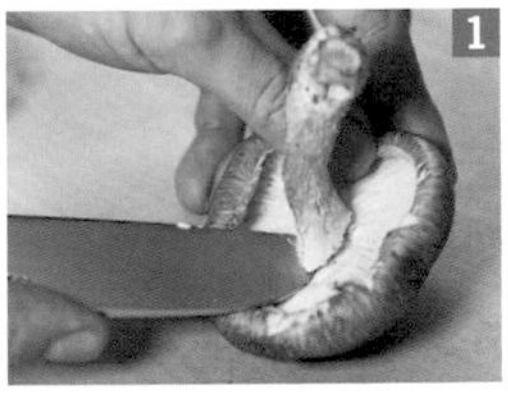

切去蕈柄。柄可切成細絲（纖切）或者短籤片用於其他料理。

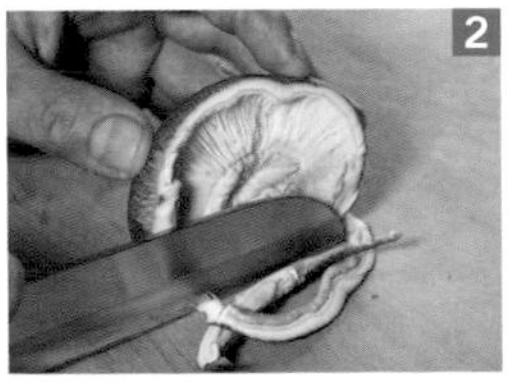

切去蕈傘邊緣，將蕈傘修整成圓形。

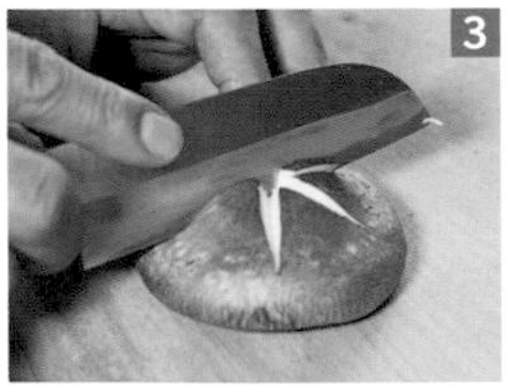

刻花形狀各色各樣，不過以放射狀最具代表性。劃出V字形的切口突顯白色部分。

亦可以筆直劃出切口，此處用兩刀切口圍出井字形。

葡萄狀枝瑚菌

葡萄狀枝瑚菌[57]／釘菇科

亦稱為老鼠菇。生長於山毛櫸、水楢木等雜木林中，型似珊瑚的蕈類。沒有特殊怪味且滋味濃厚，非常美味。做成涼拌、煮物或者拿去炒皆十分合適。

【直接煮】

1 跟其他菇一樣先削去基部。

2 若要拿去快速加熱一下，可用手撕開，較容易滲透入味。

3 置於流水下用刷子刷去內側殘留的泥土。使用野生的菇時此步驟不可或缺。

4 將底煮滾放入葡萄狀枝瑚菌去煮。邊煮邊撈取雜質，煮的時間不要太長。

● 葡萄狀枝瑚菌淋毛豆醬

海苔

葡萄狀枝瑚菌
直接煮的底*（一番高湯、淡口醬油、味醂）
毛豆醬（毛豆、鹽、白味噌、淡口醬油）
揉海苔

*調成較吸物底稍濃的味道。

1 將葡萄狀枝瑚菌直接拿去煮。

2 製作毛豆醬。毛豆鹽煮後去莢剝去薄皮。將毛豆仁磨成泥，再用篩網磨細。加入白味噌和淡口醬油調味。

3 將葡萄狀枝瑚菌盛盤，淋上毛豆醬。於頂端放上海苔。

平菇

平菇[58]／側耳科

生長於闊葉樹的枯木或者倒木。晚秋可採到故亦稱「寒菇」。最近開始人工栽培。沒有特殊怪味可做成各種料理。

57 學名Ramaria botrytis，日文直譯為掃帚菇。

58 學名Pleurotus ostreatus，又名蠔菇。

【天婦羅】

於原本較大的裂開處切開。這裡不使用較小叢的部分故予以切除。

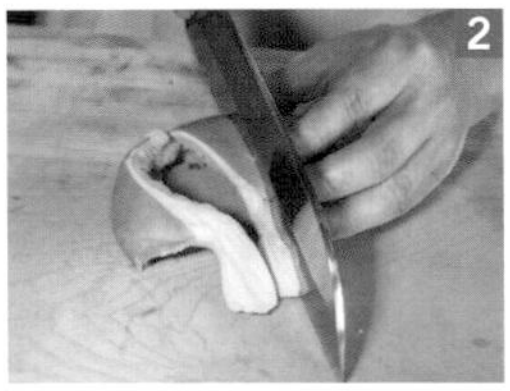

處理後切成適當大小。

將約一半的菇沾上天婦羅的薄麵衣。

用約170°C的油去炸。

● 平菇天婦羅
鯛魚磯部捲
鹽　德島酸橘

平菇、鯛魚、鹽、海苔

天婦羅薄麵衣、炸油、鹽、德島酸橘

1 炸平菇天婦羅。

2 鯛魚切成一口大小的切片裹鹽，再用切成帶狀的海苔捲起。

3 沾裹天婦羅薄麵衣後油炸。

4 將平菇天婦羅和鯛魚天婦羅擺盤後放上鹽和德島酸橘。

【冬】海老芋

海老芋／里芋科里芋屬

里芋的一種親芋子芋皆可食用的品種。是將唐芋培土，使子芋長成像蝦子（海老）一樣彎曲狀而成。質地鬆軟，粉質細緻，味道高雅，是京都傳統的蔬菜。

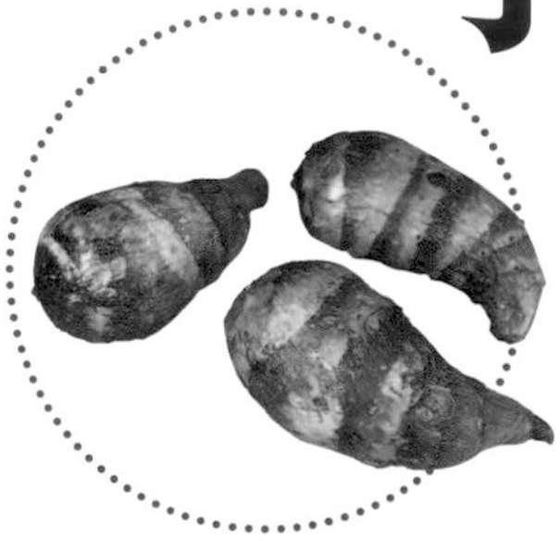

調理要點

◎削皮時要一口氣不要分批削，削皮時要削厚一點。
◎海老芋較里芋雜質更多，因此要仔細用米糠水煮過。為了要去除米糠的臭味，之後要再用水煮過一次。
◎為了防止煮碎使用蒸煮的手法。

【切瓣】使用海老芋較粗的部分，可做成含煮等煮物。切除的底部部分可以蒸過用篩網磨細或者切成較小的蔬菜雕花片。

【切瓣】

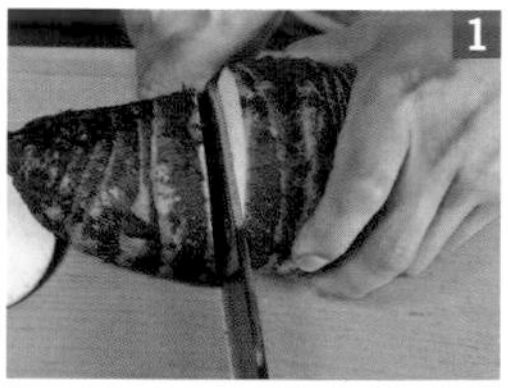

因為希望寬度一致，故切去較粗的底部和上端彎曲的部分。

切齊高度。將平片剝切過，可以讓表面光澤更漂亮。

縱切成一半。

將縱切成一半的海老芋再梨割成三等份。

厚削去外皮內側呈網狀的部分。

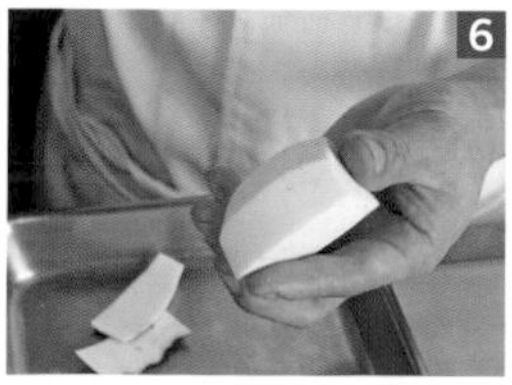

視海老芋的粗細，可削成二至三個面較為美觀。沿著鼓脹的部分一口氣削下。

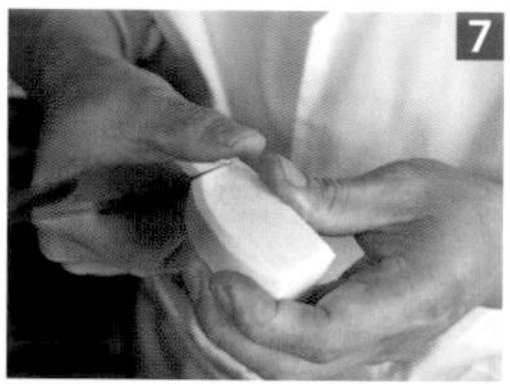

將所有的角都面取過防止煮碎。

【切六方①】

切除兩端。

自較粗的那端入刀，沿著鼓脹處去切削。先目測計算要讓最終橫切面呈正六邊形所需的寬度，再用左手轉動海老芋，切出六個面。

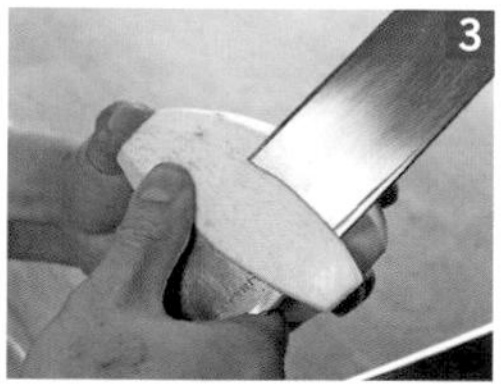

先將一面削至尖端，使六面不再均等，整體形狀呈海老芋原本的彎曲狀。

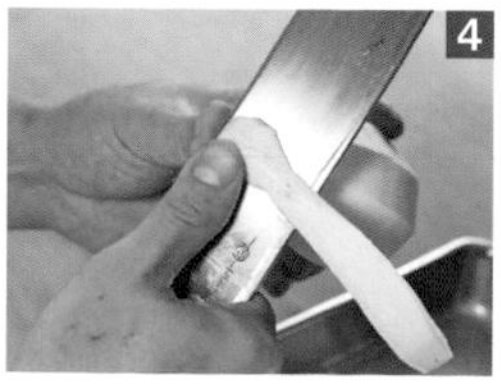

將全體修整呈均衡的形狀，亦可採先自較細的那端斜斜切削的做法。

【切六方①】削法同里芋，不過削時要順應海老芋獨特的形狀以發揮其特色。

【鶴之子】切五方（切五面）後將上面的那面浮雕出象徵鶴嘴的三角形。和切成龜甲的雕花片成對，用於喜慶料理。

（由上而下）切瓣、切六方1、切六方2、鶴之子

【切六方②】

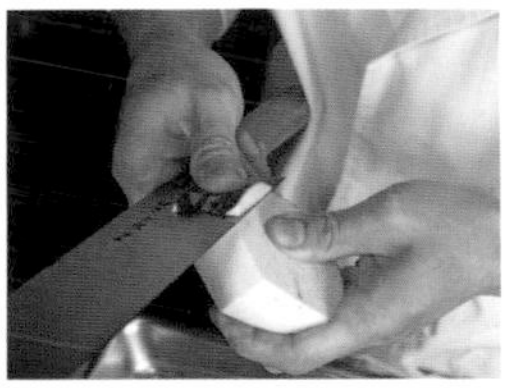

切下較細的那端再切六方。切削方法同①。

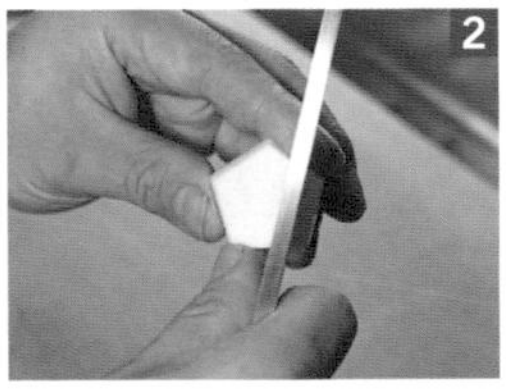

取一頂點相對於底邊的點做為鶴嘴尖端，和對面三分之一處的點連線切出切口。

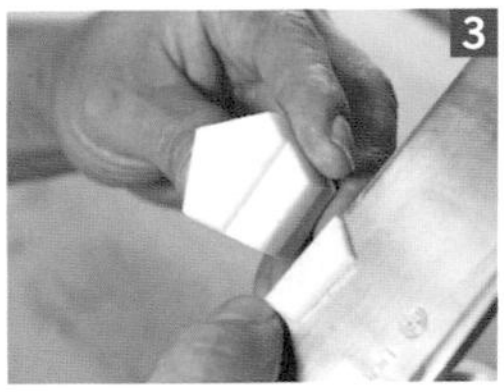

自側邊2mm左右深處入刀，削去至切口處的部分。

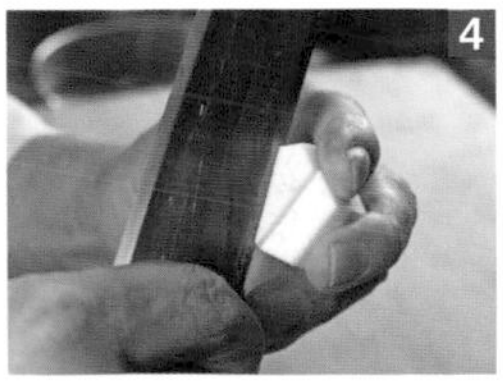

掉頭用同樣方法削去相對的另一側。

※完成圖的左側為連上方也削過雕成更寫實的做法。

【鶴之子】

運用切六方①的手法，將橫切面削切成五邊形。側面亦可直直切下。

芋棒

柚子皮

海老芋含煮後和棒鱈魚一起做成炊合的傳統京都料理。

海老芋、棒鱈魚（泡開）
一番高湯、砂糖、味醂、淡口醬油、柚子皮

1 將預煮過的海老芋用一番高湯去煮，用砂糖、味醂、淡口醬油調味慢燉一陣子使滲透入味。

2 待入味後加入泡開的棒鱈魚一起煮一段時間。煮好後直接放涼使滲透入味。

3 將海老芋和棒鱈魚盛盤再放上切成細絲（纖切）的柚子皮。

【芋棒】

海老芋削好放入碗中加入醋。

灑上鹽。

用兩手搓去海老芋表面的黏液。

泡至流水中洗去黏液。

海老芋雜質多，要用大量的洗米水煮過。

壓下鍋蓋將海老芋煮至柔軟。戳入竹籤確認熟度。

煮好後泡至水中用流水沖洗。

再用熱水煮去洗米水的米糠味。為了不要讓海老芋碎掉，用漏勺一個一個撈起。

將8移至鍋中調味。待入味後加入棒鱈魚一起煮。

● 唐蕎麥

鹽烤馬頭魚　蔥　海苔

海老芋桂削後切成像蕎麥麵一樣再做成煮物，便是被稱為唐蕎麥的傳統做法，需要多道手續才能不使用黏著劑將海老芋切成蕎麥麵一樣的形狀。唐蕎麥之名應是來自於海老芋為唐芋的一種之故。

海老芋麵、馬頭魚（濱鹽[59]）
吸物底、洗蔥、揉海苔[60]

1 製作海老芋麵並蒸好。
2 將濱鹽處理過的馬頭魚切片後鹽烤。
3 將海老芋麵和馬頭魚一起盛至碗中，倒入熱騰騰吸物底。
4 放上洗蔥和揉海苔。

【海老芋麵】

1 因為要桂削，故使用海老芋較粗的部分。剝切切面切齊寬度。

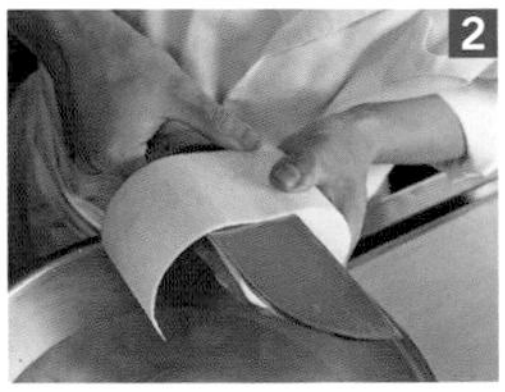

2 削成厚約3mm的桂削片，削時要經常確認厚度削成均一的厚薄。

3 於立鹽水中加入酒，將海老芋桂削片自一端泡入。保持這樣浸泡約三小時。

4 用捲的將桂削片自水中撈起。浸泡後的底之後還會用到因此不要倒掉。擦乾水分。

5 將桂削片切成約20cm長，將兩片桂削片重疊後再摺成三折。

6 以間隔3mm切成像蕎麥麵一樣。

7 將6展開，浸於3的底中讓切口也滲透入味。用竹皮以一人份為單位綁好。

8 拿去陰乾約半天。在要用之前都維持這個狀態放置。

9 用酒快速洗過。

10 放入蒸具中用大火蒸二至三分鐘後盛盤。

59 上岸後先剖開魚身，於魚肉側灑上薄鹽以維持鮮度的處理方法。
60 烤過後揉碎的海苔。

蕪菁

蕪菁／十字花科蕓薹屬

依照傳播的路徑不同可分為歐洲型和亞洲型。亞洲型多為大型品種，如聖護院蕪菁和天王寺蕪菁等，在關西很常見。蕪菁在關西稱為「KABURA[61]」。

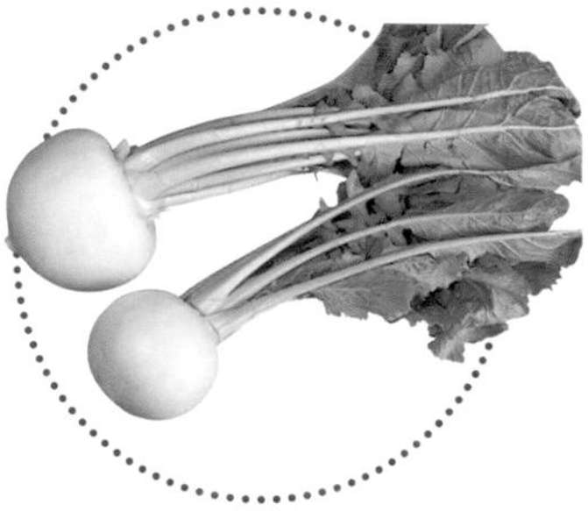

調理要點

◎選擇質地平滑且有光澤者，切除葉子部分另外保存。

◎厚削去外皮後可以浸泡於水中或者霜降後再浸泡於水中防止變色。

◎質地柔軟容易煮碎因此要先面取過再煮。

◎用洗米水預先煮過可去除雜質並使煮出來的色澤潔白。

【菊花蕪菁①】 將小蕪菁雕成菊花形狀。關鍵在於菜刀切口是否漂亮。中間填入味噌或者肉燥等餡料後蒸煮到柔軟入味。

【菊花蕪菁②】 用雕刻工具於蕪菁的表面雕出花瓣。成品雖然美麗，然十分費工不太實際。避免煮碎採用蒸煮方式入味。

61 標準語中稱KABU。

【菊花蕪菁①】

切除下方部分讓蕪菁可以穩定放置。

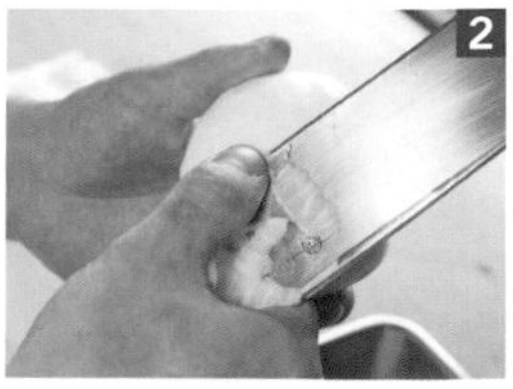

先大致削去外皮及其內側呈網狀的部分。

接著再繼續薄削將球型修圓。這個步驟亦可增進表面的光澤。

確實握好蕪菁在頂點處切出十字形（切出V字形的溝槽）。

在切口和切口之間（正中央）切出切口。

重覆上述步驟持續向下切。

從上方可以看出切好後的花紋呈平均分布。

【菊花蕪菁②】

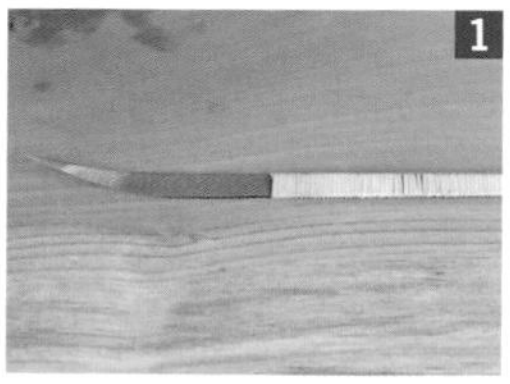

選擇方便雕刻曲線的雕刻工具切出刀。處理時的握法和拿鉛筆相同。

於削成圓形的蕪菁頂點描繪切割出四片花瓣的曲線。

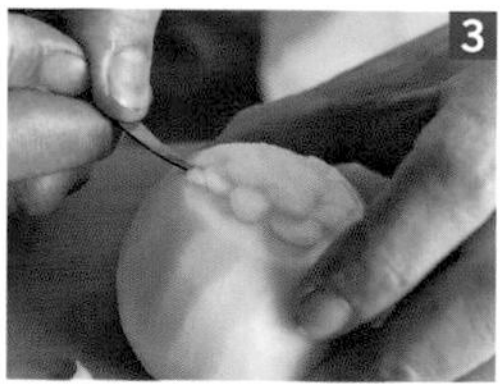

從下方挖出花瓣。可將蕪菁斜放較容易操作。

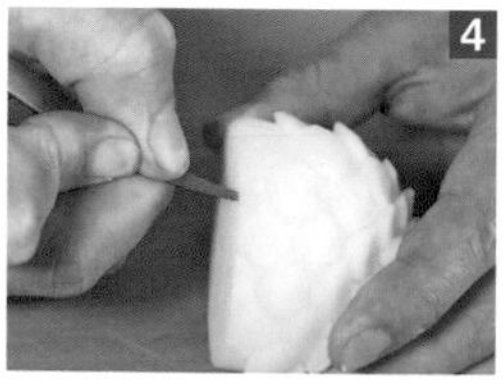

在花瓣和花瓣間雕出相同大小的花瓣，一路雕到最下方。

【菊花蕪菁③】最簡單的一種菊花蕪菁。將蕪菁縱橫細細劃刀後泡至水中讓切口部分展開成菊花形。可浸泡於甘醋中搭配燒烤等料理。

菊花蕪菁（上為菊花蕪菁①②，下為菊花蕪菁③）

【菊花蕪菁③】

製作厚度3cm的長方體，自上方細細切出切口，保留下方3mm不要切斷。

水平方向亦以同樣方式劃刀切成格子狀。

切好格子狀後再分切成邊長3cm的正方體。

浸泡至立鹽水中讓蕪菁稍微變軟。經過一段時間後蕪菁便會在水中綻開如花。

風呂吹蕪菁

形狀簡潔的蕪菁釜。挖洞後蒸煮讓味道滲透入味，再填入田樂味噌。花時間慢慢讓蕪菁釜含煮入味，調理時要讓帶葉的蓋子顯現出漂亮的綠色。

蕪菁
高湯、鹽、淡口醬油
田樂味噌（↓42頁）

菊花蕪菁

鋪黃身味噌

鋪味噌能讓人邊吃邊欣賞蕪菁的模樣，是效果很好的手法。

菊花蕪菁②
煮汁（一番高湯、鹽、味醂、淡口醬油）
玉味噌（↓42頁）

1 切成菊花蕪菁後蒸煮。
2 玉味噌熱過後鋪在器皿中，再盛入1的蕪菁。

【菊花釜・風呂吹】

1 蕪菁以上三下七的比例分切，切去帶葉子的部分。底部也切去一點讓蕪菁可以穩定放置。

2 清潔帶葉子的部分。切除葉子，連接處的基部去皮修整漂亮。

3 帶葉子的部分和釜的部分分別稍微霜降過後泡至水中防止變色。

4 釜的部分單獨去蒸煮。洞中填入田樂味噌。

5 放上帶葉子的部分，蒸一下熱過後上菜。

【蒸煮】

1 放入熱水中霜降防止變色。

2 立刻撈起泡至冷水中。使用漏勺或者一文字移動蕪菁。

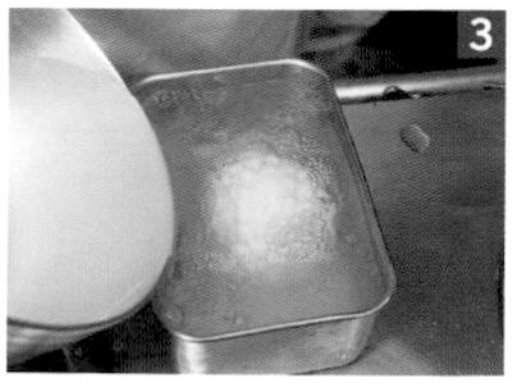

3 將蕪菁移至蒸盤中倒入煮汁。為了不要讓白色染色，盡量控制醬油的用量。

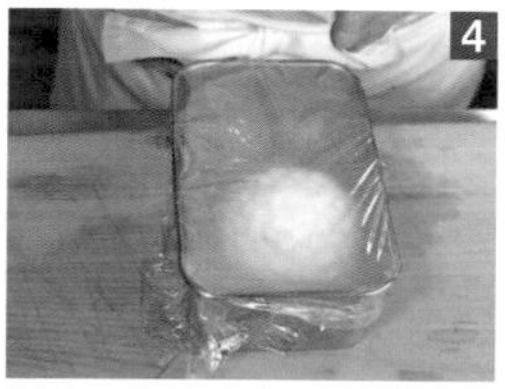

4 覆上保鮮膜、鋁箔紙後蒸煮約三十至四十分鐘。

5 蒸好後用一文字撈起盛盤。

鮭魚砧捲

蕪菁葉

蕪菁桂削後用甘醋調味和鮭魚一起捲起做成鳴門捲。處理時要充分活用生蕪菁的咬勁。

蕪菁
醃燻鮭魚（薄片）
甘醋（水4~8、醋1、砂糖或味醂4.5~1）

【砧捲】

1 切除蕪菁的頭尾兩端，厚削去外皮。接著桂削成約3mm厚的桂削片。

2 自削好的那端開始泡入立鹽水中。待變軟後便用捲的將桂削片撈起。

3 切成約15cm長並擦乾水分。

4 排列於調理盤上，倒入甘醋浸泡約一小時。

5 擦乾水分放上煙燻鮭魚再捲起來。

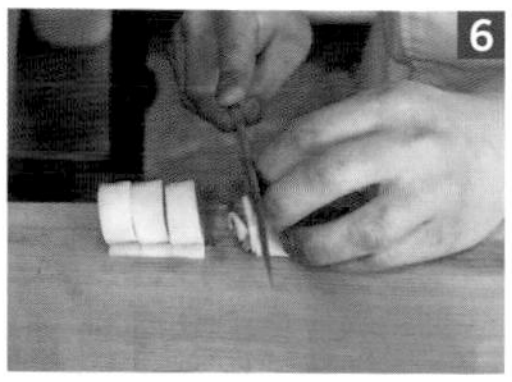

6 分切成方便食用的厚度，例如1cm左右。再放上蕪菁葉。

● 菊花蕪菁

填雞肉鬆餡

蕪菁葉

將菊花蕪菁的背面挖空，填入雞絞肉和魚漿混合而成的餡料去蒸煮而成。

菊花蕪菁①、太白粉
餡料（雞絞肉、魚漿、鹽、淡口醬油）
高湯、鹽、淡口醬油

1 於菊花蕪菁的背面挖球。排列於調理盤上蒸熟。
2 將雞絞肉和魚漿拌勻，用鹽、淡口醬油調味。
3 於挖出的洞裡灑上太白粉填入2的餡料。
4 將3的蕪菁排列於調理盤上，倒入用高湯、鹽、醬油調成的底，高度不要完全淹過蕪菁。
5 用蒸具蒸煮約二十分鐘使滲透入味。
6 蕪菁的葉子煮過後泡至水中。擰乾水分後用高湯、鹽、淡口醬油調成的底稍微煮過後撈起葉子。
7 底和葉子分別冷卻後再將葉子浸泡回底中。
8 將蕪菁盛盤，放上熱過的蕪菁葉。

蕪菁釜

蝦　銀杏

茼笋　吉野葛芡

蕪菁切八方挖空中心去蒸煮。盛入蝦子和銀杏，蒸好再淋上吉野葛芡。

蕪菁
蝦、銀杏、茼笋
高湯、鹽、醬油
吉野葛芡（高湯、鹽、淡口醬油、葛粉）

1 切除蕪菁的頭尾兩端，去皮切八方[62]。
2 用模具壓切出圓形，再用挖球器挖空做成蕪菁釜。
3 預先煮過後排列於蒸盤中，倒入高湯、鹽、淡口醬油混合而成的底去蒸煮。
4 蝦子去除背腸後快速煮一下，去除蝦頭、蝦殼和蝦尾。
5 銀杏去殼去薄皮後水煮。
6 茼笋削圓，燙一下後浸泡於高湯、鹽、淡口醬油做成的底中。
7 將蝦子、銀杏、茼笋盛入蕪菁釜中，蒸過熱好後淋上吉野葛芡。

62 和切六方相似，只是橫切面切成八邊形，有八個側面。

百合根

百合根／百合科百合屬

如字面所示為百合的球根，目前栽種來食用的品種為小鬼百合。百合根的芽有一芽(亦稱一玉)、二芽和三芽三種，一般來說一芽為高級品。雖然在秋天收成，因為耐儲藏故到初春都還可以使用。

【大葉百合根・花瓣百合根】視百合根鱗片的形狀和大小刻花後再去蒸。大片的鱗片可烤出烤痕做為炊合或燒烤的配菜。小的鱗片可切成花瓣形，或者染紅灑在料理上表現春意。

【牡丹百合根】將重疊的鱗片尖端一瓣瓣切成牡丹花的形狀，為百合根雕花的代表。切下鱗片時將菜刀的角度稍微朝內側傾斜削尖花瓣的邊緣。此外，若將花瓣朝一方向斜切可做出美麗的成品。

【茶巾百合根】百合根蒸過再用篩網磨細拌入山藥，調味後扭成茶巾狀。和加了抹茶的綠色版本一起扭成像織部陶器一樣的做法稱為織部百合根。

【大葉百合根·花瓣百合根】

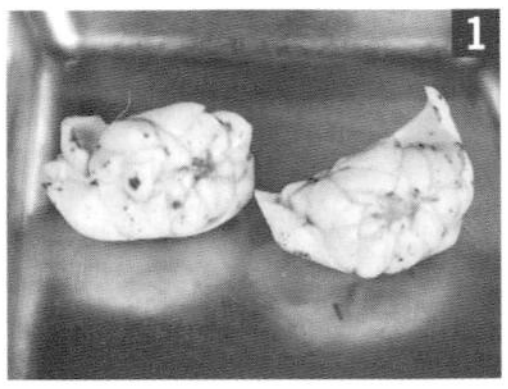
1
用流水沖去保鮮用的木屑。於根部入刀根據芽的數量分切。

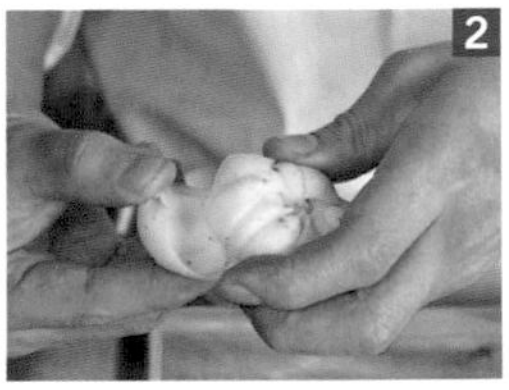
2
剝除已經變成褐色的鱗片。

3
外側較大片的鱗片稱為大葉。削去周圍較薄的部分將形狀修整漂亮。

4
較小的鱗片用來做成花瓣。將鱗片上殘留的泥土和木屑洗淨。

5
擦乾水分，剝去周圍較薄的部分。

6
將較小的鱗片的尖端切出V字形做成櫻花花瓣的形狀。

【牡丹百合根】

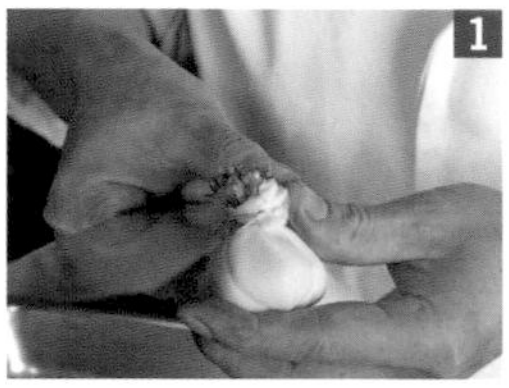
1
於根部入刀，根據芽的數量分切。切除根部的部分。

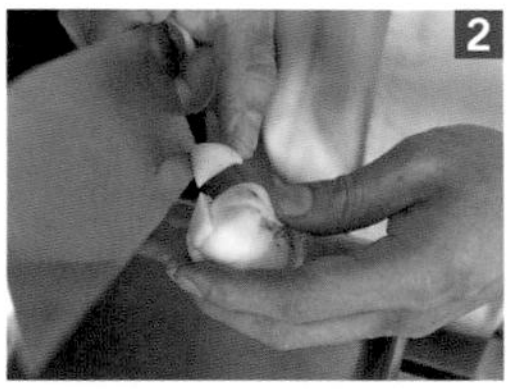
2
切去周圍部分修整形狀。將側面朝上，自鱗片下方三分之一處切除以上部分。

3
切去旁邊內側重疊的鱗片尖端，切除高度稍微高於2。

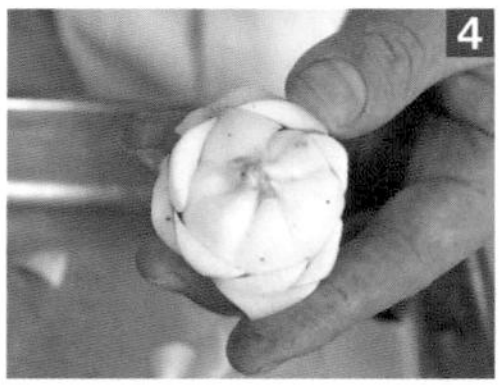
4
自上方看切除兩圈後的百合根。朝向一個方向斜切可讓其看起來很漂亮。

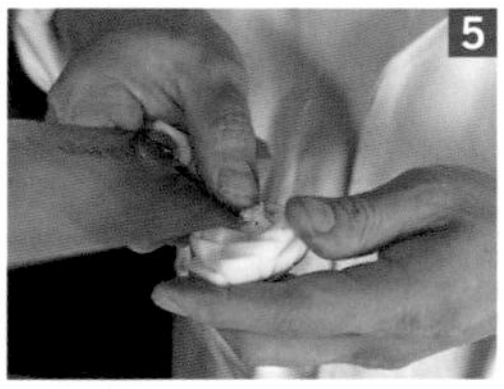
5
用菜刀的刃根切出V字形去除芽的部分。

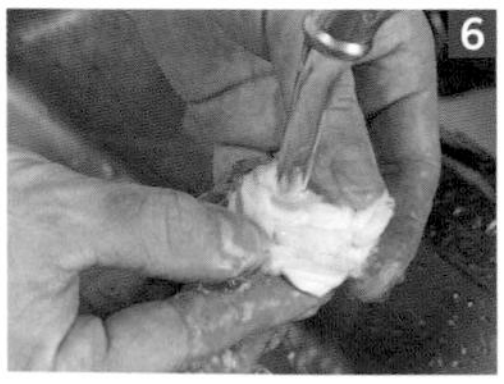
6
輕壓花瓣部分展開百合根沖洗去卡在縫隙中的木屑。

牡丹百合根

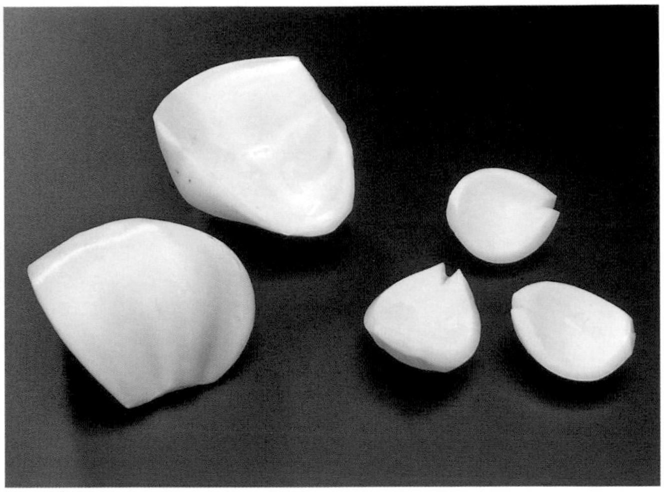

大葉百合根（左）和花瓣百合根（右）

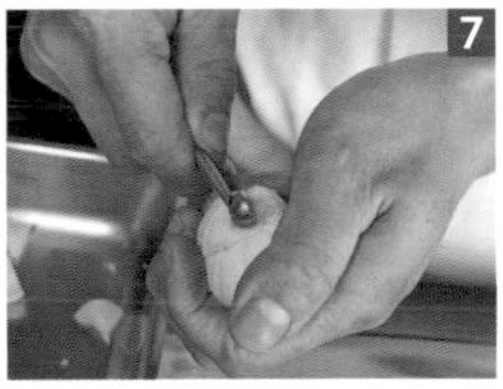

7 使用小的挖球器挖去較堅硬的根的基部。

8 挖掉根之後的狀態。

【茶巾百合根】

1 剝成一片一片的鱗片蒸過後用篩網磨細。拌入一半蒸過的山藥再加入鹽調味。

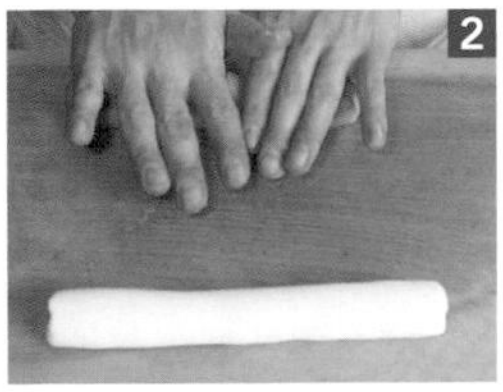

2 在砧板上搓成條狀。

3 將混合了抹茶的種類也搓好。兩條排在一起。

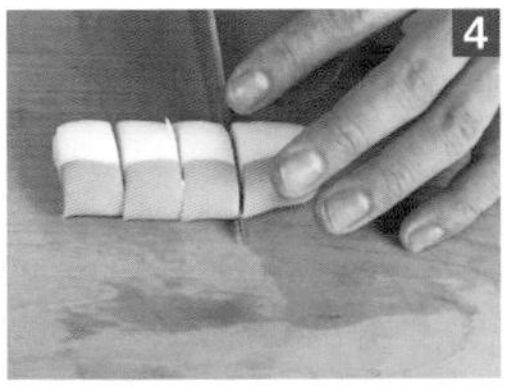

4 兩條併在一起分切。

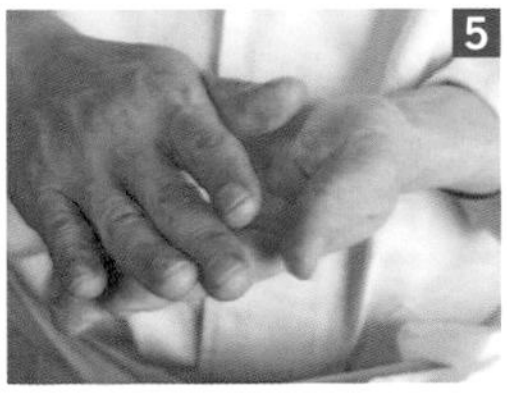

5 用手掌搓揉成丸子狀。

6 揉圓的丸子。

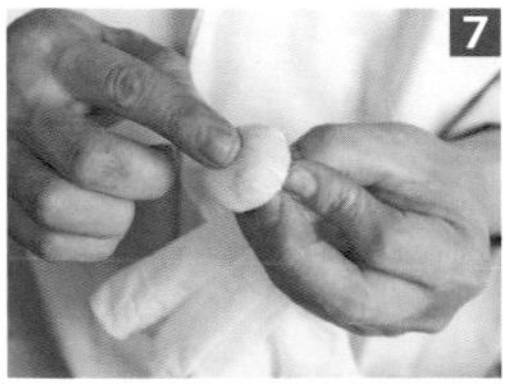

7 用濕布包起扭成茶巾狀。輕壓底部使底部稍微擴散開。

8 茶巾（織部）百合根。純白色的茶巾百合根雖然也很美，但加入抹茶或者梅肉著色做出變化更加醒目。

● 炊合

煮浸比目魚黃身揚
炙烤百合根
菠菜梗

用噴槍將大葉百合根燒出烤痕，營造出鄉土的意趣，用高湯蒸煮入味。

比目魚、鹽、麵粉、蛋黃、炸油
百合根
菠菜
高湯、鹽、淡口醬油、味醂

1 比目魚處理成上肉、切成剝切片。裹薄鹽沾上麵粉和蛋黃。
2 用160℃的油炸過後淋上熱水去油。
3 將高湯、鹽、淡口醬油混合而成的底煮滾後加入比目魚去煮。
4 將百合根的大葉清潔乾淨並修整漂亮。用噴槍於表面烤出烤痕。
5 將百合根排列於調理盤中，倒入高湯、鹽、淡口醬油、味醂混合而成的底去蒸煮。
6 菠菜梗川燙後泡至水中。擠乾水分，浸泡於高湯、鹽、淡口醬油做成的冷的底中。
7 將比目魚、百合根、菠菜擺盤。

蜜煮牡丹百合根
茶巾百合根

根莖類在冬天最是美味，可毫無保留地享用所有儲藏的鮮味和甜味。

蒸過的百合根暖呼呼的，外觀優美端正，滋味淡雅柔和。

牡丹百合根、砂糖水
茶巾百合根
梅肉

1 牡丹百合根放入蒸具蒸成偏硬的硬度。
2 放入蒸盤淋上糖水去蒸煮，蒸好後再直接放涼做成蜜煮。
3 於蜜煮中加入梅肉，和茶巾百合根一起盛盤。

百合根豆腐
蛋絲芡
山椒嫩葉

蒸過用篩網磨細的百合根加上一成左右的魚漿和蛋白攪拌，再用高湯稀釋後去蒸。

蒸成像豆腐一樣，再淋上加了蛋絲的吉野葛芡。

百合根豆腐（百合根、魚漿、蛋白、高湯）
蛋絲芡（蛋絲、高湯、鹽、淡口醬油、葛粉）
山椒嫩葉

1 製作百合根豆腐。百合根處理後蒸過再用篩網磨細。
2 加入一至二成的魚漿、一成左右的蛋白和百合根混合，用高湯稀釋成柔軟狀。
3 倒入模具中蒸約三十分鐘。配合要盛入的器皿大小分切成方形。
4 製作蛋絲芡。首先做好蛋絲，放入高湯、鹽、淡口醬油做成的底中加熱再勾入一點葛粉。
5 將3的百合根盛盤，淋上4的蛋絲芡，放上山椒嫩葉。

慈姑

慈姑／澤瀉科慈姑屬

讓人覺得很不可思議的名稱據說是由於水中伸展的枝條連著塊莖的樣子狀似慈母在授乳而來。因為帶有很長的芽，被認為是吉利的蔬菜，在喜慶的宴席中會連著芽一起上菜。

調理要點

◎選擇外皮帶青銅色，富有光澤且頂芽挺直者。

◎因多用來煮，處理上以防止煮碎的面取等刀工為基礎。

◎雕花時要經常觀察整體的形狀，先大略削好後再逐漸刻劃細部。

◎有澀味，去皮後立刻泡至水中防止變色，再用水煮去雜質。

【六方慈姑】最受歡迎的削法。體型較大者也可削成八面。處理程序和里芋的切六方（→112頁）相同。不過注意不要傷到頂芽。雖然也有自頂芽削皮的做法，但頂芽會妨礙菜刀的動作，故此處介紹的是自根部朝向頂芽切削的做法。

【松毬慈姑】切出狀似松毬的形狀，含煮入味後搭配節慶料理。多用於年菜。

【繪馬慈姑】

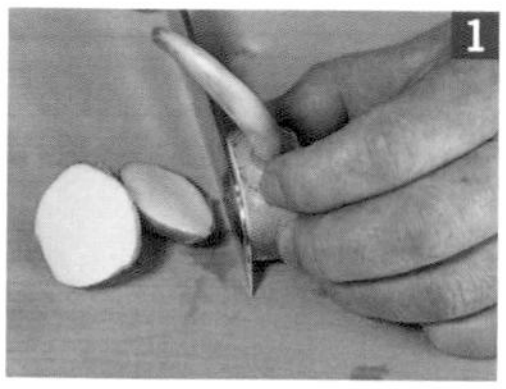

1 以頂芽為中心立起慈姑，用菜刀刀尖切下兩側部分。

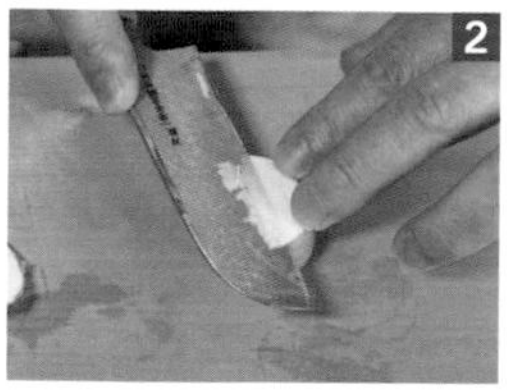

2 剝切掉多餘的部分使平面光滑且厚度一致。

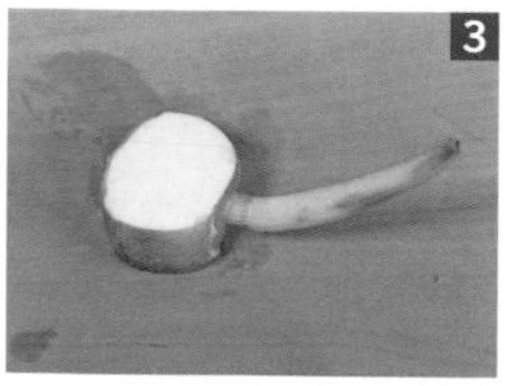

3 切除兩側修整漂亮的慈姑。

4 修整形狀。將頂芽保留2～3cm長，其餘斜切切除。

【六方慈姑】

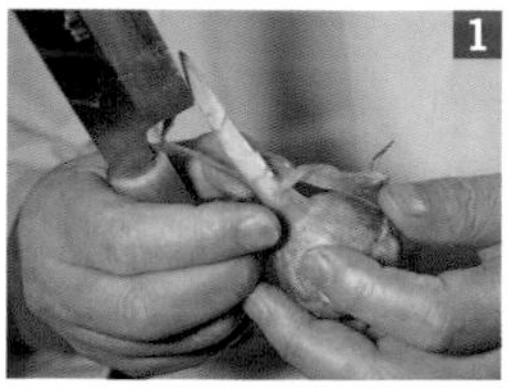

1 削去頂芽的薄皮。

2 切除根部頂端。

3 用拇指壓住菜刀刀刃，一邊小心控制菜刀動作將慈姑削成六面。

【松毬慈姑】

1 製作削成六面的六方慈姑。

2 於相隔一角的稜線上以直角切出切口，一路切至底部。於其餘稜線上相較於隔壁稜線的刀橫稍微下方處一樣切出切口。

3 於2的切口下面向上挖，刻出V字形的切口。

4 使用刃根於底面刻出呈三角形的V字形溝槽。

【繪馬慈姑】將慈姑削成繪馬的形狀。蒸煮處理後用於年菜或者二月份的天神[63]節日。

【鈴慈姑】削成鈴鐺的形狀。此雕花相當費工因此會搭配特別的料理使用。

【小槌慈姑】以頂芽象徵握柄，雕成吉祥物心想事成小槌的形狀。蒸煮處理後用來搭配節慶料理。

63 日文原文天神さん，為奉祀菅原道真的北野天滿宮的暱稱，每月二十五日為天神日，神社境內會擺攤，十分熱鬧。至於為何是二十五日是因為菅原道真和二十五的數字有不解之緣，生日為六月二十五日，下詔被貶官之日為一月二十五日，而二月二十五日為忌日。二月的天神日為忌日又適逢梅花盛開因此又稱梅花祭。

以頂芽為中心，用刀尖削去兩肩呈山形。

將山形切成繪馬屋頂形狀的慈姑。

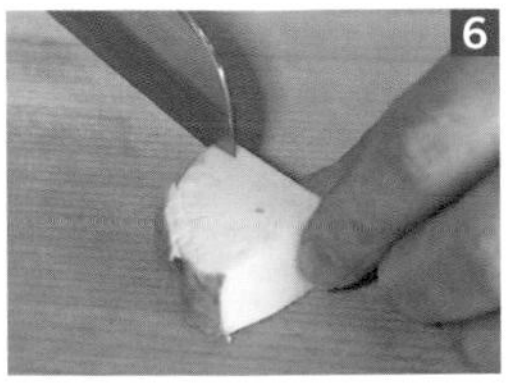

切出寬3mm深3mm左右，和山形內側平行的切口。

菜刀於切口內側入刀挖去一層慈姑。重覆此操作做出兩段屋頂。

將底邊切平。屋頂最好正面和背面都可刻出。

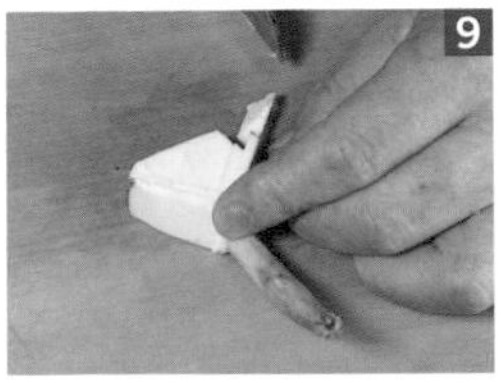

垂直切下兩側至下段屋頂處。頂芽切成繩子的樣子。

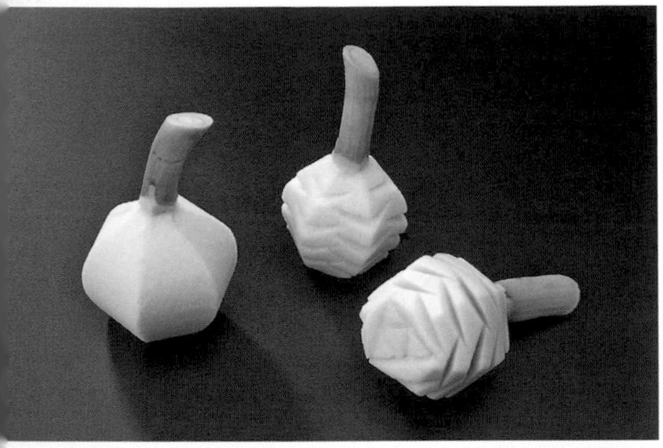

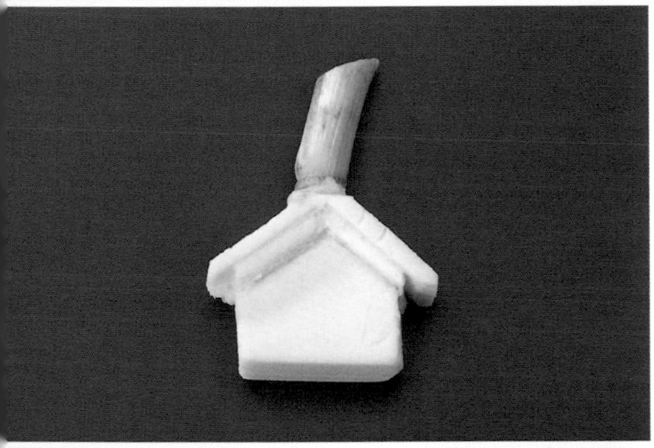

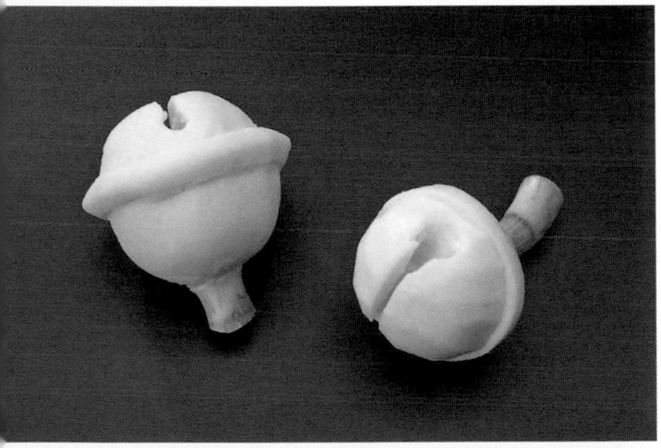

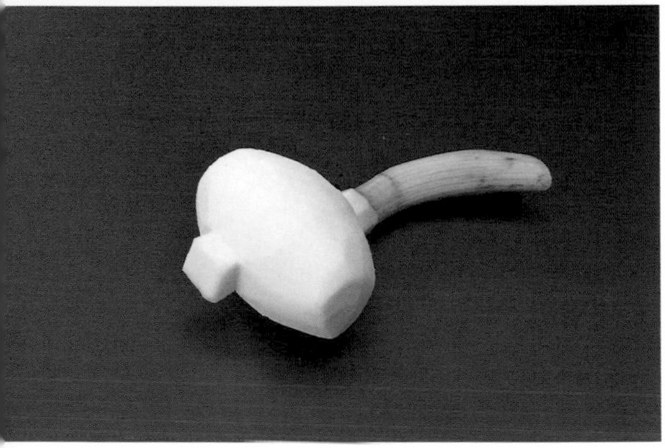

（照片由上而下）六方慈姑（左）、松毬慈姑（右）、以下依序為繪馬慈姑、鈴慈姑、小槌慈姑

製作底面的突起。菜刀直直切下後再從旁邊挖削去多餘部分。

【小槌慈姑】

拿著慈姑使頂芽彎曲的部分如照片所示，自下方朝上厚厚削去很寬的一層外皮。

相對的背面處理方法亦同。削平後的慈姑。

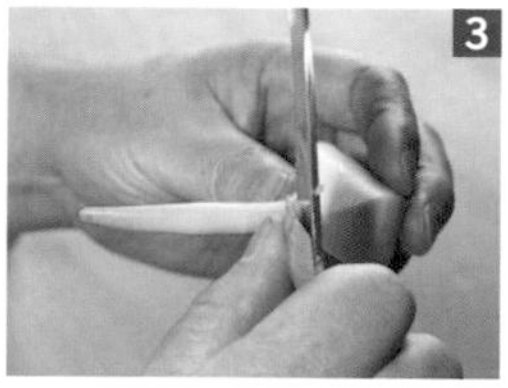

將剩下的面削去一層薄皮。

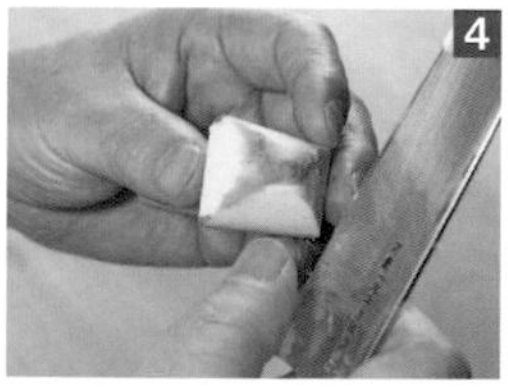

底面的形狀。

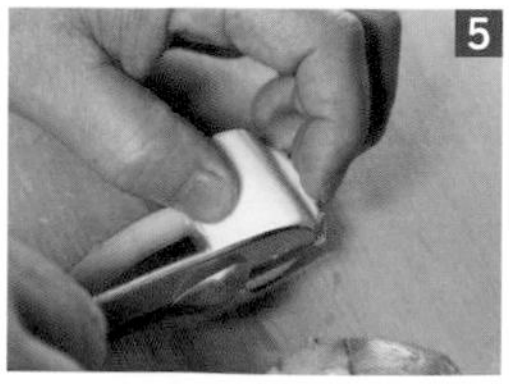

將全體修整成橫放的太鼓形狀，筆直切去側面。

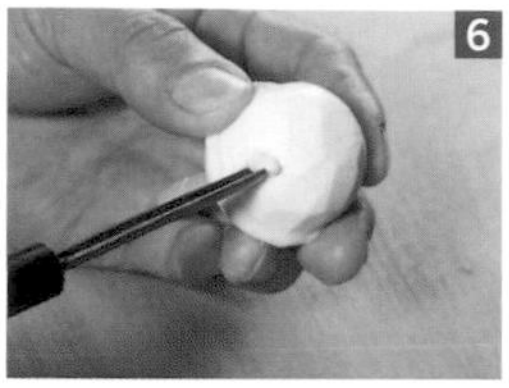

於帶狀區的約1cm下方鑽入戳刀，打出直徑約5mm的洞。

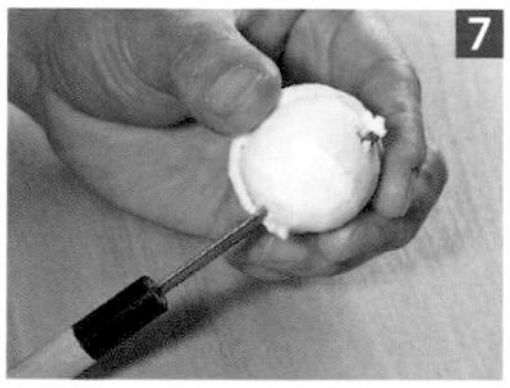

將戳刀貫穿慈姑。

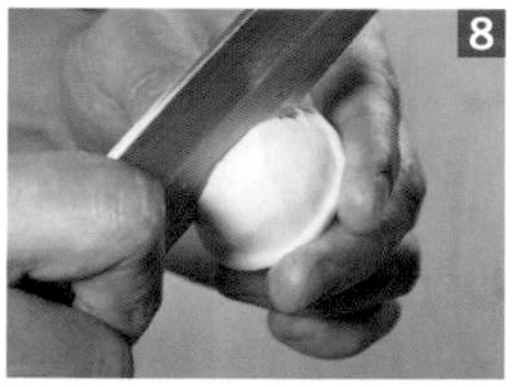

於孔洞經過處上方劃上兩條切口切穿至孔洞處。寬約5mm。

【鈴慈姑】

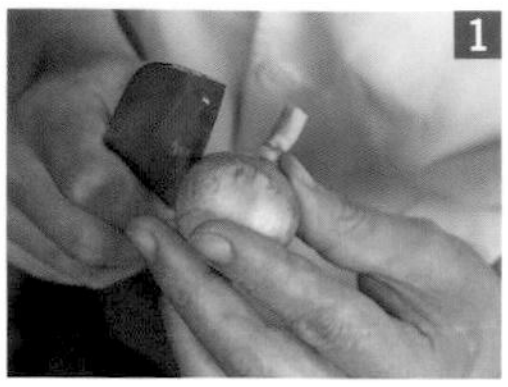

首先切出帶狀。偏上方處劃出兩圈切口，寬5mm深3mm。

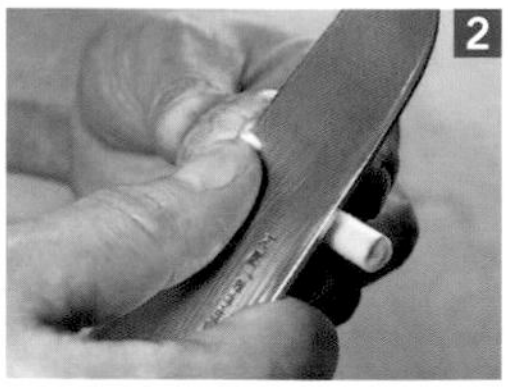

自頂芽根部入刀朝切口方向削皮。

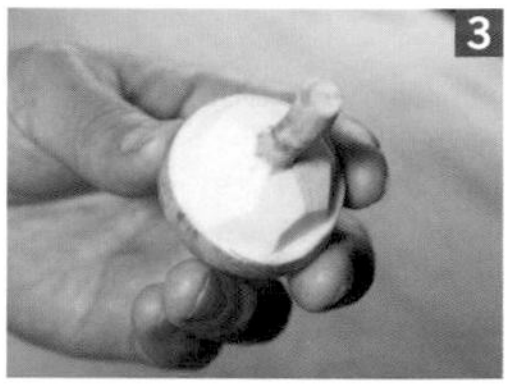

削去一圈皮後將稜角修整平滑。

下方亦一樣削皮至帶狀的切口處。

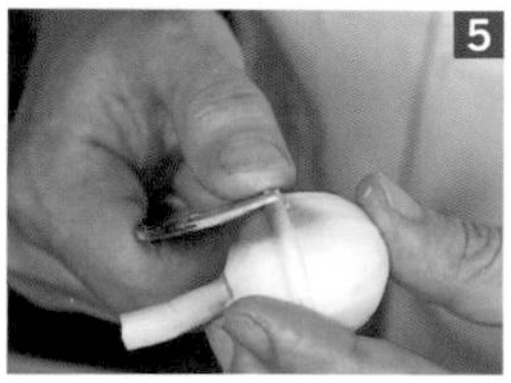

薄薄削去帶狀區上殘留的外皮再修整平滑。

香煎裹慈姑丸子

慈姑磨成泥可帶出澱粉質的黏性，揉成一團可做成丸子。炸好立刻裹上烏魚子香煎。

慈姑
炸油
烏魚子香煎*

*烏魚子香煎是利用烏魚子切下的邊邊做成。烏魚子先用磨泥器磨碎後隔水加熱炒至鬆散。將烏魚子鬆用篩網磨細再去炒一次。重覆以上步驟二至三次便可以做出非常細緻的香煎。

【慈姑丸子】

1 慈姑去皮後用細網眼的磨泥器磨成泥。

2 磨好後的慈姑再用篩網磨細，若希望成品質地鬆軟則不要用篩網磨細。

3 手握住慈姑泥，從大拇指和食指間擠出丸子狀，再用湯匙舀起丸子。

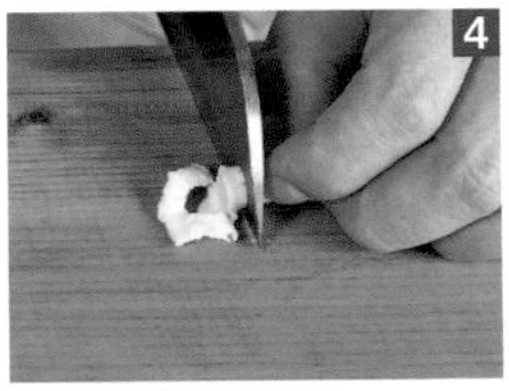

4 切除頂芽的基部並修整形狀。

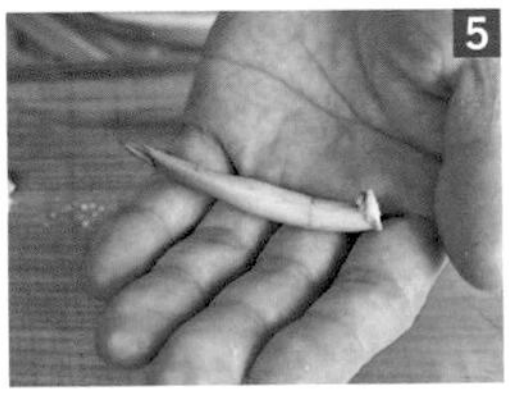

5 切好的頂芽。

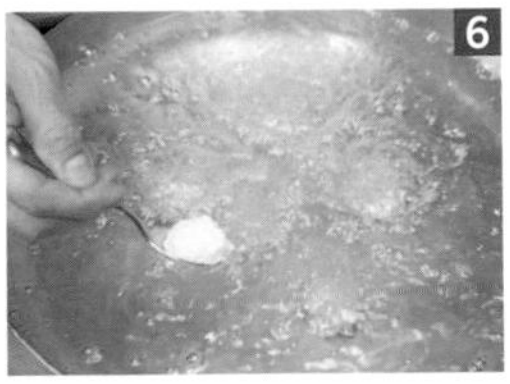

6 用160°C的油去炸慈姑丸子。

7 頂芽也一起下鍋炸，頂芽很容易炸焦要小心。

8 將炸好的丸子裹上烏魚子香煎。

金時紅蘿蔔

金時紅蘿蔔／芹科紅蘿蔔屬

紅蘿蔔可分為東洋品種和西洋品種，而金時紅蘿蔔為日本現存唯一的東洋品系紅蘿蔔。為京都的傳統蔬菜，亦被稱為京紅蘿蔔。和西洋品種不同，產季只有冬季。為年菜不可或缺的食材。

【梅花紅蘿蔔】將紅蘿蔔雕成紅梅的形狀，含煮入味後搭配料理。亦可將白蘿蔔雕成成對的白梅。

【扭結梅花】將梅花紅蘿蔔再處理過，浮雕出立體的花瓣而成。2的花瓣切口如使用戳刀（↓10頁）可做出曲線。

【紅白千代結・紅白相生結】先浸泡於立鹽水中泡軟後較容易進行作業。

【韁繩】可以一次做出兩條韁繩。另外用白蘿蔔一樣做出韁繩，將兩端重疊像轉螺絲一樣旋入可做成紅白韁繩。

【梅花紅蘿蔔】

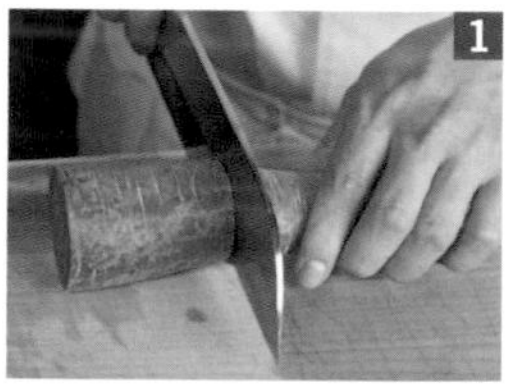

1 取紅蘿蔔直徑有4～5cm高的部分，切出約7～8cm長。

2 切去周圍的五邊，做成正五角柱。

3 於各邊中央切入約5mm的切口。

【扭結梅花】

1 製作梅花紅蘿蔔，考慮到兩側要去雕花，因此切成約1cm厚。

2 於花瓣間的凹處和中央花芯連線上劃出淺淺的切口。

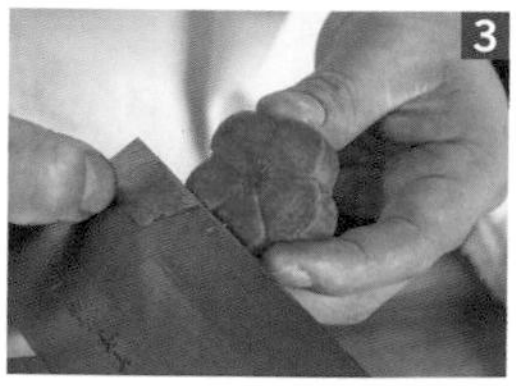

3 自位於切口右側的花瓣邊緣朝切口處斜斜入刀，切出立體狀。

4 從角的地方朝向切口處用菜刀削出曲線，做出一半的花瓣。

5 將五角柱反過來和4一樣切出曲線，做出五片花瓣。

6 將尖角處削圓完成花瓣的形狀。之後可隨意切出所需的厚薄。

【紅白千代結】

1 紅蘿蔔（紅）和白蘿蔔（白）切成寬1cm長10cm厚1mm的長方形。

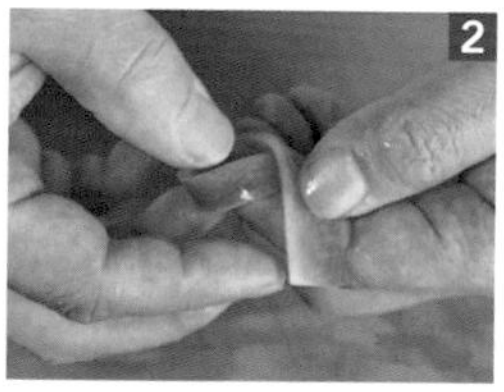

2 浸泡於立鹽水中泡軟後擦乾水分。重疊紅白蘿蔔片做成千代結。

3 將帶子的長度切成約右1左3的比例。

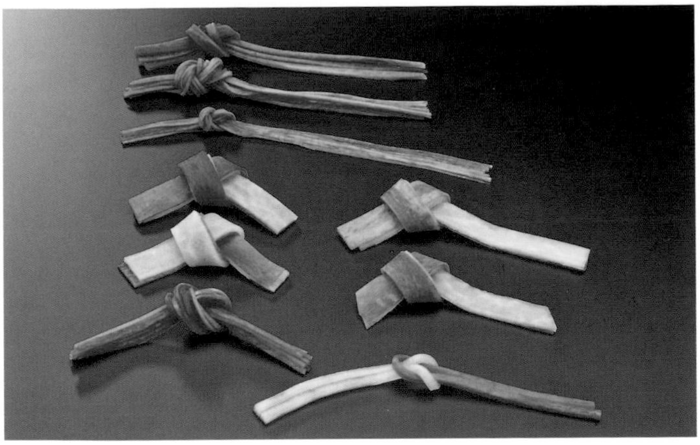

紅白千代結與紅白相生結

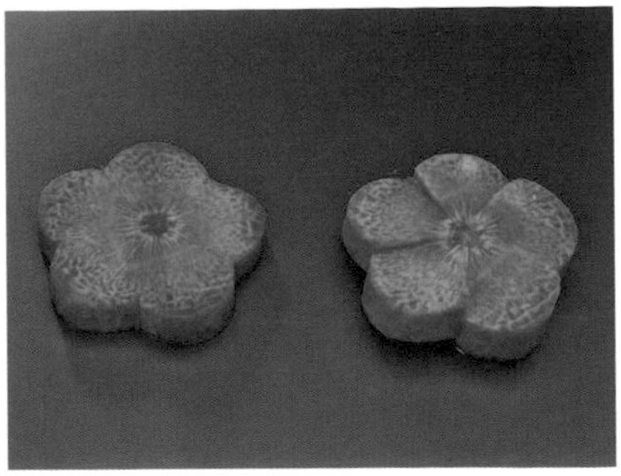

左為梅花，右為紐結梅花。

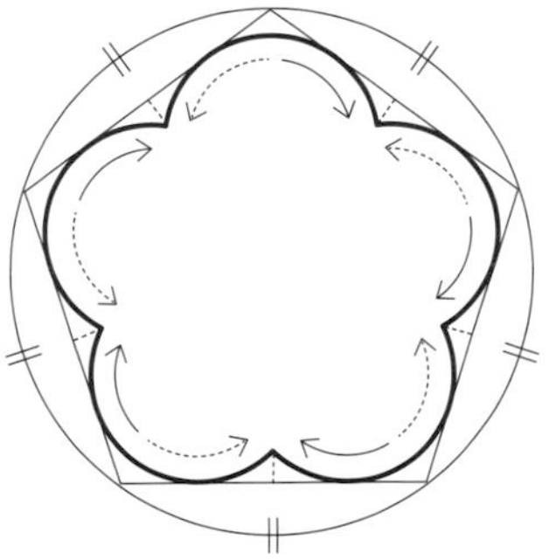

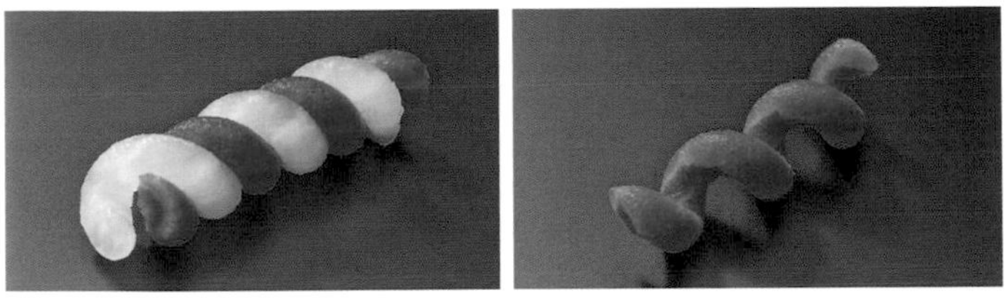

韁繩

【韁繩】

1 切成7～8cm長的紅蘿蔔和切韁繩的器具。鐵片可取下。

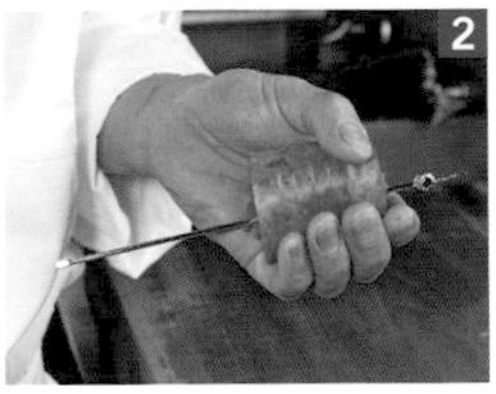

2 於中心插入韁繩旋棒的尖端，朝右旋動。待貫通紅蘿蔔後卸下鐵片，自另一邊拔出。

3 看準韁繩的寬度後，切入切口。

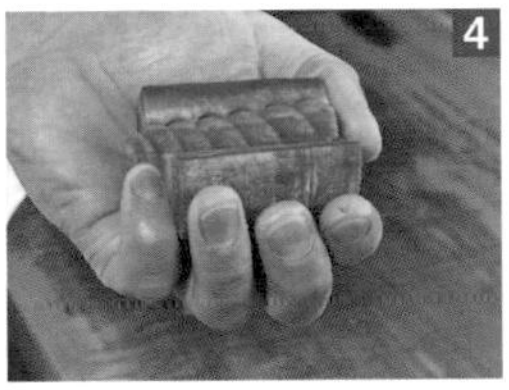

4 取出切好的部分。亦有用竹籤刺入一端反方向旋轉拔出的做法。

【紅白相生結】

1 將紅白蘿蔔切成長10cm（白色稍長）、寬高各2mm的繩子狀，將兩條蘿蔔做出圈狀。

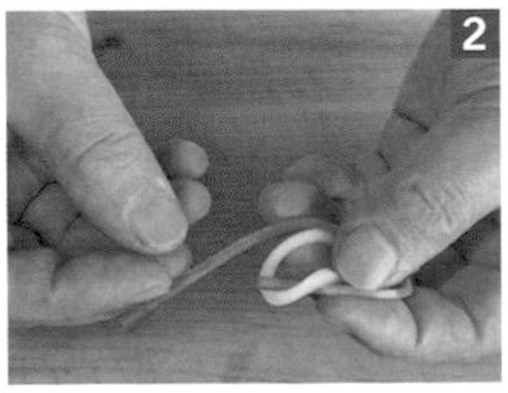

2 紅蘿蔔圈壓在白蘿蔔圈上，將紅蘿蔔繩的兩端潛入白蘿蔔繩下再向上拉出。

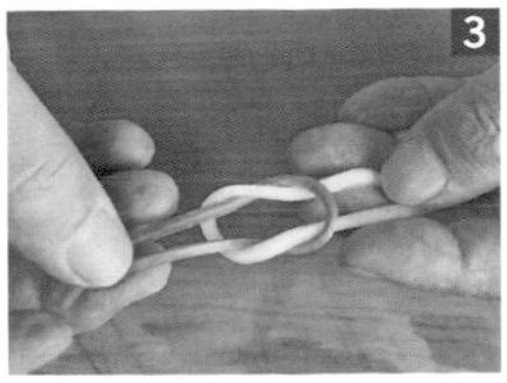

3 拉緊紅白蘿蔔繩，切齊兩端。

堀川牛蒡

堀川牛蒡／菊科牛蒡屬

因栽培於京都的堀川而得名的京都傳統蔬菜。前一年的秋季種下，讓苗成長到了翌年六月左右再重新種過讓其斜倒。快到年末時才可收成，算起來培育時間要花費一年以上。多填餡至大的空心處做成料理。

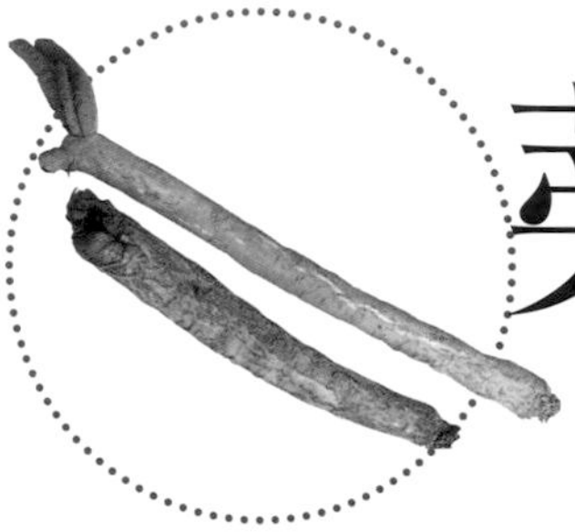

調理要點

◎用米糠或洗米水川燙去雜質，但因為中間的空心處和凹凸不平的外皮容易卡米糠，因此之後要仔細水洗過。

◎要小心若用大火煮會容易裂開。

【預先水煮】用洗米水預先煮過後為了去除米糠味再度用熱水煮過並泡入流水中，但因浸泡太久會影響本身獨特的味道，最後的階段只要洗過即可。

64 糯米泡水蒸過曬乾再磨碎而成的粉。

【預先水煮】

在流水下用鬃刷洗去泥土。切除兩端切成可放入鍋內的大小。

放入洗米水中。

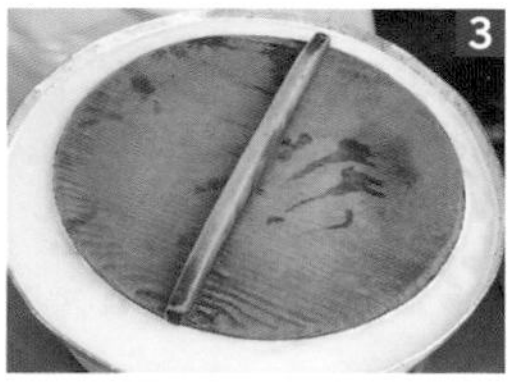

壓上鍋蓋煮三至四小時。

用竹籤戳戳看確認軟硬度，若可輕易刺穿即可撈起。

泡至流水中洗去米糠味。

空心處亦要仔細洗淨。洗好後用沸騰的熱水煮約五分鐘，再度泡至流水中去洗。

【填餡堀川牛蒡】

預煮過的堀川牛蒡用一番高湯、濃口醬油、味醂、鹽混合成的底去含煮。

壓上鍋蓋去含煮。

煮好後切成約3cm長的段。

放入蒸具中數分鐘蒸去水分。

道明寺粉 64用加了鹽和梅醋的昆布高湯泡軟膨脹去蒸，再填入牛蒡空洞中。

放入調理盤中用蒸具加熱。

堀川牛蒡填道明寺糕

堀川牛蒡
蟹　油菜花
生薑汁

填餡堀川牛蒡
蟹
油菜花
吉野葛芡（一番高湯、鹽、淡口醬油、葛粉）
生薑

1 製作填餡堀川牛蒡。
2 將填餡堀川牛蒡盛盤，放上蟹肉和燙過的油菜花。
3 一番高湯加入鹽和淡口醬油調味後勾入葛粉做成吉野葛芡。
4 將吉野葛芡淋上2，再滴入生薑汁。

堀川牛蒡赤土燒

罌粟籽　青海苔

含煮過的堀川牛蒡塗上海膽泥再去烤成。

堀川牛蒡
一番高湯、濃口醬油、味醂、鹽
海膽泥、酒、蛋黃、淡口醬油、味醂
青海苔、罌粟籽

1 處理堀川牛蒡，以準備要填餡的前提去含煮入味。調成較吸物底稍濃的味道。
2 切成5～6cm長後縱切，用壓模將內側清乾淨。再將兩端切齊修整漂亮。
3 海膽泥加入酒和蛋黃稀釋，再用淡口醬油和味醂調味。

4 將牛蒡插串，正反面用刷子塗上3的海膽。
5 炙烤牛蒡，將表面烤乾，再塗上海膽去烤，重覆以上步驟數次。
6 正面灑上青海苔，反面灑上罌粟籽去烤成。

牛蒡

牛蒡／牛蒡科牛蒡屬

在日本將野生的品種馴化後的蔬菜。只有台灣和日本做為食用蔬菜，二戰時來自歐美地區的俘虜曾抗議日本強迫他們吃「樹根」。特色在其咬勁。

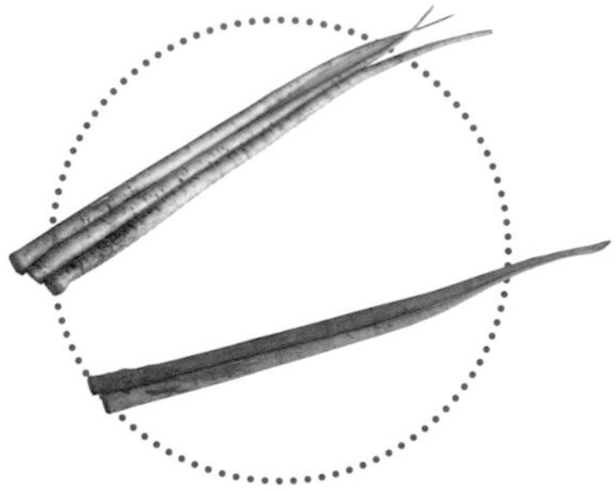

調理要點

◎牛蒡皮中富含特有的香氣和鮮味，因此不去皮只沖洗掉泥土。

◎切開後立刻會變黑，因此旁邊要準備醋水，一切好立刻泡進去。

【滾刀塊】用左手滾動牛蒡再斜斜壓切。注意不要將牛蒡切出三個切口面較漂亮。

【管牛蒡】用針切入牛蒡縱向的纖維和纖維之間，剜去中央纖維使牛蒡呈空心管狀。之後可直接含煮或者於空心處填入餡料去煮或炸。

【牛蒡結】將皮的部分切成繩子狀，浸泡於立鹽水中泡軟再做成相生結。可用來做為碗物的吸口或煮物的辛香調味料。

【清洗】

1 牛蒡泡至流水後用鬃刷刷洗去泥土和髒汙。

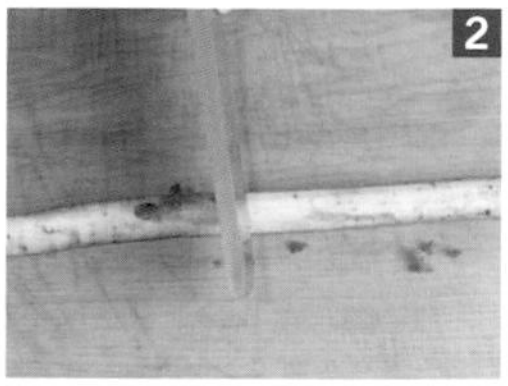

2 用刀背刮去殘餘的髒汙，要小心不要刮除太多否則會影響味道。

【滾刀塊】

1 切去根部較細的部分使滾刀塊的大小齊一，切下的部分之後處理。

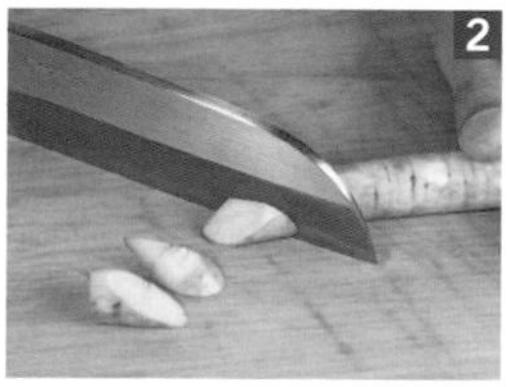

2 將牛蒡橫放，用刀尖斜斜入刀切下。

3 接下來用左手將牛蒡朝手邊方向旋轉九十度後切下。上下旋轉牛蒡依相同方式去切。

【管牛蒡】

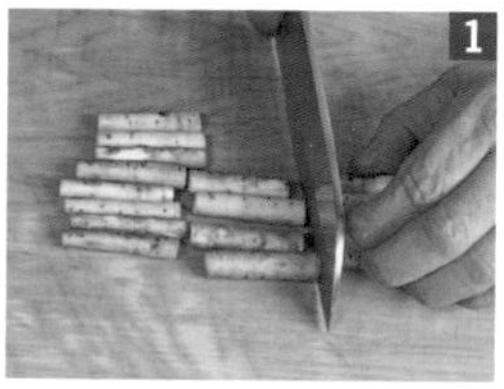

1 將牛蒡切成所需的長度。切成縫衣針可從兩頭搆到的長度。

2 煮沸熱水，加入鹽和醋去煮。要小心煮過頭會裂掉。

3 煮好後泡水冷卻。這是為了防止餘熱會繼續加熱牛蒡。

4 處理根部較細的部分。增加菜刀入刀的寬度，將牛蒡切成偏長的滾刀塊。

5 切好的牛蒡立刻浸泡至醋水中防止變色。

【牛蒡細竹葉削】將牛蒡切出切口，一邊轉動牛蒡一邊削切出薄薄的細竹葉狀。

【拍牛蒡條】將牛蒡的組織拍斷，使其更容易吸收入味。拍牛蒡不只是菜刀處理方式的一種，更已成為年菜中填餡料理的代名詞。拍過後川燙再浸泡於甘醋或芝麻醋中。亦有先稍微川燙後再拍碎的做法。

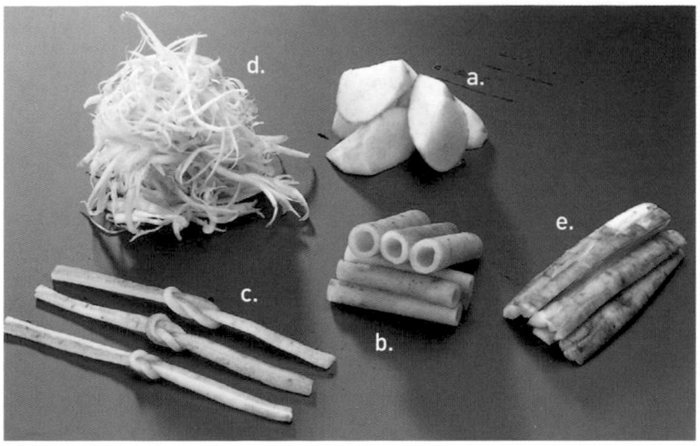

a.滾刀塊 b.管牛蒡 c.牛蒡結 d.牛蒡細竹葉削 e.拍牛蒡條

【拍牛蒡條】

用刀身拍過全體。

切成所需的長度後再縱切。

用刀身拍過。亦可使用研杵等棒子去敲。

【牛蒡細竹葉削】

切除靠近莖部較粗不易削成細竹葉削的部分。切下的部分可用來做其他料理。

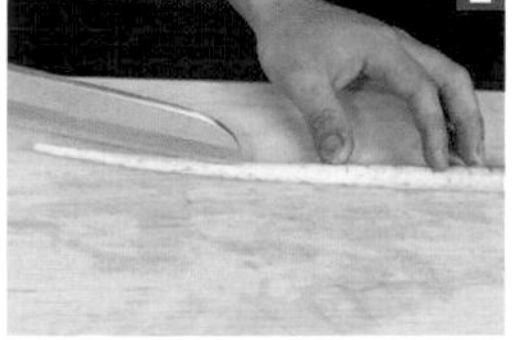

於牛蒡的周圍縱切出6～8條切口。

將三至五根牛蒡排列於砧板邊緣。用左手上下轉動牛蒡，菜刀朝左傾斜薄削，將牛蒡削至醋水中。

【牛蒡結】

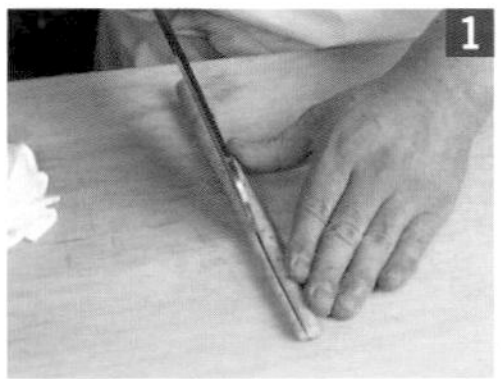

將切成約15cm長的牛蒡分切成四等份。

剝切去芯部留下皮的部分。

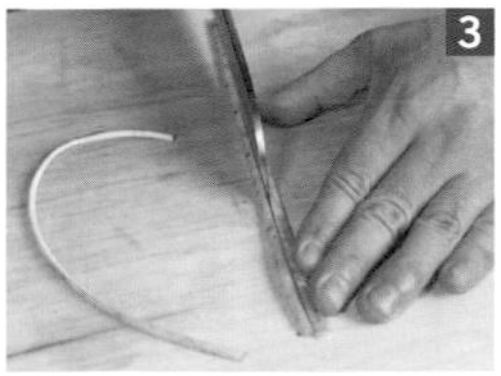

視牛蒡的粗細可再縱切成細狀做成相生結（→157頁）。

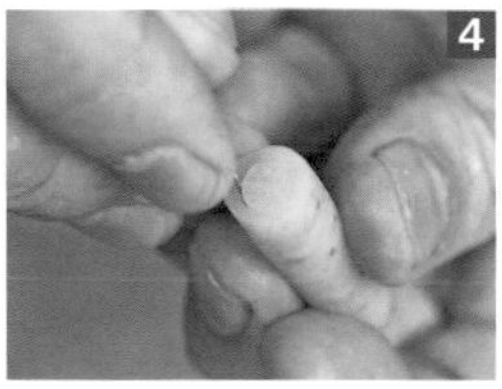

可從牛蒡的橫切面看到中央的芯部已經變色。將縫衣針插入色差的界線上，沿著界線邊畫圈邊切入內部深處。若牛蒡長度較長，則另一頭也要插入縫衣針依同樣方式處理。

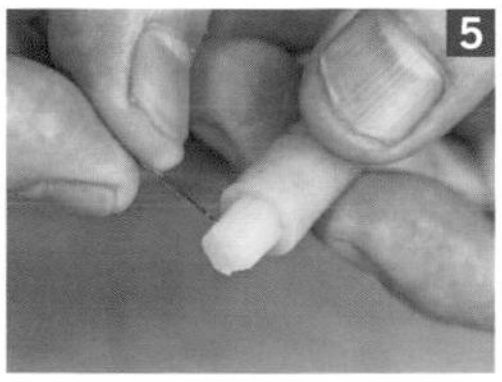

待芯部和外圈完全分離，將芯部拉出。

煮油目　管牛蒡

管牛蒡　生薑細絲

於煮油目的鍋中放入管牛蒡煮成。

油目
管牛蒡
酒、味醂、濃口醬油
生薑

1 油目水洗後行三枚切處理再切片。
2 將酒、濃口醬油、味醂煮滾，放入油目快速煮一下撈起。
3 製作管牛蒡，放入2的鍋中含煮，再將油目放回鍋中一起煮成。
4 生薑細絲盛放於頂端（天盛）。

牛蒡金平

芝麻　一味粉

牛蒡料理中最令人熟悉的常備菜。將牛蒡細竹葉削炒過去調味。

牛蒡細竹葉削
沙拉油、麻油
酒、味醂、濃口醬油
芝麻、一味辣椒粉

1 於平底鍋上鋪上大量的沙拉油和麻油。
2 將浸泡於醋水中的牛蒡細竹葉削瀝乾，放入1的平底鍋中炒。
3 用酒、濃口醬油、味醂調味快速炒過。
4 起鍋時灑上一味辣椒粉和芝麻。

管牛蒡填真薯餡

蛋　蝦　狼牙鱔

將管牛蒡填入各種真薯煮好後切滾刀塊，運用了多項牛蒡特有處理手法的一道料理。

管牛蒡、麵粉
魚漿、蛋黃、淡口醬油、味醂
蝦、魚漿
狼牙鱔魚漿
高湯、淡口醬油、酒、味醂

1 製作三種真薯底。魚漿混合蛋黃後用淡口醬油和味醂調味。
2 蝦子去殼去背腸，用研缽研磨後加入約兩成魚漿攪拌混合。
3 製作狼牙鱔魚漿。
4 將管牛蒡的中空處裹粉後填入三種真薯底。
5 高湯加入淡口醬油、味醂、少許酒混合，加入4的牛蒡快速煮一下，再將牛蒡浸底。
6 冷卻後瀝乾底切滾刀塊。

山藥

山藥／薯蕷科薯蕷屬

起源為野生的野山藥，中國自西元前就已經開始栽培。傳入日本後經改良孕育出了許多品種。其中以山藥最受歡迎。特色為爽脆的咬勁。

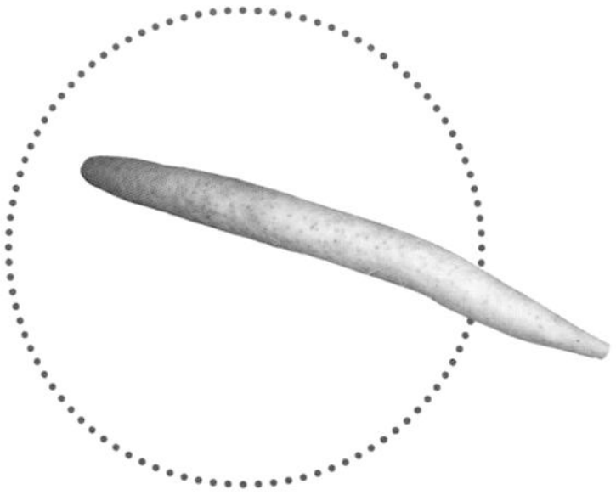

調理要點

◎山藥去皮後容易變色，因此為防止變色可浸泡於醋水中。

◎容易裂開因此要沿著纖維去切。

【白扇】保留山藥潔白的顏色，將山藥雕成扇子的形狀，蒸煮後用來搭配節慶料理。可削成朝右展開或者朝左展開，扇子的摺數也是各色各樣。

【山藥細麵】山藥生吃時多切成拍子木片或者短籤片。但其實也可採用桂削後切細做成彷彿像細麵一樣的做法。搭配美味高湯一起食用，冷熱皆很美味。

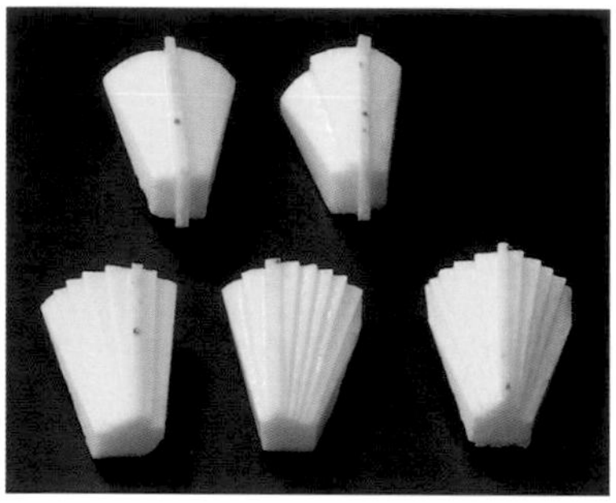

白扇

【白扇】

1 切成約5cm長後再縱切成一半。

2 將皮朝上放置，斜切去兩端大致切出扇子的形狀。

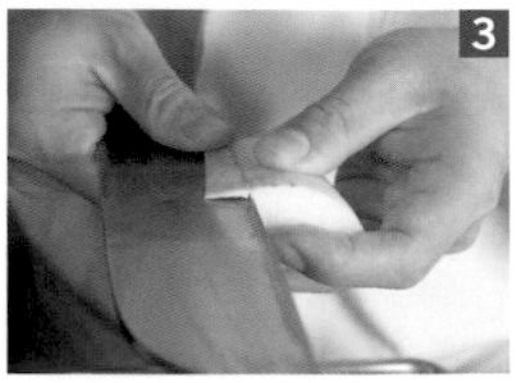

3 於皮的三分之一處斜切出切口（深3mm），削去到切口處為止的外皮。

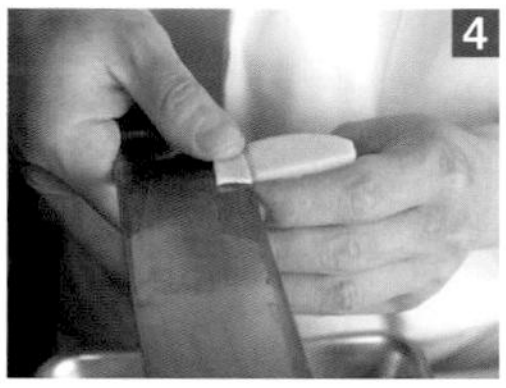

4 於扇子上方的面的側邊入刀，切至3的切口處（扇骨）。

5 完成一個摺痕。

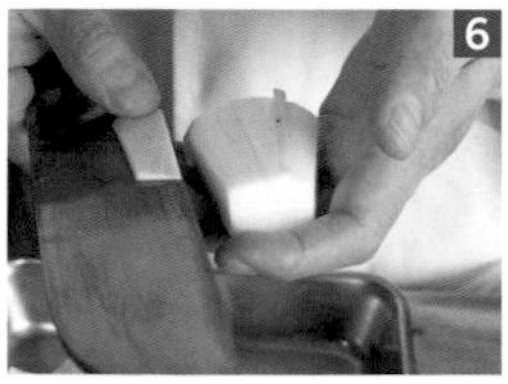

6 製作左側的摺痕。於扇面垂直劃出切口，並削去到切口處為止的外皮。

7 於扇子上方的面做出階梯狀。先垂直切出切口。

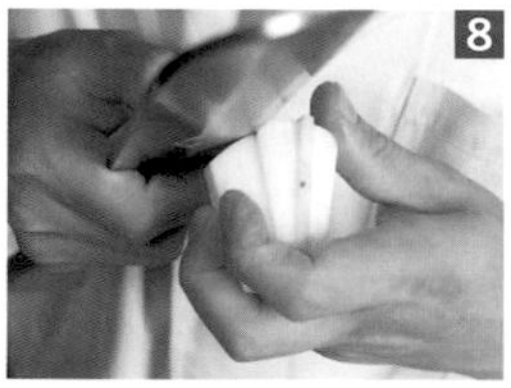

8 自側邊削出曲線。並將扇子下方的面用菜刀雕出突出的扇骨。

● 山藥細麵

海膽　山葵
美味高湯

山藥細麵可以直直地排列整齊盛盤亦可以攪散在高湯裡。
這裡倒入的雖是冰過的美味高湯，但也可改淋上熱呼呼的細麵湯底。

山藥、美味高湯
海膽、山葵

1 製作山藥細麵。不要浸泡於醋水中，避免吸收多餘水分或破壞形狀。因此必須趁變色前盡快調理。

2 盛至器皿中，淋上冰過的美味高湯，再放上海膽和山葵。

【山藥素麵】

1 山藥切成8~10cm長，將切面剝切成水平狀態，使高度（桂削片的寬度）齊一。

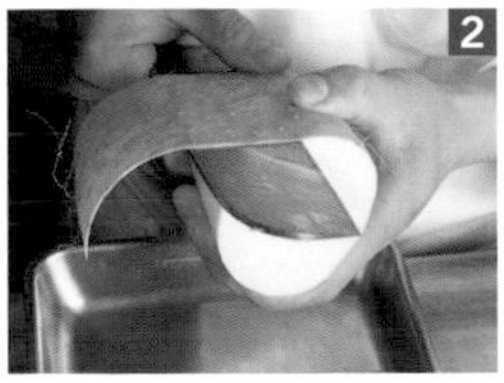

2 去皮。

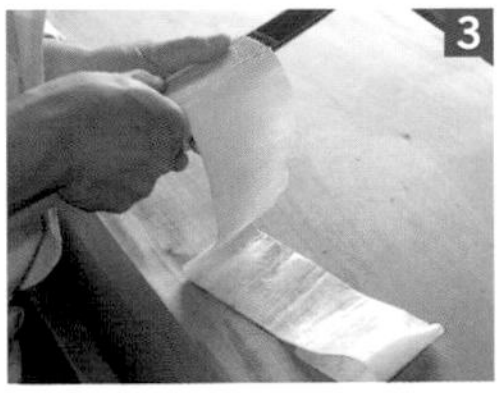

3 將山藥薄薄桂削。

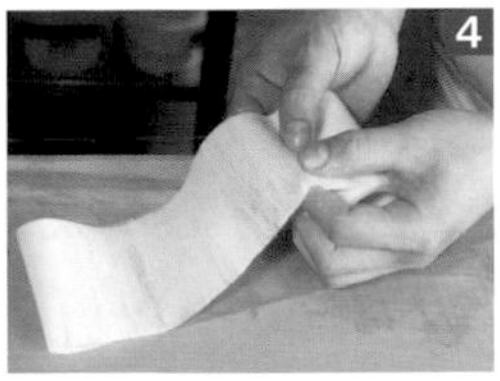

4 捲起削好的桂削片。如此可方便之後處理。

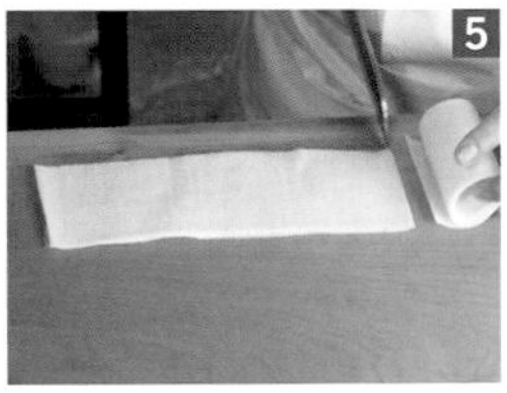

5 將捲起的內側朝下放置，使其完全貼合砧板。

6 重疊三至四片後切細絲（纖切）。

7 小心地用筷子撈起切好的細絲，不要破壞形狀，將山藥細絲盛至器皿中。

蔥

蔥／百合科蔥屬

自古便被認為是具有療效的蔬菜。可大致分為白蔥[65]和青蔥[66]。培土栽培出之色白者稱為白蔥或長蔥，如千住蔥、下仁田蔥即屬於此類。食用綠葉部分的青蔥則以九條蔥為代表。

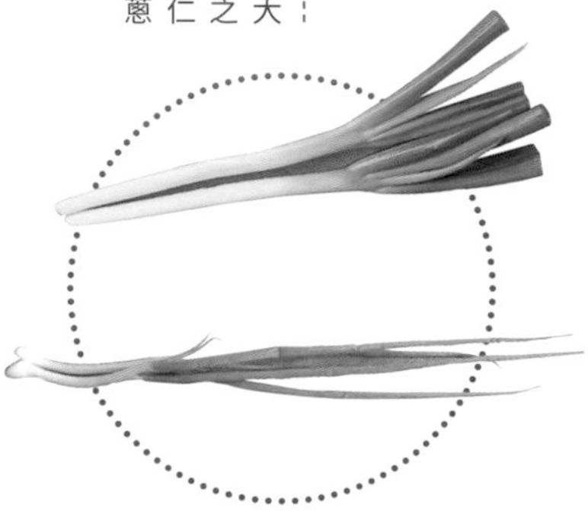

調理要點

◎黏液較多者處理成洗蔥。依照食材的狀態和用途去做不同處理。

◎切後要立刻使用。否則時間久了會變臭。

【切末】用來當作辛香料等時的切法。

【斜切・洗蔥】若希望切成長一點可以採斜切。這個切法亦方便聚成一團圓形丘狀去擺盤。由於蔥特有的強烈臭味可能會影響料理其他食材的風味，因此用流水洗過來減輕臭味。亦稱為泡蔥[67]。

【白髮蔥】白蔥切成細絲後看起來就像白髮一樣故稱白髮蔥，名稱聽起來很喜氣。用流水沖去臭味，只保留蔥細膩的風味，再做為辛香料使用。

【白髮蔥】

將白蔥切成4～5cm長。

縱切出切口深入芯部，去除芯部後取外圈的白色部分。

一片一片剝開去除芯部。

【切末】

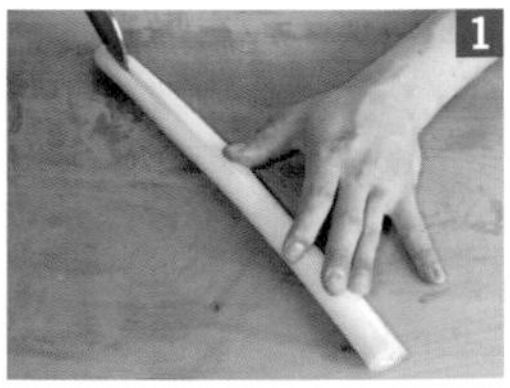

將長蔥斜放，用菜刀刀尖縱向拉切數刀。

切出8~10刀切口，為了不要讓蔥散掉保留根部不要切斷。

待拉切完後再切斷根部。

自一端細細切末。切好的蔥立刻泡水去除臭味。

【斜切・洗蔥】

和切斜片一樣，斜斜地去連續推切。

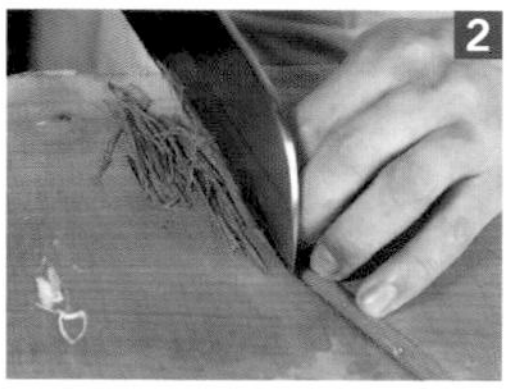

綠色部分一樣連續推切。

放到水囊[68]中，加大流水的水壓去洗。用布擦乾水分。

※若要用於壽喜燒或者鍋物，可再加寬斜切的幅度。
※亦有將切好的蔥用布包起泡至流水中再擰乾水分的做法。

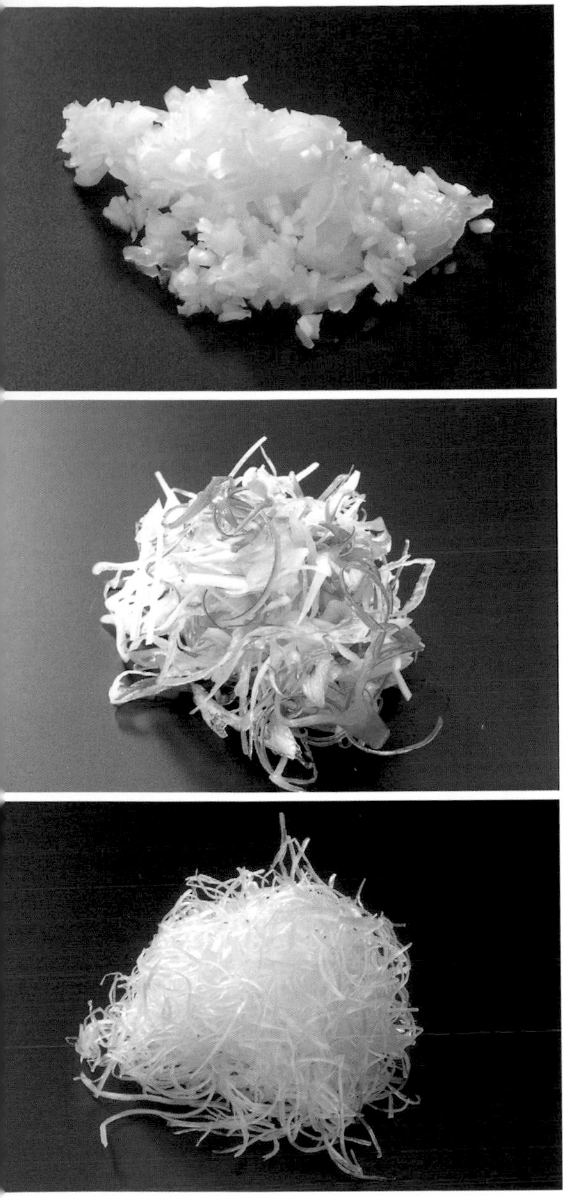

（照片由上而下）切末、斜切、洗蔥、白髮蔥

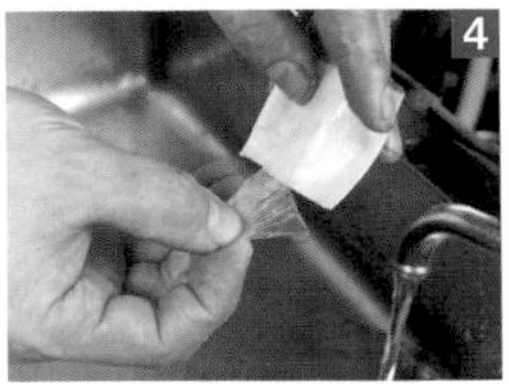

剝除內側的薄膜。此為為了增進口感去除臭味不可或缺的步驟。

一片片放至流水下沖淨內側的黏液。

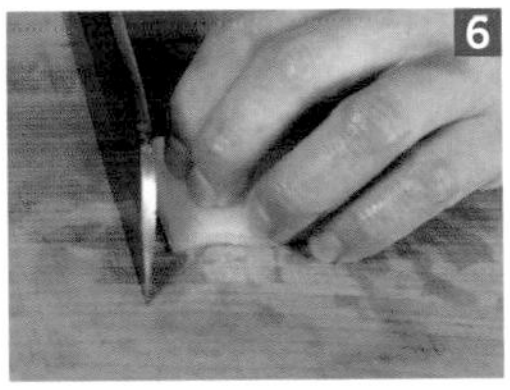

重疊二至三片沿著纖維纖切（切細絲）。

連續纖切。

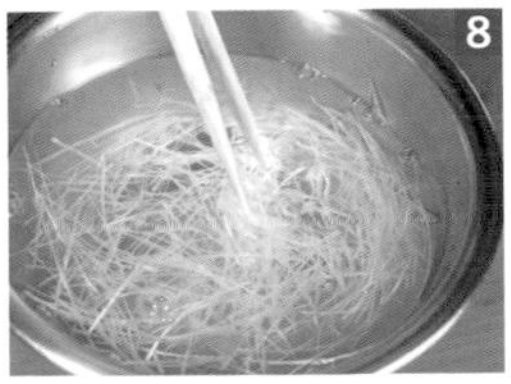

切好後立刻泡水。

用布包起收起袋口，放至流水下輕輕搓揉。

洗好的蔥。顏色潔白且富有光澤。

用筷子聚成鬆軟的一團去盛盤，十分美觀。

65 日文稱根深蔥。
66 日文稱葉蔥。
67 日文原文為さらし葱。
68 篩網的一種。篩網具有深度，在篩網內側裝有支架補強，用來過濾液體。

菠菜

菠菜／藜亞科[69] 菠菜屬

分為東洋種和西洋種。東洋種葉尖呈尖形，且葉緣的裂痕較深，滋味清淡適合做成高湯浸。西洋種的葉尖呈圓形，葉緣裂痕較淺，質地較厚適合用來炒。最近的主流為介於兩者之間的中間品種。

調理要點

◎為了保留營養價值以及鮮豔的綠色，加熱時間要短。

◎露天栽培者澀味重因此要充分泡水洗去澀味。

【預先水煮】菠菜帶有澀味，因此若要熟食一定要預先用水煮過後充分泡在流水中洗過。沖去澀味可發揮出菠菜本身的甘甜。

【青寄】希望強調料理的綠色或者是食材本身的綠色不夠時，可以添加自蔬菜萃取出的綠色色素（葉綠素）表現出自然的綠色。而萃取出的綠色色素就被稱為「青寄」，為天然的綠色著色劑。青寄使用菠菜或者白蘿蔔葉這種深綠色的食材做成。做好的青寄已經去除了青草味因此亦可直接使用。可以一次做多一點的量分裝成小份冷凍保存方便使用。

69 為莧科的亞科。

【預先水煮】

1 切除根部。若要將根部用來搭配高湯浸等料理時可以切稍微長一點。

2 於切下的根部切出十字切口，使之更容易煮熟。

3 因為砂石會卡在根部，因此泡在流水中仔細沖洗乾淨。

4 瀝乾水分。

5 依所需的量用竹皮將根部綁成一束一束。

6 於熱水中加鹽，煮滾後將菠菜自根側放入，切下的根部也一起放入。

7 整束下鍋用筷子撥散葉子，讓菠菜可以在短時間內被熱水煮熟。

8 壓上鍋蓋讓熱水可更快煮透全體。

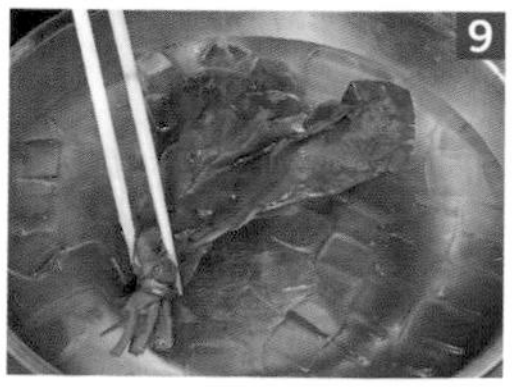

9 泡至冷水中使之急速冷卻。花三十分鐘左右充分洗去澀味。

10 自水中撈起，用雙手握住擠乾水分。

【浸泡高湯】

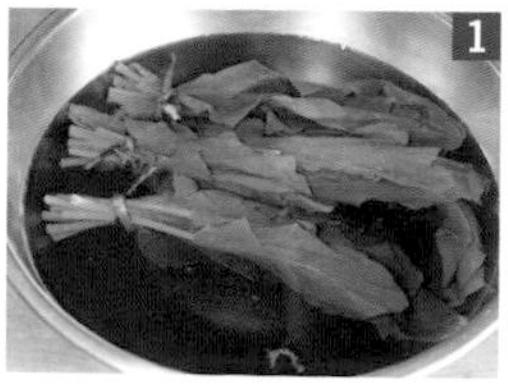

1 將預煮過的菠菜充分擰乾水分後浸泡於底中放置一段時間。再換一次新的底浸泡第二次。

高湯浸菠菜

柴魚細絲

為了讓高湯浸菠菜吃起來不要水水的，要換新的底再浸泡第二次（二度浸）。

菠菜
醃漬用高湯（漬汁底）（一番高湯、鹽、淡口醬油、味醂）
柴魚片細絲

1 製作高湯浸菠菜，將底瀝乾切成方便食用的長度。根部營養價值很高且富含鮮味，因此煮過後泡水再去浸底。

2 盛至器皿中，放上根部。於頂端放上柴魚細絲。

【青寄】

去除菠菜莖部和堅硬部分，只取用柔軟的葉子。

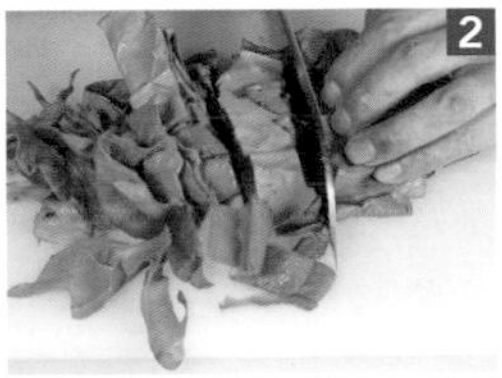

先粗略切過。

再用食物處理機打碎。亦可用研缽磨碎。

將3放至金屬篩網上，澆上熱水，用橡膠刮刀去壓以過濾汁液。將過濾的汁液煮沸。

用中火慢慢煮滾後會浮起泡沫。這是雜質故予以撈除。

這亦是雜質。

再繼續煮沸，可看到綠色的葉綠素和水開始分離。撈起分離的葉綠素。

撈至水囊上瀝乾水分。這帶有鮮豔綠色的成品即為「青寄」。

春菊

春菊／菊科春菊屬

春菊和菠菜幾乎是同時進入產季。煮法和之後所選擇的調理方式也幾乎相同。但唯有葉子的處理方式不同。

【葉的處理】

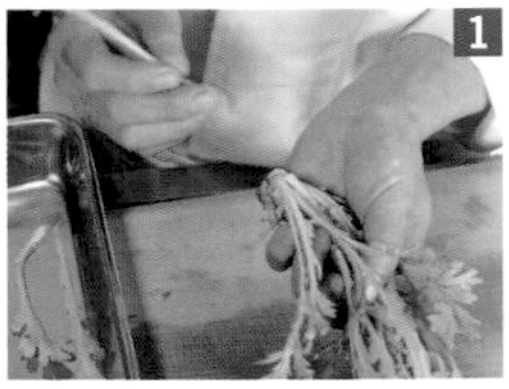

1 葉片一片一片剝下。

2 一邊剝除葉片一邊將葉片大小分為大中小的尺寸。

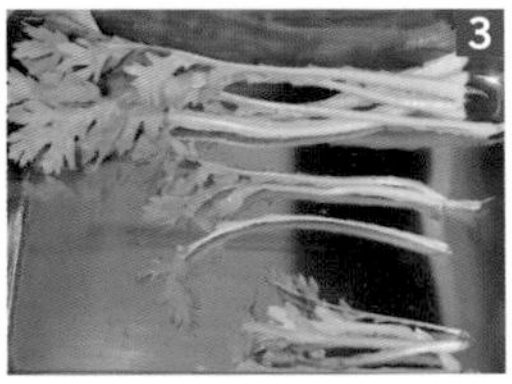

3 剝好分好的春菊。

白菜

白菜／十字花科蕓薹屬

白菜的原產地為中國。分布地區以東亞為中心。可分為結球、半結球、不結球三種，但所使用的大多數為結球白菜，芯部帶有黃色的黃心品種。

【切法】一片葉子有許多堅硬的部分，將各部分分切後採取適合的切法。做為一例，此處介紹用於鍋物時的切法。

【白菜捲】白菜用做鍋物食材時，有時候會事先水煮過。將預先水煮過的白菜捲起切成美觀的形狀。

【去芯】

1 柳刃菜刀的刀尖插入白菜菜葉的根部，沿著堅硬的蒂頭部分切一圈。

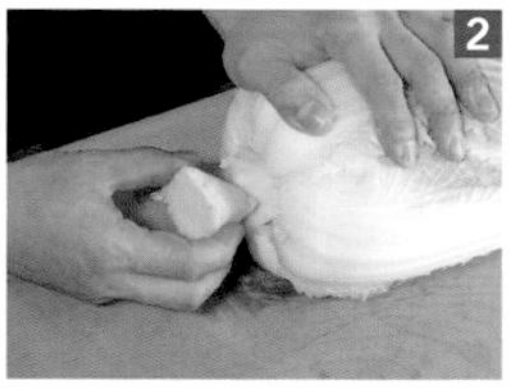

2 拔除蒂頭，將葉子一片一片剝下。

【切法】

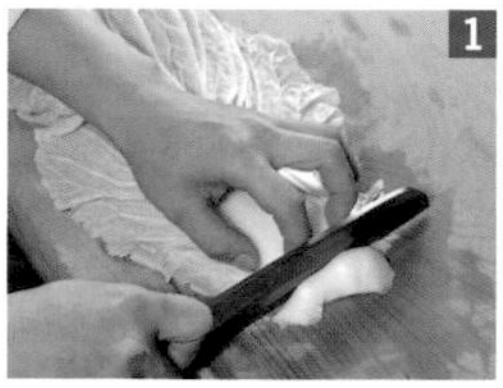

1 白菜剝下後，切除剩餘的根部。

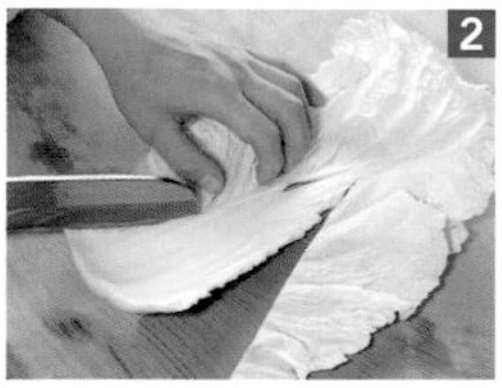

2 拉切白菜芯，切好的白菜芯呈三角形。

3 下方最硬的部分可纖切（切細絲）或者劃出刀痕切成較寬的短籤片。

白菜捲

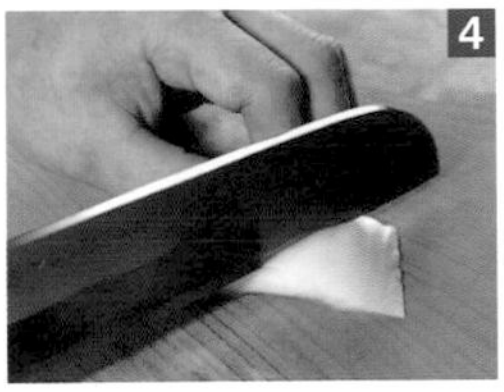

於表面細細切出鹿之子（隱藏刀痕）使更容易煮透。

切成容易食用的寬度。

白菜芯上方較柔軟的部分縱切成上細下寬的長條狀。

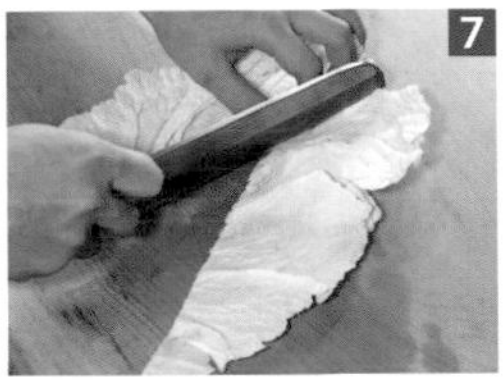

葉子部分首先大致切成一半。

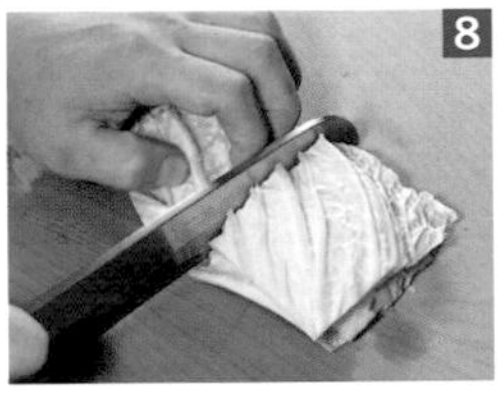

將7重疊，分切成偏大片。因為切好後就直接盛盤，故重疊白菜葉時要將漂亮的那面朝上。

【白菜捲】

用兩手拿著剝好的白菜葉，從芯部放入沸騰的熱水中。

煮一陣子後將全體白菜葉下鍋泡入水中煮。

待綠色部分變得鮮豔就可撈起放至調理盤上稍微放涼。

將白菜葉一片一片攤開放在布上。

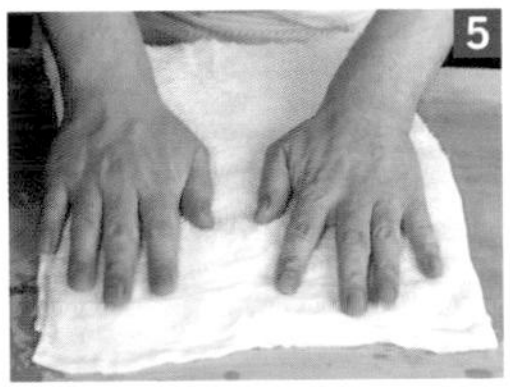

蓋上一塊布吸去水分。

重疊數片白菜葉，切除下方較硬的部分。

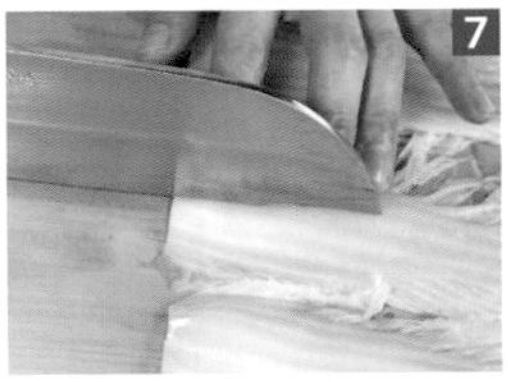

於芯部較硬的部分縱切出刀痕（隱藏刀痕），使方便食用。

將兩片白菜以葉和芯交錯的方式鋪在竹簾上，白菜葉之間要部分重疊。

自手邊方向壓實並捲起竹簾。

用兩手握著將捲好的竹簾立起，用力擠去水分。

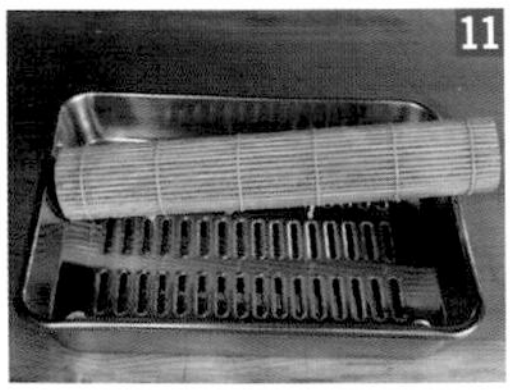

斜立於調理盤上瀝乾水分讓白菜定型。

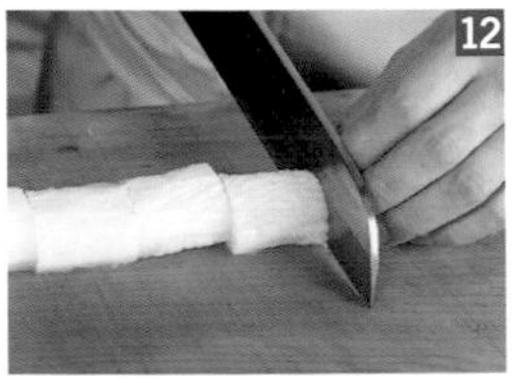

去除竹簾分切成約4cm長的段。

●蒸白菜雞肉千層
吉野葛芡
山葵細絲

利用白菜清淡的甜味和柔和風味做出的蒸物。夾入雞絞肉去蒸成。白菜已經用【白菜捲】的步驟1～7預先水煮過。

白菜、太白粉
雞絞肉、蛋、鹽、淡口醬油、生薑汁
吉野葛芡（一番高湯、鹽、淡口醬油、味醂、葛粉）
山葵細絲（↓69頁）

1 分切疊蒸好的白菜盛盤

2 製作吉野葛芡。一番高湯用鹽、少許淡口醬油、味醂去調味，再勾入葛粉增添稠度。

3 於1上淋上芡糊，再放上山葵細絲。

【疊蒸】

1 用刷毛於預先煮好的白菜內側刷上太白粉。太白粉可以幫助黏合雞肉。

2 將約兩片白菜葉交互重疊鋪於蒸模中。

3 雞絞肉加蛋攪拌，混合鹽、淡口醬油、生薑汁拌勻後鋪滿白菜。

4 於雞肉上灑上太白粉。

5 上面鋪上白菜葉。重覆3～5的步驟二至三次做出多層。最上方為白菜層。

6 用板子輕壓使全體黏合成一體。

7 覆上竹簾和布去蒸。

8 蒸約十五至二十分鐘後用竹籤戳戳看，若可輕易穿透則可關火。

9 配合器皿大小去分切。

青味白蘿蔔

青味白蘿蔔／十字花科蘿蔔屬

京都的傳統蔬菜之一。是根部長約20cm體型偏小的白蘿蔔，一直以來常做成料理的配菜或者漬物等料理。原本自土中探出的部分呈青綠色且彎曲狀。這裡所使用的是培土栽培出來者。

調理要點

◎要保留葉子鮮豔的綠色和根部的咬勁。分別帶出各自的特色。

【預先處理】充分運用小蘿蔔的特色做成料理的配菜。分切葉子和根部分別調理，讓葉子部分呈鮮艷的綠色，而根部則保留爽脆的口感。製作醬醪味噌蘿蔔時採下列的處理方式，只將根部放入米糠床中醃漬。若希望保留口感則只要醃數小時即可。

【預先處理】

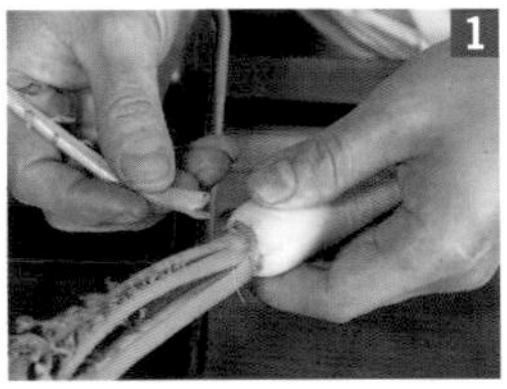

1 去除爛掉的葉子。去除掉多餘的葉片使整體看起來更美觀。

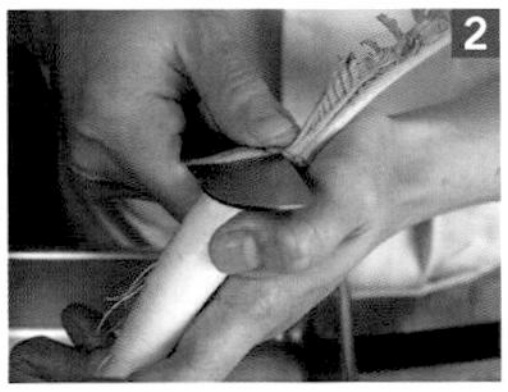

2 葉子的基部很粗糙，自下朝上削去外皮並清潔乾淨。

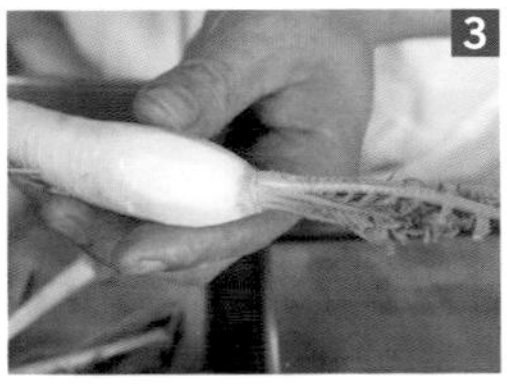

3 清潔乾淨後的葉子基部。

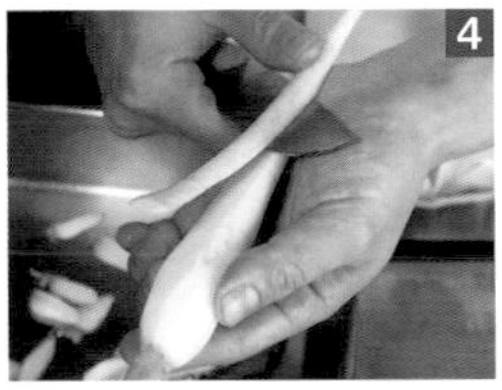

4 削去外皮修整整根蘿蔔的形狀。若要做為料理的配菜，則根部要切短成10cm左右。

5 於沸騰的熱水中加鹽，只將葉子部分快速燙一下增色。

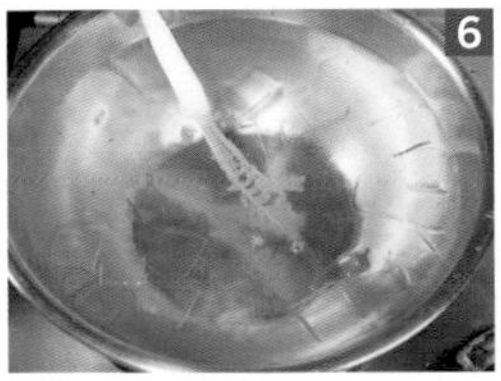

6 泡至冷水中冷卻。泡冷水時可以連根部一起泡入。

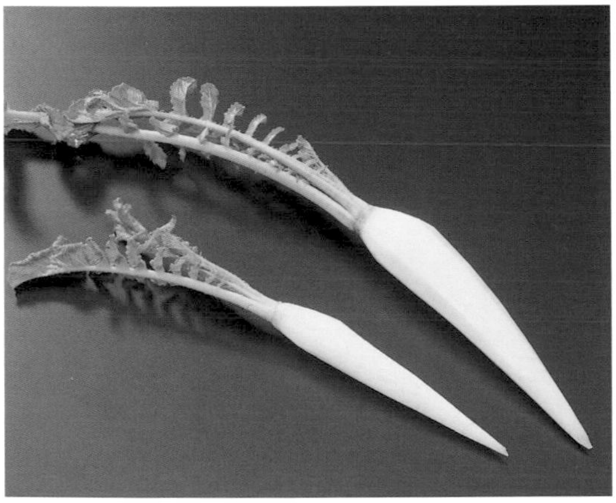

形狀經整理的青味白蘿蔔。

柚子

柚子／芸香科柑橘屬

初夏時綻放的白色小花會變成青綠色的果實，到了晚秋果實會轉成黃澄的顏色。先是柚子花，接著是青柚子，最後是黃柚子，柚子隨著四季遞移不斷改變面貌散發芬芳，即便加熱，柚子的芬芳仍不會散佚。打開碗蓋時撲鼻而來的香氣帶給人至高無上的幸福。果汁可製作柑橘醋，用於搭配燒烤、炸物、鍋物的柑橘醋醬油等場合。

【柚子絲】將柚子皮切成線一樣的細絲。可做為碗物的吸口或者置於煮物頂端（天盛）。

【柚子結】將柚子皮切成細長條狀再綁成千代結。細細切成長絲後聚起數條柚子絲綁成千代結亦別有一番風情。做法基本上同柚子絲。

【柚子絲】

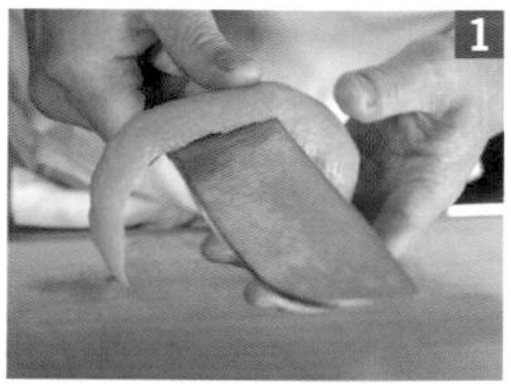

避開髒掉的部分去削皮，削時盡量削寬，厚度大約切到果肉為止。

削好的外皮。果肉部分可以用來榨汁。

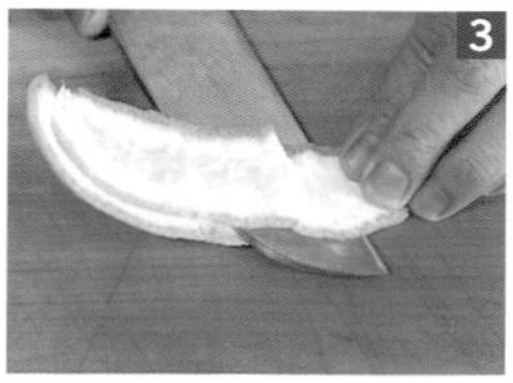

內側白色的纖維是苦味的來源，仔細地剝切去這個部分。

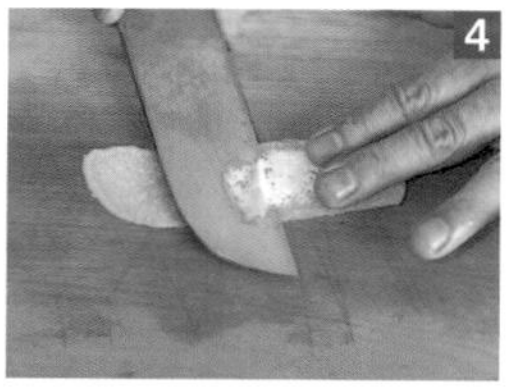

殘留的白色纖維也要細心去除，只取用黃色的薄皮部分。

削皮時果皮邊緣會呈波浪形，故要筆直切除邊緣。

視需求分切成不同長度。

纖切（切細絲）。

泡至水中去除苦味。用布吸乾水分，用筷子聚成鬆軟的一團去盛盤。

【柚子結】

和製作柚子絲時一樣，準備好去除白色纖維的薄皮。

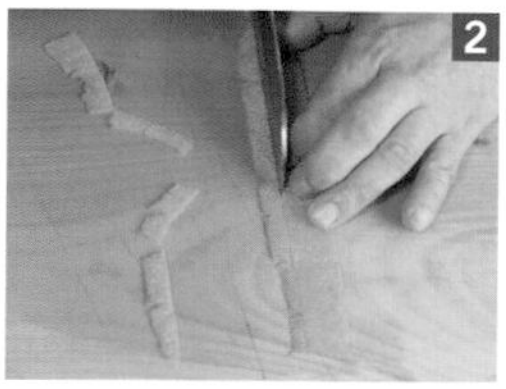

長度需要約10cm長。切除邊緣修整成筆直的形狀。

要做柚子結時皮越薄越好，因此要儘可能地剝切去內側的皮。

最上層由左而右／鏤空扇面、扇面、梅、紅葉
第二層由左而右／松葉、剝切片、撥片、短籤片
第三層由左而右／松葉變折、松葉折、絲（上下切）
第四層由左而右／結、一文字、絲（左右切）

【松葉折】

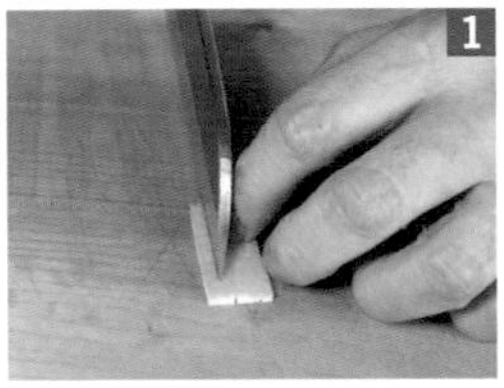

柚子皮切成1cm×4cm的長方形。縱向放置自上下方入刀交互切出切口。

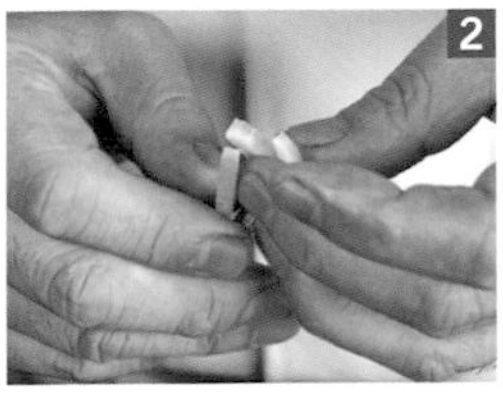

將兩端折起做成松葉折。製作松葉變折時要多切一刀切口。

用刀尖以1～2mm間隔拉切。中途一邊調整寬度一邊切成筆直狀。

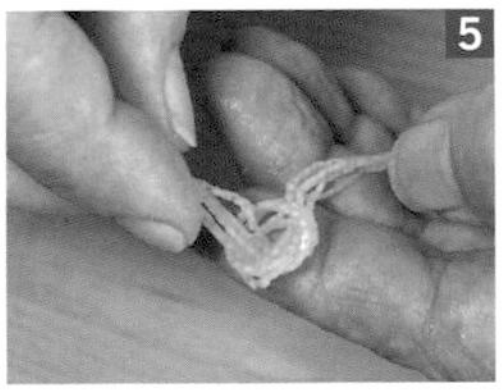

聚起數條柚子絲做成千代結。一邊做成較長較為美觀。

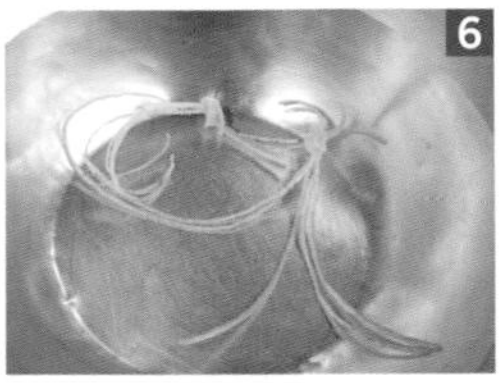

泡水將纏住的柚子絲解開。

●蟹肉柚子釜

蟹肉滑蛋 銀杏
鴨兒芹
吉野葛芡

柚子釜中盛入各色各樣當季的食材去蒸。是一道能同時享用到柚子風味的蒸物，此處將蟹肉拌入蛋裡盛入柚子釜中。最後再淋上葛粉芡。

蛋底（蛋、高湯、鹽、淡口醬油）
蟹肉（已弄散）
銀杏（已水煮）
鴨兒芹莖
柚子釜
吉野葛芡（一番高湯、鹽、淡口醬油、味醂）

1 製作柚子釜並加熱。
2 製作吉野葛芡。一番高湯用鹽、少許淡口醬油、味醂去調味，再勾入葛粉。
3 盛盤取下柚子釜的蓋子淋上吉野葛芡。

【柚子釜】

柚子橫放後以蓋子2釜身9的比例為基準去分切。並切去一點底部。

為了讓果肉更好取出，用刀先切一圈。

用挖球器挖除果肉。

去除蓋子的種籽。

混合蛋和二至三成的高湯，用鹽、少許淡口醬油調味（蛋底），再拌入蟹肉。

放至火上加熱，一邊攪拌煮成半熟狀。關火後拌入一點新的蛋底。這是讓成品柔軟蓬鬆的訣竅。

拌入煮好的銀杏，填入釜中，上面灑上鴨兒芹莖。

放入蒸具中蓋上蓋子蒸五至六分鐘。

金桔

金桔／芸香科金橘屬

柑橘類中體型最小者。皮的苦味少，營養價值亦高，因此帶皮蜜煮後上菜。

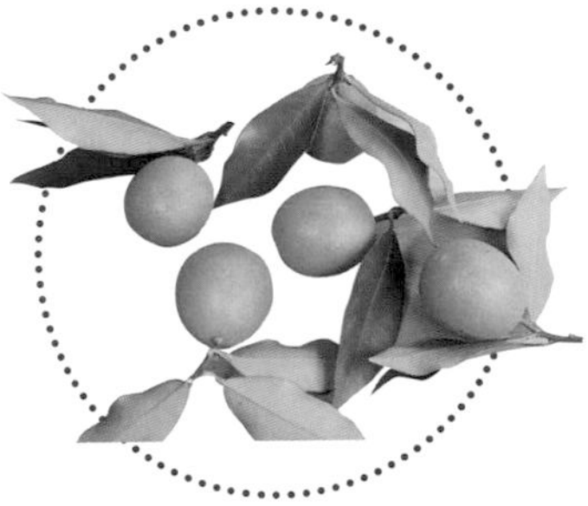

【蜜煮】用整顆金桔去蜜煮。可用於年菜等料理，帶葉去煮更可增添情調。若希望加強甜味，可以用薄蜜＊煮過後放置一晚隔天再浸泡入濃蜜中。

＊薄蜜為水1,000cc兌上砂糖200g，濃蜜為水1,000cc兌上砂糖400g煮成。

【蜜煮】

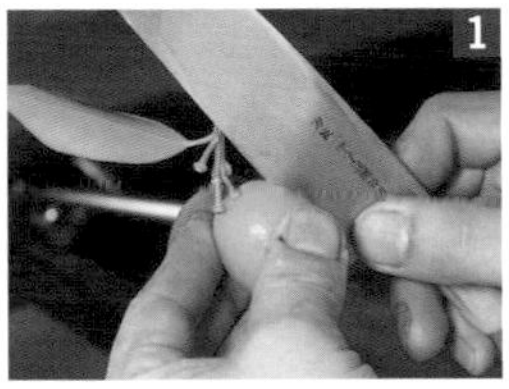

1 用蔬菜雕刻刀靠近刃根處切入金桔的下方，利用手腕的力量將菜刀自刃根滑至刃尖縱切出切口，同時左手也要移動金桔。於金桔全體切出約八個切口。

2 浸泡於低濃度的立鹽水中，以防止切口變色。

3 壓下鍋蓋用低濃度鹽水煮至柔軟。若用大火則金桔會亂跳動導致葉子脫落。

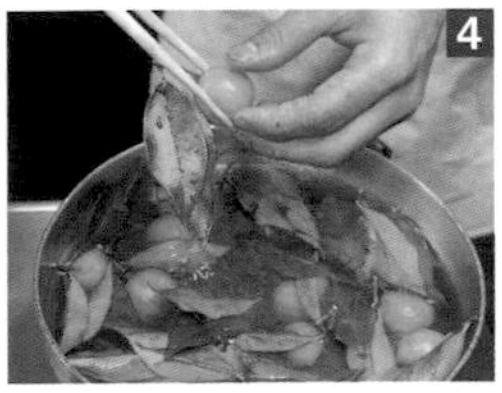

4 用手捏捏看，若呈膨起則代表已煮好。

5 泡至流水中約一小時去除多餘的苦味和酸味。

6 用竹籤自切口挑出種籽。可使用蟹肉挖棒。要小心不要挖出果肉。

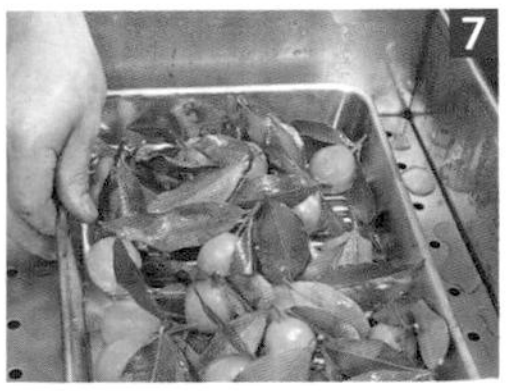

7 用蒸具蒸數分後瀝乾水分。

8 蓋上紙蓋用薄蜜煮約十五分鐘後冷卻。

用語解説

青寄（青寄せ・あおよせ）↓169頁
指從菠菜或白蘿蔔葉萃取出的綠色色素。料理時需要染成綠色時使用。

防止變色（アク止め・あくどめ）
將雜質多的蔬菜泡入水、醋或者明礬等抑制變色（褐變）。

去雜質（アク抜き・あくぬき）
將蔬菜泡水或者煮去食材的雜質。多使用鹼水、米糠、小蘇打粉、洗米水去煮。

揚煮（揚げ煮・あげに）
食材油炸後用醬味調味去煮。處理茄子和慈姑等食材時常用的方法，可增加味道的層次。

芝麻泥（あたり胡麻・あたりごま）
將芝麻磨到出油，再用篩網磨細而成的芝麻泥。

去油（油抜き・あぶらぬき）
炸過後去煮時若殘留油分多，則不僅不易調味且味道油膩，因此要淋上熱水去除油分。

甘醋（甘酢・あまず）
水、醋、砂糖混合後加入昆布去煮至濃稠（NITSUME）冷卻即成。

混合醋（合わせ酢・あわせず）↓42頁
混入醬油、砂糖等其他調味料的醋。有二杯醋、三杯醋、加減醋等。

填餡（射込む・いこむ）
指於筒狀或者挖球過的食材中填入其他食材。

灑鹽後在砧板上滾過（板ずり・いたずり）
將蔬菜裹鹽後於砧板上滾動使鹽滲透的手法。亦稱為鹽搓。

一番高湯（一番だし・いちばんだし）↓41頁
用昆布和柴魚片等萃取出的第一道高湯。

炒蛋鬆（煎り玉・いりたま）
蛋打勻後加入鹽等調味料調味，攪拌後用篩網磨細。磨細後隔水加熱攪拌炒至鬆散。

增艷（色出し・いろだし）
將綠色蔬菜水煮過使顏色更鮮豔的程序。

定色（色止め・いろどめ）
維持食材漂亮顏色的程序。青菜水煮後泡冷水為代表性的做法。

裹粉（打ち粉・うちこ）
將食材和器具上薄薄沾裹上一層粉。目的是為了不讓食材黏住或者是用來吸覆水分當作黏著劑。

旨煮（旨煮・うまに）
用高湯、醬油、味醂、砂糖等調成的底煮成偏濃味道的煮法。

追加柴魚片（追ガツオ・おいがつお）
煮蔬菜或者乾物時，用布等包起削好的柴魚片放入煮汁中以增加鮮味。

上陸（おか上げ・おかあげ）↓38頁
食材燙過或煮過後用篩網撈起稱上陸。

落下蓋（落とし蓋・おとしぶた）
指製作煮物等料理時直接壓上鍋中食材的鍋蓋。可避免食材浮起，讓煮汁能滲透到全體食材當中。主要為木製的鍋蓋。

隱藏刀痕（隠し包丁・かくしぼうちょう）
為了讓食材更容易熟且更容易入味，於食材的背面劃出刀痕。

桂削（桂むき・かつらむき）↓18頁
白蘿蔔或者紅蘿蔔等食材切成圓筒狀後再去薄削的切法。

鹿之子（鹿子・かのこ）
將食材切出斜紋，或者切成縱橫交錯的格子狀。用於茄子等食材。

雷干（雷干し・かみなりぼし）↓88頁
瓜類去籽後切成螺旋狀，灑鹽後陰乾而成。有一說因形似雷神所持的太鼓的螺旋狀花紋故名。

紙蓋（紙蓋・かみぶた）
煮時覆蓋於食材上的蠟紙、和紙等紙做成的蓋子。用於容易煮碎的食材可讓煮汁均勻分布避免煮乾。若使用木製的落下蓋太重時可使用紙蓋。

和芥末味噌（芥子味噌・からしみそ）
調味味噌（玉味噌等）拌入化開的和芥末而成的味噌。

做成丸狀（丸にとる・がんにとる）
魚漿或者絞肉中加入黏著劑做成圓形的丸子。

木芽味噌（木の芽味噌・きのめみそ）
拌入山椒嫩葉的練味噌，可用於涼拌菜或田樂等料理。用研缽將山椒嫩葉磨碎再加入玉味噌，若顏色不夠鮮豔可加入青寄，攪拌均勻即成。

黃身醋（黃身酢・きみず）
蛋黃加入醋和鹽混合後隔水加熱攪拌煮成。可用於涼拌菜等料理。

葛粉芡（葛あん・くずあん）
調味後的高湯溶入葛粉或者太白粉增加稠度而成。

葛粉凍（葛寄せ・くずよせ）
磨碎的食材混合用水化開的葛粉，開火邊攪拌邊煮，煮好倒入模具中冷卻凝固而成。如芝麻豆腐、筍豆腐、碓井豌豆豆腐等名稱中多帶有豆腐二字。

管牛蒡（管牛蒡・くだごぼう）↓160頁
去除芯部的牛蒡。

月冠・月環（月冠／月環・げっかん）
指穿心筒（壓模）。抑或指用穿心筒壓出空心後填入餡料的料理。

施強鹽（強塩をする・ごうじおをする）
裹上厚厚的鹽。相對為薄鹽。

小口切（小口切り・こぐちぎり）
食材從橫切面最小的那端開始切成適當厚薄的手法。此外，亦可指將食材切成一口大小。

昆布締（昆布締め・こぶじめ）
用昆布包夾食材讓昆布的味道滲透進食材的手法。多會稍微壓上一點重量。

細竹葉削（笹がき・ささがき）↓161頁
像削鉛筆一樣削切食材。切牛蒡時會用到。

加入昆布（差し昆布・さしこぶ）
製作煮物或者浸底時加入一片昆布至底中增加味道。

鹽搓（塩ずり・しおずり）
將食材裹鹽後去搓。

鹽磨（塩みがき・しおみがき）
將食材裹鹽後去搓以去除細絨毛和黏液。亦可用來讓蔬菜增艷。

色紙片（色紙・しきし）↓28頁
料理用語中指切成正方形薄片者。切薄燒玉子或昆布等所用的形狀。

浸底（地浸け・じづけ）
將食材浸泡於調味好的底中使其入味。

霜降（霜降り・しもふり）
指淋上熱水讓食材表面變白或者快速煮過的手法，加熱後上陸或者泡冷水冷卻，用以去除食材的黏液和臭味。

蛇籠（蛇籠・じゃかご）↓125頁
於編成細長形的竹籠中塞入小石子，用來保護堤岸的器具。料理中指將蓮藕或者小黃瓜等蔬菜切成這個形狀的雕花。

蛇腹（蛇腹・じゃばら）↓87頁
於小黃瓜上細細切出切口做出像蛇腹一樣的形狀。

上身（上身・じょうみ）
去除掉骨頭、內臟後的魚肉或雞肉。

白髮（白髪・しらが）↓166頁
指將蔥或者白蘿蔔、食用土當歸等白色的食材切成細絲或者水煮過的龍蝦撕碎的狀態。

白和（白和え・しろあえ）
豆腐用篩網磨細調味後拌入食材的料理。

真薯（糝薯・しんじょう）
海鮮類的魚漿加入蛋或者薄葉野山藥等黏著劑和鹽後去蒸或煮而成。

醋洗（酢洗い・すあらい）
將食材用醋和水調過的醋快速涮一下。製作醋漬物時為去除水水的味道會行醋洗處理。

醋取（酢取る・すどる）
將食材浸泡於醋或者甘醋中使醋的味道滲透進去。

擂流（すり流し・すりながし）
將食材搗碎後用高湯稀釋，用鹽等調味過的湯。大多會勾入葛粉。

柚子皮碎（すり柚子・すりゆず）

磨碎的柚子皮。

山椒嫩葉碎（叩き木の芽・たたきのめ）
用菜刀剁細帶出香氣的山椒嫩葉。

立鹽（立て塩・たてじお）
指和海水濃度差不多的鹽水。濃度約為3%，很難將鹽裏勻的小魚和蔬菜可浸泡於立鹽水中。亦可用於讓蔬菜變軟。

玉酒（玉酒・たまざけ）
等量的酒和水所調成者。

玉味噌（玉味噌・たまみそ）↓42頁
白味噌混合蛋黃，加入酒、砂糖攪拌而成者。為田樂味噌和涼拌菜等其他調味味噌的基底。

茶巾（茶巾・ちゃきん）
用布包起食材擰絞出的形狀。

切成茶筅狀（茶筅に切る・ちゃせんにきる）
將一端細細切成點抹茶時所用的茶筅狀。主要用於茄子。

光澤煮（つや煮・つやに）
加入較多的砂糖或者味醂煮到煮汁收乾做出光澤感。

田樂味噌（田楽味噌・でんがくみそ）↓42頁
指塗在田樂上的味噌。有以玉味噌為基底的白田樂味噌、以紅味噌為基底的紅田樂味噌、和木芽味噌等各種做法。

土佐醋（土佐酢・とさず）↓42頁
混合醋、淡口醬油、味醂等後加入昆布煮滾再追加柴魚片煮成的混合醋。

土佐煮（土佐煮・とさに）↓61頁
強調柴魚味的煮物，煮好後經常會灑上削好的柴魚片。如竹筍土佐煮。

煮去酒精成分（煮きる・にきる）
將酒或味醂煮滾，使酒精成分揮發。亦可用蒸的或者在鍋中點火。

二番高湯（二番だし・にばんだし）
使用一番高湯萃取後的料去萃取的高湯。將柴魚或昆布的鮮味稍微煮出後用布過濾，有時亦會追加柴魚片去煮。

二枚鍋（二枚鍋・にまいなべ）
裝了水的鍋子上放置大的鍋子後開火，用蒸氣去煮的作業。可溫和加熱不易焦掉。

糠煮（糠ゆがき・ぬかゆがき）
將苦味重的蔬菜如竹筍或牛蒡等加入米糠去水煮。

鹼水（灰アク・はいあく）↓39頁
水中加入草木灰靜置取其上澄液便為鹼水。和山菜等苦味重的食材一起煮可去除雜質。亦稱灰水或草木灰水。

博多（博多・はかた）
將顏色不同的食材交互疊成如博多帶花色般的料理名稱。

白煮（白煮・はくに）↓51頁
發揮食用土當歸、蓮藕、百合根等白色食材本身的白色去煮的手法。煮時醬油減量，為了添加鮮味，常會追加柴魚片去煮。

剁（刃叩き・はたたき）
用菜刀像敲擊砧板一般將食材切細的作業。

八方高湯・八方底（八方だし・はっぽうだし／八方地・はっぽうじ）↓41頁
事先將高湯和調味料調好，可以立刻運用於各種用途的湯底。有蔬菜八方、酒八方、味醂八方等種類。

針打（針打ち・はりうち）
將食材切成針般極細的細絲。此外亦指用數根金屬串叉或者針於食材上戳出小洞的手法。

翡翠煮（翡翠煮・ひすいに）↓94・98頁
將食材煮成翡翠般美麗的綠色。薄削去冬瓜或茄子的皮並小心利用皮下的綠色去煮成的煮法。

一鹽（ひと塩・ひとしお）
施薄鹽。

含煮（含め煮・ふくめに）
一種蔬菜煮法。使用浸底等手法使高湯的味道滲透至食材當中煮成的作業。

鱉甲煮（鼈甲煮・べっこうに）
將食材煮成用於裝飾品的鱉甲（海龜的甲殼）色澤。

水洗處理（水洗い・みずあらい）
指魚的事先處理，取出內臟用流

水沖乾淨。亦可指去除魚鱗後用水沖洗的程序。

瀝乾（水きり・みずきり）
指去除洗過或浸泡過的食材的水分。亦可指適當去除豆腐等材料的水分。

蒸煮（蒸し煮込み・むしにこみ／蒸し煮）
食材放入容器中倒入煮汁再去蒸熟的做法。用於直火加熱容易煮碎的食材。

面取（面取り・めんとり）↓28頁
指削去蔬菜切過後的稜角。目的為防止煮碎。

隔水加熱（湯煎・ゆせん）
將放了食材的鍋子放入加了熱水的鍋中去加熱的方法。可維持一定的溫度溫和地加熱食材。

水煮後將煮汁倒掉（ゆでこぼす）
指食材水煮後只將煮汁倒掉。為去除食材的雜質及苦味，通常會重覆此步驟多次。

吉野（吉野・よしの）
用來稱呼使用葛粉入菜的料理。因為葛粉為奈良縣吉野的名產故稱。如吉野茨、吉野風味等。

利久（利久・りきゅう）
用來稱呼使用芝麻入菜的料理。因茶人利休很喜歡用芝麻故稱。不過利休的「休」字不適合用來稱呼料理，因此改用「久」字。如利久炸、利久煮等。

切六方（六方にむく・ろっぽうにむく）↓112頁
將慈姑和里芋等本體修整成鼓起的六角柱狀。

盛碗（椀盛り・わんもり）
指將料（碗種）盛入碗中。

後記

出版本書讓我深切感受到要將平素沒有特別意識去執行的工作內容整理成書實在是相當不容易的一件事，也促使我重新學習了不少知識。

製作時間橫跨兩年，拚命的工作人員有時甚至採訪到凌晨，還有諸多料理人提著菜刀趕來支援……就算經過了十六年，仍沒齒難忘，我打從心裡感謝大家的幫助。

同時，亦要在此對提供材料以及各種協助的業者們再度致上最深的謝意。

作者筆

作者介紹

奥田高光

一九四九年生於大阪南區（現中央區）。十八歲向已故的今和泉明拜師學藝，開始學習日本料理。歷經數間餐廳的磨練，於一九七八年二十九歲時獨立出來，在三寺筋開了日本料理店「梅市」。九年後，一九八七年時搬遷至現址。

日本料理 **梅市**

提供主廚精選的無菜單料理，每周變化菜單。店內共有三間和室，十五個吧檯座。星期天和國定假日休息。午餐時間若有事先預約則開店營業。

大阪市中央區東心齋橋1-6-3 千年町二樓 TEL:06(6241)0576

感謝協助（敬稱略）

伊藤哲郎 神田芳松 吉川英男 佐藤振一郎 柴原由行 高崎愛子 高橋互 竹田浩 地本和弥
豊田正浩 長野純治 野一色治之 平中敏博 町田幸司 銘田俊介 森口隆宏 吉村秀樹

日本料理蔬菜烹調技法大全

職人必備的蔬菜處理
基本知識、刀法、調味、食譜全圖解

日本料理 野菜調理ハンドブック：基本の下処理・切り方・味つけ

作者 奧田高光
翻譯 周雨枏
責任編輯 張芝瑜
美術設計 郭家振
行銷企劃 蔡函潔

發行人 何飛鵬
事業群總經理 李淑霞
副社長 林佳育
副主編 葉承享
出版 城邦文化事業股份有限公司 麥浩斯出版
E-mail cs@myhomelife.com.tw
地址 104台北市中山區民生東路二段141號6樓
電話 02-2500-7578
發行 英屬蓋曼群島商家庭傳媒股份有限公司城邦分公司
地址 104台北市中山區民生東路二段141號6樓

讀者服務專線 0800-020-299（09:30～12:00；13:30～17:00）
讀者服務傳真 02-2517-0999
讀者服務信箱 Email: csc@cite.com.tw
劃撥帳號 1983-3516
劃撥戶名 英屬蓋曼群島商家庭傳媒股份有限公司城邦分公司
香港發行 城邦（香港）出版集團有限公司
地址 香港灣仔駱克道193號東超商業中心1樓
電話 852-2508-6231
傳真 852-2578-9337
馬新發行 城邦（馬新）出版集團Cite（M）Sdn. Bhd.
地址 41,Jalan Radin Anum, Bandar Baru Sri Petaling, 57000 Kuala Lumpur, Malaysia.
電話 603-90578822
傳真 603-90576622

總經銷 聯合發行股份有限公司
電話 02-29178022
傳真 02-29156275

製版印刷 凱林彩印股份有限公司
定價 新台幣499元／港幣166元
2018年3月初版一刷・Printed In Taiwan

ISBN 978-986-408-358-9

國家圖書館出版品預行編目（CIP）資料

日本料理蔬菜烹調技法大全：職人必備的蔬菜處理基本知識、刀法、調味、食譜全圖解 / 奧田高光著 ; 周雨枏譯. -- 初版. -- 臺北市：麥浩斯出版：家庭傳媒城邦分公司發行, 2018.03
面； 公分
譯自：日本料理 野菜調理ハンドブック：基本の下処理.切り方.味つけ
ISBN 978-986-408-358-9(平裝)

1.食譜 2.烹飪 3.日本

427.131 107000526

NIHONRYORI YASAICHORI HANDOBUKKU